高等学校"十二五"规划教材

基础化学实验

李谦定 刘祥 主编

JICHU HUAXUE SHIYAN

化学工业出版社

·北京·

本书在介绍基础化学实验基本知识、常用仪器和基本操作的基础上，选取了 52 个有代表性的实验，涵盖了基本操作和基本理论实验、基础制备实验、元素及其化合物性质实验等，为增加应用性、趣味性和实践性，还特设了一些综合设计性实验和趣味实验。

本书可作为化学化工类专业的无机化学实验教材，也可供非化学化工专业开设普通化学实验选用。

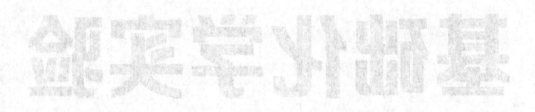

图书在版编目（CIP）数据

基础化学实验/李谦定，刘祥主编 . —北京：化学工业出版社，2013.7（2024.9重印）

高等学校"十二五"规划教材

ISBN 978-7-122-17573-1

Ⅰ.①基…　Ⅱ.①李…②刘…　Ⅲ.①化学实验-高等学校-教材　Ⅳ.①O6-3

中国版本图书馆 CIP 数据核字（2013）第 123070 号

责任编辑：宋林青　陶艳玲　　　　　　　　　加工编辑：徐雪华
责任校对：蒋　宇　　　　　　　　　　　　　装帧设计：史利平

出版发行：化学工业出版社（北京市东城区青年湖南街 13 号　邮政编码 100011）
印　　装：北京科印技术咨询服务有限公司数码印刷分部
787mm×1092mm　1/16　印张 12　字数 293 千字　2024 年 9 月北京第 1 版第 8 次印刷

购书咨询：010-64518888　　　　　　　　　售后服务：010-64518899
网　　址：http://www.cip.com.cn
凡购买本书，如有缺损质量问题，本社销售中心负责调换。

定　　价：32.00 元

编写说明

    本书主要内容包括：基础化学实验基本知识、基础化学实验常用仪器、基础化学实验基本操作和实验内容等 4 个部分，共选编了 52 个实验，以供任课教师根据具体专业需要选作。在内容取材上，注意实验的应用性、趣味性和实践性，增加了一些综合性实验和一些具有趣味性且贴近生活的实验内容，旨在提高学生的学习热情和兴趣，进一步巩固所学知识。

    本书的出版，得到了化学工业出版社和西安石油大学的鼎力支持，在此表示衷心的感谢！在本书的编写过程中，参阅了大量国内外书刊及兄弟院校的教材，并从中汲取了某些内容，对此，也特致谢意。

    参加本书编写的有：李谦定（主编，编写第三部分）、刘祥（主编，编写第一部分、第二部分和第四部分的第二节）、孟祖超（编写第四部分的第三、四、五节及附录）、苏碧云（编写第四部分的第一节）。全书由刘祥统稿。

    本书既可用于理工院校化学化工类专业的无机化学实验课，也可用作非化学化工专业普通化学实验课的教材。

    由于编者水平有限，缺点和疏漏在所难免，敬请读者批评指正。

编者

2013 年 4 月于西安

目　录

引 言

化学是一门实践性很强的学科，它的每一项重要发明和发现都源于实践。通过实验，人们发现和发展理论，又通过实验来检验理论的正确性。基础化学实验是学习基础化学理论的重要环节。

基础化学实验的目的就在于，通过实验：

(1) 巩固和扩大课堂所获得的知识，为理论联系实际提供具体的条件；

(2) 培养学生正确掌握实践操作的基本技术，正确使用常用仪器，获得准确的实验数据和结果；

(3) 培养学生独立工作和思考的能力；

(4) 培养学生实事求是的科学态度，以及准确、细致、整洁等良好的工作作风；

(5) 培养学生逐步掌握科学研究的方法；

(6) 为后续课程的学习打下坚实的基础。

要达到实验的目的，学生必须有正确的学习态度与学习方法，并努力抓好以下三个环节。

(1) 预习 实验之前认真阅读实验教材和教科书的有关内容，明确实验目的，了解实验原理、内容、步骤及注意事项，做到胸中有数，以免浪费时间和药品。写好预习报告，交给指导教师检查。

(2) 实验 认真操作，仔细观察，如实记录实验现象。如果遇到反常现象，应认真查找原因，在教师指导下重做实验。实验过程中要严格遵守实验守则，始终保持环境肃静、整洁。实验结束后做好清扫工作，摆好仪器、药品，关好水、电等。实验记录交教师检查签字后方可离开实验室。

(3) 报告 简要叙述和解释实验现象，正确处理实验数据，写出有关的反应方程式，得出正确的结论。做到文字工整、图表清晰，并按时交出实验报告。对实验中发现的问题，提出自己的见解，对实验内容和方法提出改进意见，对思考题应有正确的回答。对"测定实验"、"制备实验"及"性质实验"等不同类型的实验，要注意实验报告格式的区别。

第一部分　基础化学实验基本知识

 实验守则

（1）实验前应认真预习实验原理，熟悉所需仪器、试剂、操作步骤及注意事项。

（2）不迟到，不早退，保持实验室安静。

（3）实验过程中要正确操作、观察，认真记录，培养严谨的科学作风。

（4）完成实验后，原始记录应交指导老师审阅，并按时写出实验报告。

（5）必须保持实验室的清洁整齐。废物应倒入废物缸内，不得倒入水槽或到处乱扔。

（6）严格遵守实验室各项制度。注意安全，爱护仪器，节约试剂、水、电及煤气等。

（7）每次实验课由班长安排同学值日。值日生要负责当天实验室的卫生、安全和一些服务性的工作。

 危险品的使用

（1）浓酸、浓碱有腐蚀性，切勿溅在皮肤和衣服上。稀释浓酸时，应将浓酸慢慢地注入水中，切勿将水注入酸中。

（2）绝不能将几种药品任意混合，以免发生意外。

（3）钾、钠等活泼金属与水或空气接触易燃，要保存在煤油里，容器要密封，要用镊子夹取。残渣应收集起来用酒精分解，切勿乱扔。

（4）白磷有剧毒，切勿与人体接触，在空气中能自燃，要保存在水里且要密封，防冻，要用镊子夹取，在水下切割。残渣要收集起来，放在铁丝网上，在通风橱中烧掉。

（5）有机溶剂（如乙醇、乙醚、丙酮、苯等）易燃，使用时要远离明火。用毕，立即盖紧瓶塞，保存在阴暗处，最好埋在砂箱内。

（6）不纯的氢气遇火会立即爆炸，使用氢气时应严禁烟火。点燃氢气前，必须检查其纯度。

（7）银氨溶液久置会变成叠氮化银（AgN_3）而引起爆炸，因此不能在实验室久存，也不能倒入下水道，实验完毕后应立即用酸处理后回收。

（8）强氧化剂（如高锰酸钾、氯酸钾、硝酸钾等）或它们与其他物质的混合物（如氯酸钾与红磷、木炭、硫黄等混合）不能研磨，否则会引起爆炸，保存和使用这些药品时，应注意安全。

（9）一切有毒或有恶臭的实验应在通风橱中进行。

（10）不要直接俯嗅所产生的气体，必要时可用手轻拂气体，扇向自己后再嗅。

（11）金属汞易挥发，吸入人体内会逐渐积累而引起慢性中毒，所以不能把汞洒落在地上或桌面上。一旦洒落，必须尽可能地收集起来，并用硫磺粉覆盖在洒落的地方，以使汞转变为不挥发的硫化汞。

（12）钡盐、铅盐、铬盐、汞的化合物、砷的化合物等，特别是氰化物有剧毒，切勿入口或接触伤口。其废液也不能倒入下水道，应统一回收处理。

三　实验室一般伤害事故的救护

（1）如有酸液或碱液溅在皮肤上，必须用水冲洗。对于酸烧伤，需要用 3% $NaHCO_3$ 溶液（或稀氨水、肥皂水）洗涤。对于碱烧伤，需再用 1% CH_3COOH 溶液洗涤，最后可涂一些凡士林或烫伤药膏。

当酸液溅入眼内或吸入口中时，除立即用水冲洗或漱口外，再用 1% $NaHCO_3$ 溶液洗涤或漱口；当碱液溅入眼内或吸入口中时，可用 H_3BO_3 饱和溶液洗涤眼睛或漱口。

（2）烫伤　不要用水洗伤口，如皮肤未破，可用 Na_2CO_3 溶液或 Na_2CO_3 粉末加水调成糊状涂在烫伤处。如皮肤已破，用 1% $KMnO_4$ 溶液洗伤口到皮肤为棕色或涂些紫药水、烫伤药膏。

（3）割伤　不要用水洗涤伤处，也不能用手按摸。应先将玻璃碎片等从伤口取出，用紫药水涂擦伤处。必要时再洒上消炎粉，然后包扎。

（4）溴烧伤　应立即用酒精、苯或汽油等洗涤，再涂甘油或烫伤药膏。

（5）磷烧伤　应先用水冲洗，清除碎磷，再用 1% 硝酸银溶液、1% 硫酸铜溶液或高锰酸钾溶液洗后，进行包扎。

（6）吸入 Cl_2、Br_2、H_2S 或 CO 等有毒气体时，应立即将中毒者移至通风处，以便呼吸新鲜空气，解衣松带让患者安静休息。

（7）触电　应立即切断电源，或尽快用绝缘物（如木棒、竹竿等）使触电者与电源脱离接触。

（8）误服毒物　服饱和 $NaCl$ 溶液，用手指伸入喉部，使其呕吐，并速送医院治疗。

（9）受伤较重者　应立即送医院治疗。

四　灭火常识

"起火"是化学实验室经常发生的事故之一，化学实验室起火往往伴随着爆炸和中毒事故发生，会造成严重的后果，因此，必须提高警惕，时时防火。如果万一起火应采取以下措施。

1. 防止火势扩展

（1）立即切断电源，熄灭所有加热设备。

（2）关闭通风以减少空气流通。

（3）尽快移去附近的可燃物。

2. 根据火势大小和起火原因采取适当的灭火方法

（1）火势小时，可用湿抹布、石棉布或灭火毯灭火。

（2）用细砂盖住起火处，特别是钠、钾等活泼金属起火，必须用砂子灭火。所以每个实验室必须备有砂箱或砂袋。砂箱应放在方便处，上边不能堆放其他东西。

（3）用泡沫灭火器喷向起火处。喷出的二氧化碳和泡沫将燃烧物包围和覆盖，使火焰熄灭。

（4）电器起火要用四氯化碳和高压二氧化碳灭火器灭火，因为比空气重的四氯化碳蒸气和二氧化碳气体可将燃烧物周围的空气排除，使火熄灭。

四氯化碳灭火器和二氧化碳灭火器也适用于扑灭其他火灾。

化学实验室一般不用水来灭火，因为在某些情况下，水不仅不能灭火，反而会使火势扩大。

五　化学试剂的规格

化学试剂的规格和等级是以其中所含杂质的多少来划分的。我国生产的化学试剂一般分为四级，见表 1-1。

表 1-1　化学试剂的规格和等级

级　别	名　称	符　号	瓶签颜色
一级品	保证试剂　优级纯	G. R.	绿色
二级品	分析试剂　分析纯	A. R.	红色
三级品	化学纯	C. P.	蓝色
四级品	实验试剂	L. R.	棕色

此外，还有供特殊需要的化学试剂，如光谱纯试剂、色谱纯试剂、基准试剂、生物试剂等。在生物化学中，有些试剂的规格是以其活力来衡量的。例如酶的活力就是以每毫克蛋白质具有多少个活力单位来表示的。

使用化学试剂时，必须对其纯度标准有明确的认识，既不超规格使用造成浪费，又不随意降低规格而影响实验结果。

六　常用干燥剂

1. 常用无机干燥剂

干燥剂的性能以除去产品中水分的效率来衡量。表 1-2 列出一些常用无机干燥剂的种类及其相对效率（用残余水量表示）。

2. 分子筛干燥剂

分子筛是含水硅铝酸盐的晶体，当把它加热到一定温度时，脱去水，晶体内部就形成许多孔径大小均一的孔道和占本身体积一半左右的许多孔穴，它允许小的分子"躲"进去以达到将不同大小的分子"筛分"的目的。例如"4A"型分子筛是一种硅铝酸钠，微孔的表观直径约为 4.0×10^{-10} m，能吸附直径为 4×10^{-10} m 的分子。分子筛的种类很多，表 1-3 列出几种分子筛的化学组成及特性。

表 1-2 某些干燥剂的相对效率

干燥剂种类	残余水量[①]/μg·L^{-1}	干燥剂种类	残余水量[①]/μg·L^{-1}
$Mg(ClO_4)_2$	约 1.0	分子筛 5A(Linde)	3.9
$BaO(96.2\%)$	2.8	变色硅胶[②]	70
Al_2O_3(无水)	2.0	$NaOH(91\%)$(碱石棉剂)	93
P_2O_5	3.5	$CaCl_2$(无水)	13.7
$LiClO_4$(无水)	13	$NaOH$	约 500

① 残余水量是将湿的含 N_2 气体，通到干燥剂上吸附，以一定方法称量得到的结果。
② 变色硅胶是含 $CoCl_2$ 盐的二氧化硅凝胶，其变色原理为

$$CoCl_2 \cdot 6H_2O \underset{+4H_2O}{\overset{-4H_2O}{\rightleftharpoons}} CoCl_2 \cdot 2H_2O \underset{+H_2O}{\overset{-H_2O}{\rightleftharpoons}} CoCl_2 \cdot H_2O \underset{+H_2O}{\overset{-H_2O}{\rightleftharpoons}} CoCl_2$$
（粉红色）　　　　（紫红色）　　　　（蓝紫色）　　　　（蓝色）

烘干后可重复使用。

吸附水分子后的分子筛可加热至 350℃ 以上进行解吸后重新使用。分子筛用于除去微量水分，若水分过多，则应用其他干燥剂先进行去水，然后再分子筛干燥。

表 1-3 各类分子筛的化学组成和特性

类 型	孔径/×10^{-10}m	化学组成	水吸附量/%
A 型：3A (钾 A 型)	3.0	$(0.75K_2O, 0.25Na_2O) + Al_2O_3 + 2SiO_2$	25.0
A 型：4A (钠 A 型)	4.0	$Na_2O + Al_2O_3 + 2SiO_2$	27.5
X 型：13X (钾 X 型)	10.0	$Na_2O + Al_2O_3 + (2.5\pm0.5)SiO_2$	39.5
Y 型	10.0	$Na_2O + Al_2O_3 + (3\sim6)SiO_2$	35.2

 七　误差与有效数字

在测量实践中，当取同一试样进行多次重复的测试时，其测量结果常常不会完全一致，即使采用目前最先进的测量方法，用最精密的仪器，由技术最熟练的技师来进行测量工作，也难以得到与真实值完全一致的测量结果。这说明测量误差是普遍存在的。因此，人们在进行物理量的各项测试工作中，不仅要掌握各种测量方法，还必须对测量结果进行评价，分析测量结果的准确性、误差的大小及产生误差的主要原因，寻找减小误差的有效措施，以提高测量结果的准确性。

（一）测量误差

1. 误差及其产生的原因

测量结果与真实数值之间的偏离为误差。根据误差性质的不同，可分为系统误差、偶然误差和过失误差三类。

（1）系统误差（可测误差）

系统误差是由于某些比较确定的原因引起的，它对测量结果的影响比较固定，其大小有一定的规律性，在重复测量的情况下，它有重复出现的性质，因此其大小往往可以测出，产生系统误差的原因有下列几种。

a. 方法误差：这种误差是由于测量方法本身造成的。如在质量分析中，沉淀溶解总是导致负误差，称量物有吸水性以及共沉淀现象则总是引起正误差等。

b. 仪器不准和试剂不纯引起的误差：如天平的两臂不等长所引起的称量误差，移液管和滴定管的刻度未经校正而引起的体积误差，所用试剂、蒸馏水含有杂质，容器被沾污引入杂质等。

c. 操作误差：这是由操作不当，未掌握好实验条件而引起的误差。例如：洗涤沉淀过分或不足；调节溶液的 pH 值偏高或偏低；对颜色的观察不够正确等。

系统误差是可以估计到的，可以采取适当措施来减小。一般可以应用下列方法加以校正：采用校正仪器，改进实验方法，制订标准操作规程，作空白试验、对照试验等加以消除（见本节 4）。

（2）偶然误差（随机误差）

偶然误差由某些难以预料的偶然因素引起，因此它对实验结果影响不固定，由于偶然误差难以找到确切的原因，似乎没有规律性可寻，但如果经过多次的测量，可发现偶然误差有以下规律。

a. 大小相等的正误差和负误差出现的概率相等。

b. 小误差出现的次数多，大误差出现的次数少。

偶然误差的出现，服从概率的统计规律。因此在消除引起系统误差的一切因素后，通过多次测量取算术平均值，就可以减小偶然误差对测量结果的影响，使测得结果接近真实值，所以在真实值不知道的情况下，常常用多次平行测得的平均值近似地代替真实值。

（3）过失误差

过失误差是一种与事实不符的误差，它主要是由于操作不正确引起的。例如，读错刻度值、看错砝码、加错试剂、记录错误、计算错误等。此种误差只要细心操作，加强责任心即可避免。

2. 准确度与误差

准确度是指测量值与真实值之间的偏离程度。因此，可以用误差来度量。误差越小，说明测量结果的准确度越高。误差的表示方法可分为绝对误差和相对误差。

（1）绝对误差

实验测得的数值与真实值之间的差值称为绝对误差，即

$$绝对误差=测量值-真实值$$

测量值大于真实值时的误差是正的，测量值小于真实值时的误差是负的。由于绝对误差只能显示出误差变化的大小范围，不能确切地表示测量精度，因此一般用相对误差的形式表示测量误差。

（2）相对误差

相对误差系绝对误差与真实数值的百分比，即

$$相对误差=\frac{绝对误差}{真实数值}\times100\%$$

例如，在标定 NaOH 溶液时，称取邻苯二甲酸氢钾 （KHC$_8$H$_4$O$_6$） 0.5643g，其真实值为 0.5642g，则其称量的绝对误差为：

$$0.5643g-0.5642g=0.0001g$$

如另称一份邻苯二甲酸氢钾为 0.0564g，其真实值 0.0563g，则其称量的绝对误差为

$$0.0564g-0.0563g=0.0001g$$

二次称量的绝对误差相同，均为 0.0001g，但相对误差却不相同，即

$$\frac{0.0001}{0.5642}\times100\%=0.02\%$$

$$\frac{0.0001}{0.0563}\times100\%=0.2\%$$

显然，前一结果的准确度较高。因此，用相对误差来表示测量结果的可靠性，即准确度的高低，更为确切。

3. 精密度与偏差

精密度是指多次测量结果相吻合的程度，它表达了测量结果再现性的好坏。由于被测量的真实值是无法知道的，因此一般只能用多次测量结果的平均值近似地代替真实值。每次测量结果与平均值之差，称为偏差。因此常用偏差的大小来衡量精密度的好坏，偏差越小，精密度越高。偏差与误差一样，也有绝对偏差与相对偏差之分，即

$$绝对偏差=每次测得值-平均值$$

$$相对误差=\frac{绝对误差}{真实数值}\times100\%$$

从相对偏差的大小可以正确反映测量结果再现性的好坏，即测量精密度的高低。

由上分析可知，误差是以真实值为标准，偏差则是以多次测量结果的平均值为标准。因此，误差与偏差，准确度与精密度具有不同的含义，必须加以区别。但由于在一般情况下真实值是不知道的（测量的目的就是为了测得真实值），因此在处理实际问题时，常常是在尽量减小系统误差的前提下，把多次平行测得结果的算术平均值当作真实值，把偏差作为误差。

应该指出，在测量工作中，精密度高的不一定准确度好。我们的要求是：测得值必须是具有高精密度下的正确值。在有些情况下偶然误差很大，但由于多次测量结果的正负偏差相互抵消，使算术平均值接近真实值。显然，这种测量结果是不可靠的，因此，我们评价某一测量结果时，必须将系统误差和偶然误差的影响结合起来考虑，将准确度和精密度统一起来要求，以确保测量结果的可靠性。

4. 提高测量结果准确度的方法

为了提高测量结果的准确度，应尽可能地减小系统误差、偶然误差和过失误差。认真仔细地进行多次测量，取其平均值作为测量结果，可以减小偶然误差并消除过失误差。在测量过程中，提高准确度的关键在于尽可能减小系统误差。一般减小系统误差的方法有以下三种。

（1）校正测量仪器和测量方法

为减少因测量方法带来的误差可用公认可靠的方法或国家标准方法与所选用的测量方法相比较，以校正所选用的测量方法。在准确度要求较高的测量工作中，对所选用的仪器，如天平砝码、滴定管、移液管、容量瓶、温度计等必须进行校正，求出校正值，以校正测量值，提高测量结果的准确度。但准确度要求不高（相对误差允许＞1%）时，一般不必校正

仪器。

（2）空白试验

空白试验是在同样测量条件下，用蒸馏水代替试液，用同样的方法进行实验。其目的是消除由试剂（或蒸馏水）和仪器带进杂质所造成的系统误差。

（3）对照试验

对照试验是用已知准确成分或含量的标准样品代替试样，在同样的测量条件下，用同样的方法进行测量的一种方法。其目的是判断试剂是否失效，操作是否正确，仪器是否正常等，以确保得到可靠的测量结果。

对照试验也可以用不同的测量方法，或由不同单位、不同人员对同一试样进行测量来互相对照，以说明所选方法的可靠性。

在测试过程中如有可疑现象，应随时进行空白试验、对照试验，以寻找原因。是否善于利用空白试验、对照试验，是分析问题和解决问题能力强弱的主要标志之一。

（二）有效数字

在测量和数学运算中，确定应该用几位数字来代表测量或计算的结果，是很重要的。初学者往往认为在一个数值中小数点后面位数越多，这个数值就越准确，或在计算结果中保留的位数越多，准确度就越高。这两种认识都是错误的。前者的错误，在于没有弄清楚小数点的位置不是决定准确度的标准，小数点的位置仅与所用单位大小有关。例如，液体的体积为 21.30mL 与 0.0213L，准确度完全相同。后者的错误在于不了解所有测量由于仪器和人们感官的缺陷，都只能达到一定的准确度；另一方面还与所用测量方法有关。因此，记录和计算测量结果，都应与测量的误差相适应，不要超过测量的精确程度。正确的表示方法是写出的数字位数，除末位数字为可疑值外，其余各位数都应是准确可靠的。

从仪器上直接读出的[包括最后一位估计数字（可疑数字）在内]几位数字，叫做有效数字。实验数据的有效数字与测量仪器的精度有关。例如，在托盘天平上称量得 15.6g，由于托盘天平可称至 0.1g，因此该物体质量为 15.6g±0.1g，它的有效数字是 3 位。如果该物体在电光天平上称量得 15.6155g，那么该物体的质量为 15.6155g±0.0001g，它的有效数字是 6 位。又如，用滴定管量取液体，能估计到 0.01mL，若量得液体 28.45mL，表示该液体体积为 28.45±0.01mL，它的有效数字是 4 位。因此有效数字中的最后 1 位数字是可疑数。任何超过或低于仪器准确度的数字都是不恰当的。例如，上述滴定管的读数为 28.45mL，不能当作 28.450mL，也不能当作 28.5mL。前者夸大了实验的准确度，后者则降低了实验的准确度。

有效数字的位数可用下面几个数值说明：

数　值	28.00	6.08	0.68	0.00680	6.80×10^{-3}	6.02×10^{23}	6.0×10^{23}	0.2350
有效数字的位数	4 位	3 位	2 位	3 位	3 位	3 位	2 位	4 位

从以上几个数值可以看出：

① 有效数字的位数与小数点无关。

② "0" 在数字前面，只表示小数点的位置，不包括在有效数字中；如果 "0" 在数字的

中间或末端，则表示一定的数值，应包括在有效数字的位数中。

③ 采用指数表示，"10"不包括在有效数字之中。对于很大或很小的数字，采用指数表示法更为简单合理。

另外，在基础化学中还经常会遇到 pH、pOH、pK 等对数值。因整数部分只说明该数的方次数，所以其有效数字仅取决于小数部分数字的位数。

例如：pH＝7.68，即氢离子浓度 $c(H^+)＝2.1\times10^{-8}\,mol\cdot L^{-1}$，其有效数字为 2 位，而不是 3 位。

在处理数据时，有效数字的取舍很重要，它有助于避免因计算过繁而引起的错误，确保运算结果的正确性，同时也可以节省时间。有效数字的基本运算法则是：

① 记录和计算结果所得的数值，均只能保留一位可疑数字；

② 有效数字的位数确定后，其余的尾数应根据"四舍五入"或"四舍六入五留双"的规则处理。

"四舍六入五留双"规则：当尾数≤4 时舍去；尾数≥6 时进位；当尾数＝5 时，则要看进位后的末位数是奇数还是偶数，如进位后得偶数则进位，如进位后得奇数则舍去。例如：将 4.1246、5.8644、6.8675、7.7865 分别处理成四位数时，根据"四舍六入五留双"的原则应分别为：4.125、5.864、6.868、7.786。目前，舍去不必要的尾数，一般还是采用"四舍五入"的原则，但是，当进行复杂运算时，应采用"四舍六入五留双"的规则，以提高运算结果的正确性。

（3）加减法的运算规则

在加减运算中，计算结果保留的小数点后的位数，应与各个加减数值中的小数点后位数最少者相同。例如：

$$
\begin{array}{r}
0.0121 \\
1.0568 \\
+25.64 \\
\hline
26.7089
\end{array}
\quad\text{应改为 26.71}
$$

显然这三个数值之和应保留到小数后第二位，因为第三个数值 25.64 中的"4"已经是可疑数字，再留小数后的第三位甚至第四位数字是没有意义的。

（4）乘除法的运算规则

在乘除运算中，计算结果的有效数字的位数，应与各数值中最少的有效数字的位数相同，而与小数点的位数无关。例如：

$$
\begin{array}{r}
5.44 \\
\times 0.48 \\
\hline
4\ 3\ 5\ 2 \\
2\ 1\ 7\ 6\ \ \\
\hline
2.6112
\end{array}
$$

应改为 2.6

因可疑数字与可疑数字、可疑数字与可靠数字相乘除都得可疑数字，所以上面相乘中"4352"都是可疑数字，而"2176"中的"6"是可疑数字，乘积中的"6112"都是可疑数字，故获得乘积的有效数字应为 2.6（与计算数值中最少有效数字的位数相同）。

在进行一连串的乘除运算中，为了简便起见，在进行乘除前可先将各数按"四舍五入"的规则或"四舍六入五留双"的规则简化，弃去过多的没有意义的数字。例如，在乘除法中可使各数值中各有效数字的位数与最少的有效数字的位数相同。如 0.0121、1.0568 和

25.64 三个数值相乘，其积应为

$$0.0121\times1.06\times25.6=0.328$$

（5）在对数运算中，对数的首数（整数部分）不算有效数字，所以所取对数尾数（小数部分）的有效数字应与真数的有效数字位数相同。

必须强调：只有在涉及由直接或间接测定所得的物理量时，才有有效数字问题，而对那些不须经过测量的数字，如 2、1/2 等不连续物理量和化学量的数值（如化学式"H_2SO_4"中"2""1""4"等数字），以及完全从理论计算出的数值如 π、e 等，在这些数中，没有可疑数字，其有效数字位数可以认为是无限的，所以取用时可以根据需要保留，需要几位就保留几位。其他如原子量、气体常数 R 等基本数值，如需要的有效数字少于公布的数值，可以根据需要来保留有效数字的位数。单位换算因数则须要根据原单位的有效数字位数决定，如 1kg＝1000g，有效数字位数无限制。

有效数字是测量和运算中很重要的一个概念。掌握它有助于正确记录和表示测量结果，避免运算错误，且能正确地帮助操作者选用物料量和测量仪器。

例如，配制 $0.50mol\cdot L^{-1}$ 的 $CuSO_4$ 溶液 0.1L，可称取 $CuSO_4\cdot5H_2O$ 晶体 12.5g，而不必准确称取 12.4840g。选用天平和容量仪器时，只需选用台秤和量筒，而不必选用电光天平或电子分析天平（1/10000 天平）和容量瓶。

八　实验数据表达法

为了表示实验结果和分析规律，需要将实验数据归纳和处理。实验结果的表示方法主要有以下三种，即列表法、作图法和数学方程法，在基础化学实验中主要采用前两种方法。

（一）列表法

用表格来表示实验数据及计算结果，其方法是将自变量 x 和因变量 y 一个一个对应排列起来列成表格，以表示出二者之间的关系。列表时应注意以下几点。

① 表格名称：每一表格均应有一简明的名称。

② 行名与量纲：将表格分为若干行，每一变量，应占表格中一行。每一行的第一列写上该行变量的名称及量纲。

③ 有效数字：每一行所记数字，应注意其有效数字位数，并将小数点对齐。数值按大小有序排列。如果用指数表示数据时，为简便起见，可将指数放在行名旁。

④ 自变量的选择：自变量的选择有一定的灵活性，通常选择较简单的变量作为自变量，如温度、时间和浓度等。自变量最好是均匀地等间隔增加。如果实际测量结果并不是这样，可以先将直接测量数据作图，由图上读出均匀等间隔增加的一套自变量新数据，再作表。

表格法的优点是简单，但不能表示出各数值间连续变化的规律和取得实验数值范围内任意的自变量和因变量的对应关系，故一般常与作图法配合使用。

（二）作图法

利用实验数据作图，可使实验测得的各数据间的相互关系表现得更加直观，并可以根据图上的曲线简便地找到各函数的中间值，还可以显示最大值、最小值或转折点的特性以及确定经验方程式中的常数等。另外根据多次测量的数据所描绘出来的图像，一般还具有"平均"的意义，并可以发现和消除一些偶然误差。因此作图法在数据处理上是一种重要的方法。作图法获得优良结果的关键之一是作图技术，以下介绍作图要点。

1. 坐标纸和坐标轴的选择

在基础化学实验中，常用的是直角坐标纸和半对数坐标纸，后者二轴中有一轴是对数标尺。将一组测量数据绘图时，究竟使用什么坐标纸，应该以能获得线性图形为佳。用直角坐标纸作图时，以自变量为横轴，因变量（函数值）为纵轴。坐标轴比例尺的选择一般应遵循以下原则。

① 坐标刻度要能表示全部有效数字，使从图中读出的物理量有效数字与测量的有效数字基本一致。通常可采取读数的绝对误差在图纸上约相当于 0.5～1 小格（最小分度，即 0.5～1mm）。例如用分度为 1℃ 的温度计测量温度时，读数有 ±0.1℃ 的误差，在作图时选择的比例尺应使 0.1℃ 相当于 0.5～1 小格。

② 图纸中每个小格所对应的数值要方便易读。例如，用坐标轴 1cm 表示数值 1、2、5 或其倍数最方便，表示 3、4、6、8、9 或其倍数就不好。

③ 在前两个条件满足的前提下，还应考虑充分利用图纸上全部面积，使图线分布合理。若无必要，不必把坐标的原点作为变量的零点，可以从稍低于测量值的整数开始，这样可以充分利用图纸，而且有利于保证图的准确度。如若系直线，或近似直线的曲线，则应把它安置在图纸上对角线附近。比例尺选定后，要画出坐标轴，在轴旁注明轴变量的名称及单位。在纵轴的左面和横轴的下面每隔一定距离写下该变量对应的值（一般把数字标在图纸逢 5 或逢 10 的粗线上），以便作图及读数。

2. 代表点和曲线的绘制

根据测得数值，在坐标纸上绘制代表点（测得的各数据在图上的点）。图纸上标好代表点后，按分布情况描出平滑曲线（或直线）。描画的曲线（或直线）必须尽可能地接近（或贯串）大多数"代表点"，使各代表点均匀地分布在曲线（或直线）两侧，或者更确切地说，使所有代表点离开曲线距离的平方和为最小，这就是"最小二乘法原理"在绘图过程中的应用（关于"最小二乘法原理"将在后续课程中详细讨论）。这样绘制出的曲线（或直线）能近似地表示出被测物理量之间的变化情况。另外，为了保证曲线所表示的规律的可靠性，在曲线的极大、极小或转折点处应多测一些点。在绘制曲线时如果发现个别"代表点"远离曲线，又不能判断被测的物理量在此区域会发生什么突变时，就要分析是否可能有过失误差，如果确属这一情况，描绘曲线时就可舍去这一点。若同一图上要绘制几条曲线时，则每条曲线的代表点及对应曲线要用不同的符号或不同的颜色来表示，并在图上加以说明。曲线的具体画法：先用淡铅笔轻轻地循各代表点的变化趋势手绘一条曲线，然后用曲线尺逐段吻合手描线，作出光滑的曲线。这里要特别注意各线段接合部的连接。做好这一点的关键是：

① 不要将曲线尺上的曲线与手描线所有重合部分一次描完，一般每次只描 1/2 或 2/3段；

② 描线时用力要均匀，尤其是在线段的起始点时，要注意用力适当。

3. 图名和说明

曲线作好后，最后还应在图上注上图名，说明坐标轴代表的物理量及比例尺，以及主要的测量条件（如温度、压力和浓度等）。

　　4. 作图工具的选择

　　在处理实验数据时，所需作图工具有铅笔、直尺、曲线板、曲线尺等。铅笔一般以使用中等硬度的为宜，直尺和曲线板应选用透明的，使作图时能全面观察到实验点的分布情况。

　　也可以借助计算机绘图软件来完成作图。

第二部分 基础化学实验常用仪器

一 常用普通仪器

基础化学实验中常用的普通仪器介绍于表 2-1 中。

表 2-1 常用普通仪器及用途

仪 器	规 格	用 途	注 意 事 项
试管 离心试管 试管架	试管多数以容积(mL)表示 试管分硬质试管、软质试管、普通试管、离心试管 试管架有木质和铝质的	用作少量试剂的反应容器,便于操作和观察 离心试管还可用于定性分析中的沉淀分离 试管架放试管用	可直接用火加热,硬质试管可加热至高温 加热后不能骤冷,特别是软质试管更易破裂
试管夹	由木头或钢丝制成	加热试管时夹试管用	防止烧损或锈蚀
毛刷	以大小和用途表示。如试管刷、滴定管刷等	洗刷玻璃仪器	小心刷子顶端的铁丝撞破玻璃仪器
烧杯	以容积(mL)大小表示,外形有不同	用作反应物量较多时的反应容器,反应物易混合均匀	加热时应放置在石棉网上,使受热均匀
平底烧瓶 圆底烧瓶	以容积(mL)大小表示,外形有不同	用作反应物量较多时的反应容器,反应物易混合均匀	加热时应放置在石棉网上,使受热均匀

仪　器	规　格	用　途	注意事项
锥形瓶	以容积(mL)大小表示	反应容器,振荡很方便,适用于滴定操作	加热时应放置在石棉网上,使受热均匀
量筒	以所能量度的最大容积(mL)表示	用于量度一定体积的液体	不能加热,不用作反应容器,量度体积时以液面的弯月形最低点为准
容量瓶	以刻度以下的容积(mL)大小表示	用于配制一定体积的溶液,配制时液面应恰在刻度上	不能加热,瓶塞是配套的,不能互换
称量瓶	以外径(mm)表示,分"扁形"和"高形"两种	要求准确称取一定量的固体时使用	不能直接用火加热,盖子和瓶子是配套的,不能互换
干燥器	以外径(mm)大小表示,分普通干燥器和真空干燥器	内放干燥剂,可保持样品或产物的干燥	防止盖子滑动打碎,红热的东西待稍冷后才能放入
药勺	由牛角不锈钢、瓷或塑料制成	拿取固体药品用。药勺两端一大一小,根据用药量大小分别选用	取用一种药品后,必须洗净并用滤纸屑擦干后,才能取用另一种药品
吸滤瓶　布氏漏斗	布氏漏斗为瓷制,以容量(mL)或口径(mm)大小表示,吸滤瓶以容积(mL)大小表示	两者配套用于无机制备中晶体或沉淀的减压过滤。利用水泵或真空泵降低吸滤瓶中压力时将加速过滤	滤纸要略小于漏斗的内径,先开水泵,后过滤。过滤完毕后,先分开水泵与吸滤瓶的连接处,后关水泵

续表

仪　　器	规　　格	用　　途	注意事项
分液漏斗	以容积(mL)大小和形状(球形、梨形)表示	用于互不相溶的液-液分离,也可用于少量气体发生器装置中加液	不能用火直接加热,漏斗塞子不能互换,活塞处不能漏液
蒸发皿	以口径(mm)或容积(mL)大小表示	用瓷、石英、铂制作,蒸发液体用,随液体性质不同可选用不同质地的蒸发皿	能耐高温,但不宜骤冷,蒸发溶液时,一般放在石棉网上加热
坩埚	以容积(mL)大小表示,用瓷、石英、铁、镍或铂来制作	灼烧固体用,随固体性质不同可选用不同质地的坩埚	可直接用火灼烧至高温,热的坩埚不要放在桌上。稍冷后,移入干燥器中存放
泥三角	由套有瓷管的铁丝弯成,有大、小之分	灼烧坩埚时放置坩埚用	
石棉网	由铁丝编成,中间涂有石棉,有大、小之分	石棉是一种不良导体,它能使受热物体均匀受热,不致造成局部高温	不能与水接触,以免石棉脱落或铁丝锈蚀
1—铁夹；2—铁环；3—铁架		用于固定或放置反应容器,铁环还可以代替漏斗架使用	
三角架	铁制品,有大小、高低之分,比较牢固	放置较大或较重的加热容器	

仪　器	规　格	用　途	注 意 事 项
滴瓶　　细口瓶 广口瓶	以容积(mL)大小表示	广口瓶用于盛放固体药品,滴瓶、细口瓶用于盛放液体药品,不带磨口的广口瓶可用作集气瓶	不能直接加热,瓶塞不得互换,不能盛放碱液,以免腐蚀塞子
表面皿	以口径(mm)大小表示	盖在烧杯上,防止液体外溅或作其他用途	不能用火直接加热
漏斗　　长颈漏斗	以口径(mm)大小表示	用于过滤操作,长颈漏斗特别适用于定量分析中的过滤操作	不能用火直接加热
研钵	以口径(mm)大小表示,用瓷、玻璃、玛瑙或铁制作	用于研磨固体物质,按固体的性质和硬度选用不同的研钵	不能用火直接加热
燃烧匙	铁制品	检验物质可燃性用	
水浴锅	铜或铝制品	用于间接加热,也可用于控温实验	

(一) 台秤的使用

台秤用于粗略的称量，如图 2-1 所示。最大载荷为 200g 的台秤，能称准至 0.1g（即感量 0.1g）；最大载荷为 500g 的台秤可称准至 0.5g（即感量 0.5g）。

台秤的横梁架在台秤座上，横梁左右有两个盘子。横梁中部的下面有指针（有的台秤指针在上面）。根据指针在刻度盘前摆动的情况，可以看出台秤的平衡状态。称量前，要先测定台秤的零点（即未放物体时，台秤的指针在刻度盘上指示的位置）。零点最好在刻度盘的中央，如果不在，可用中间的螺丝（有的螺丝在两边）来调节。称量时，把称量物放在左盘上，砝码放在右盘上，添加 10g 以下的砝码时，可移动标尺上的游码。当最后的停点（即左右两盘上分别放上称量物和砝码后，达到平衡时，指针在刻度上指示的位置）与零点符合时（可以偏差 1 小格以内），砝码的质量就是称量物的质量。

称量时，必须注意以下几点。

① 称量要放在称量用纸或表面皿上，不能直接放在托盘上，潮湿的或具有腐蚀性的药品，则要放在玻璃容器内。

② 不能称量热的东西。

③ 称量完毕后，应把砝码放回砝码盒中，把标尺上的游码移至刻度"0"处，使台秤的各部分恢复原状。

④ 应经常保持台秤的整洁。

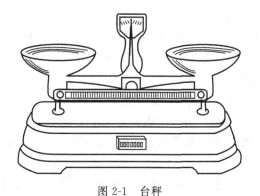

图 2-1　台秤

(二) 半自动电光分析天平的使用

1. 分析天平的构造原理

天平是根据杠杆原理制成的，它用已知质量的砝码来衡量被称物体的质量。

设杠杆 A、B、C 的支点为 B（图 2-2），力点分别在 A 和 C。A、C 上两点所悬重物为 P 和 Q（即物体质量与砝码质量）。当杠杆处于平衡状态时，力矩相等，即

$$P \cdot AB = Q \cdot BC$$

如果　　　　　　　　　　　　　　　$$AB = BC$$

则　　　　　　　　　　　　　　　　$$P = Q$$

以上说明，当天平达到平衡状态时，如果两臂臂长相等，物体的质量就等于砝码的质量。

分析天平中的横梁即起杠杆作用，三个玛瑙三棱体的尖锐棱边（叫做刀口）即是支点 B 与力点 A 和 C（图2-3）。

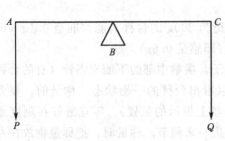

图2-2　天平的构造原理

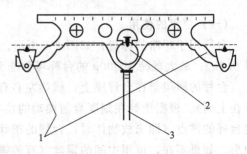

图2-3　天平梁的结构

1—力点的刀口（刀口向上）；2—支点的刀口（刀口向下）；3—指针

2. 半自动电光分析天平的结构与主要部件（图2-4）

① 天平梁1是天平的主要部件，在梁的中下方装有细长而垂直的指针11，梁的中间和等距离的两端装有三个玛瑙三棱体（6、7、8），中间三棱体刀口向下，两端三棱体刀口向上，三个刀口的棱边必须位于同一水平面上。刀口的尖锐程度决定分析天平的灵敏度，因此保护刀口是十分重要的。梁的两边装有两个平衡螺丝5，用来调整梁的平衡位置（也即调节零点）。

② 天平柱10位于天平正中。柱的上方嵌有玛瑙平板，它与梁中央的玛瑙刀口接触。天平柱的上部装有能升降的托梁架，天平不用时，用托梁架托住天平梁，使玛瑙刀口与平板脱开以减少磨损，保护玛瑙刀口和平板。

③ 蹬（又称吊耳，见图2-5）的中间面向下的部分嵌有玛瑙平板与天平梁两端的玛瑙刀口接触。蹬的两端面向下有两个螺丝凹槽，不用天平时，凹槽与托架上的托蹬螺丝接触，将蹬托住，使玛瑙平板与玛瑙刀口脱开。蹬上还装有挂托盘与空气阻尼器内筒的悬钩。

④ 空气阻尼器9和24是两个套在一起的铝制圆筒，外筒固定在天平柱上，内筒倒挂在蹬钩上。二圆筒间有均匀的空隙，使内筒能自由地上下移动。利用筒内空气的阻力产生阻尼作用，使天平很快达到平衡状态，停止摆动。左右两个内筒上刻有"1"和"2"的标记，不要挂错。

⑤ 天平盘托16位于天平盘13的下面，装在天平底板上。不用天平时盘托上升，把天平盘托住。左右两个盘托也刻有"1"和"2"标记。

⑥ 指针11固定在天平梁的中央，天平摆动时，指针也跟着摆动，指针的下端装有缩微标尺。如图2-6所示，光源通过光学系统将缩微标尺的刻度放大，反射到光屏上。从光屏上就可以看到标尺的投影。光屏的中央有一条垂直的刻线，标尺投影与刻线的重合处即为天平的平衡位置。零点微调器20可将光屏左、右移动一定距离，在天平未加砝码和重物时，打开升降旋钮17，可拨动零点微调器使标尺的0.00与刻线重合，达到调整零点的目的。

⑦ 升降旋钮（也叫升降枢）是天平的重要部件。它连接着托梁架、盘托和光源。使用天平时，打开升降旋钮，可使三部分发生变动。

a. 降下托梁架，使三个玛瑙刀口与相应的玛瑙平板接触。

b. 盘托下降，使天平盘自由摆动。

c. 打开光源，在光屏上可以看到缩微标尺的投影。

如果关上升降旋钮，则梁和盘被托住，刀口与平板脱离，光源切断。

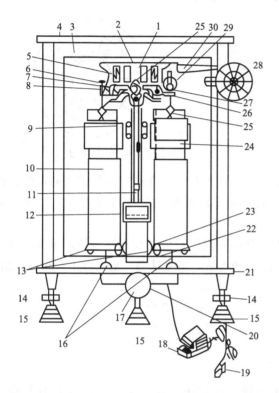

图 2-4　天平的构造

1—横梁；2—感量铊；3—前门；4—天平框；5—平衡铊；6—蹬形架（吊耳）；7—承重码瑙刀；8—玛瑙刀承；
9—阻尼筒上盖；10—支柱；11—指针；12—毛玻璃屏；13—托盘；14—脚轴螺丝水平调节钮；15—脚垫；
16—盘托；17—开关扭把；18—变压器；19—插头；20—零点微调器；21—底座；22—反射镜调
节钮；23—灯外罩；24—阻尼筒座；25—挂钩；26—支点刀承；27—支点与玛瑙刀；
28—拨码手轮；29—环状毫克砝码；30—加减砝码杆；31—砝码盒

图 2-5　蹬

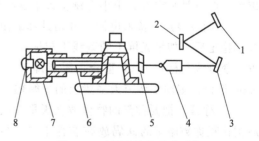

图 2-6　天平读数的光路系统

1—投影屏；2,3—反射镜；4—物镜筒；5—微分
标牌；6—聚光镜；7—照明筒；8—灯头座

⑧ 天平盒下有三只足，在前方的两足上装有螺旋 14 和 15，可使足升高或降低，以调节天平的水平位置。天平柱的后上方装有气泡水平仪。

⑨ 圈码指数盘 28 转动时可往天平梁上加 10～990mg 的砝码。指数盘上刻有圈码质量的数值，分两层，内层由 10～90mg 组合。天平达到平衡时，可由内外层对天平方向的刻线上读出圈码的质量。图 2-7 所示为未加圈码时指数盘的读数，图 2-8 所示为加圈码 230mg 后，指数盘的读数。

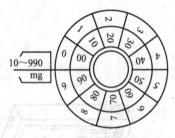

图 2-7　圈码指数盘图

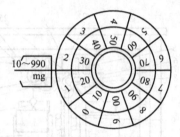

图 2-8　圈码读数

⑩ 天平框 4 由木框和玻璃制成，可以防止污染和因空气流动对称量带来的影响。两边的门用来取、放砝码和称量物，前面的门只有在安装和修理时才可以打开，关好门才能读数。

⑪ 每台天平都附有一盒砝码。1g 以上的砝码都按固定位置有规则地装在里面，以免沾污、碰撞而影响砝码质量。对最大载荷为 200g 的天平，每盒砝码一般由以下一组砝码组成：

100g	1个	5g	1个
50g	1个	2g	2个
20g	2个	1g	1个
10g	1个		

3. 称量方法与步骤

用天平进行称量，一般可采用直接称量法或减重法。前者用来称取没有吸湿性的试样，如金属片、合金片等。称量时将试样放在已知质量的干净且干燥的小表面皿上或硫酸纸上，一次称取一定质量的试样。后者是由两次称量的差来算出所称试样的量（详见"固定试剂的取用"一节）。分析天平是精密仪器，称量时要认真仔细，称量操作一般按下列步骤进行。

① 称量前应先检查一遍，天平是否水平；圈码是否挂好；圈码指数盘是否指在"000"位置；两盘是否空着。用小毛刷将天平盘清扫一下。

② 调节零点　接通电源，开动升降旋钮，这时可以看到缩微标尺的投影在光屏上移动，投影稳定后，如果光屏上的刻线不与标尺的 0.00 重合，可以通过调屏拉杆，移动光屏的位置，使刻线与标尺 0.00 重合，零点即调好。如果将光屏移动尽头后，刻线还不能与标尺 0.00 重合，则须要调节天平梁上的平衡螺丝。

③ 称量　把要称量的物体放在天平左盘中央（在此之前，应用台秤粗称物体质量），然后把比粗称数略重的砝码放在右盘中央，缓慢地开动升降旋钮，观察光屏上标尺移动的方向。如果标尺向负方向移动，则表示砝码比物体重，应立即关好升降旋钮，减少砝码后再称其质量，如果标尺往正方向移动，则可能有两种情况：第一种情况是，标尺稳定后，与刻线重合的地方在 10.0mg 以内，即可读数；第二种情况是，标尺往正方向迅速移动，则表示砝码太轻，应立即关好升降旋钮，增加砝码后再称其质量。这样再反复加减砝码，使砝码和物体的质量接近到克位以后，关紧边门，转动圈码指数盘，用与砝码相同的方法调节圈码，直

到光屏上的刻线与标尺投影上某一读数重合为止。

④ 读数 光屏上的标尺投影稳定后，就可以从标尺上读出 10mg 以下的质量。有的天平标尺上既有正值的刻度，也有负值的刻度。有的天平则只有正值刻度。称量时一般都使刻线落在正值的范围里（即读数时加上这部分毫克数），而不取负值，以免计算总质量时有加有减发生错误。

标尺上的一大格为 1mg，一小格为 0.1mg。如图 2-9 中所示的情况，应读为 1.5mg，则

图 2-9 光屏标尺的读数

$$物体的质量 = 砝码质量 + 圈码质量 + 1.5mg$$

读完数后，应立即关上升降旋钮。

⑤ 称量完毕后，记下物体质量，将物体取出，砝码放回砝码盒中原来的位置上，关好边门，将圈码指数盘恢复到"000"位置，拨下电插销并罩好天平盒外边的罩子。

下面以称一个坩埚为例说明如何正确、迅速地称出其准确质量。

a. 在台秤上粗称坩埚重为 22.7g。

b. 调整天平零点。

c. 回减砝码：加减砝码或圈码时，应按一定顺序才能使称量迅速。这种顺序俗称为"减半加（减）码"，即：如加 10g 太重，则改为 5g（不是 9g），如加 5g 又太轻，则加到 7g 或 8g（不加到 6g），这样可较快地找到物体的质量范围。

对于质量约 22.7g 的坩埚，加减砝码情况可用下表说明：

次　数	所加砝码	标尺移动方向	砝码是轻还是重
第一次	20g+2g+1g	负	太重需减
第二次	20g+2g	正	太轻需加

表示坩埚质量在 22~23g 之间。

d. 加减圈码：砝码加完后，关好边门，开始加圈码。加减顺序也按上述原则，先转动外层旋盘到 500mg 处。

次　数	所加砝码	所加圈码	标尺移动方向	砝码是轻还是重
第一次	20g+2g	500mg	正	太轻需加
第二次	20g+2g	800mg	负	太重需减
第三次	20g+2g	700mg	正	太轻需加

表示坩埚质量在 22.7~22.8g 之间。再转动内层旋盘，内层圈码加减情况见下表。下表表示坩埚质量在 22.74~22.75g 之间。

次　数	所加砝码	所加圈码		标尺移动方向	砝码是轻还是重
		外层	内层		
第一次	20g+2g	700mg	50mg	负	太重需减
第二次	20g+2g	700mg	30mg	正	太轻需加
第三次	20g+2g	700mg	40mg	正	太轻需加

e. 将旋盘转在 740mg 处。开动升降旋钮，待光屏上的标尺投影稳定后，观察屏上的刻线与标尺相重合的位置在 2.8mg 处，那么坩埚总质量为

$$22.74g+0.0028g=22.7428g$$

读完数，立即关闭升降旋钮，然后可再次开动升降旋钮，重复读数。最后取出坩埚，放回圈码，使天平完全恢复原状。

4. 半自动电光分析天平的使用规则和维护

① 天平室应不受阳光直射，保持干燥，并不受腐蚀性气体的侵蚀。天平台应坚固而不受振动。

② 天平盒内应保持清洁，并定期放置和更换干燥剂（变色硅胶）。

③ 称量前，应检查天平是否正常，是否处一水平位置，不要随意移动天平的位置。

④ 应从左右两门取放砝码和称量物，称量物放在天平的左盘中央，砝码放在右盘中央。决不允许超过天平的负载，也不能称量热的物体，称湿的和腐蚀性物体时应放在密闭容器内。称量时，要把门关严。

⑤ 开启升降旋钮时，一定要轻起轻放，以免损坏玛瑙刀口，每次加减砝码、圈码或取放称量物时，一定要先关升降旋钮，加完后，再开启旋钮，进行读数。

5. 砝码的使用和维护

① 每架分析天平都有固定的砝码，不能随便借用其他天平的砝码。

② 每个砝码在砝码盒中都有固定的位置，用完后应放回原处。

③ 砝码只能放在砝码盒和天平盘两个地方，不允许放在桌上或记录本上。

④ 砝码只能用镊子夹取，绝对不允许用手去拿，这样做会改变砝码质量。

⑤ 转动圈码读数盘时，动作要轻而缓慢，以免圈码跳落或变位。

⑥ 称量完毕后，应检查盒内砝码是否完整无缺和清洁。

（三）电子分析天平的使用

电子分析天平是依据电磁力平衡原理进行称量。称量时通过支架连杆与一线圈相连，该线圈置于固定的永久磁铁——磁钢之中，当线圈通电时自身产生的电磁力与磁钢的磁力作用，产生向上的作用力。该力与秤盘中称量物的向下重力达平衡时，此线圈通入的电流与该物重力成正比。利用该电流的大小可计量称量物的质量。其线圈上电流大小的自动控制与计量是通过该天平的位移传感器、调节器及放大器实现。当盘内物重变化时，与盘相连的支架连杆带动线圈同步下移，位移传感器将此信号检出并传递，经调节器和电流放大器调节线圈电流大小，使其产生向上的力推动秤盘及称量物恢复原位置为止，重新达到线圈电磁力与物重力平衡，此时的电流可计量物重。

电子分析天平是物质计量中可自动测量、显示甚至可自动记录、打印结果的天平，其灵敏度好，准确度高，使用方便，仪器保养维护相对比较容易，最大负荷一般为 100g 或 200g，分度值可达到 0.1mg 或 0.01mg，实用性很强。但应注意其称量原理是电磁力与物质的重力相平衡，使用天平时，要随使用地的纬度、海拔高度随时校正其 g 值，方可获取准确的质量。常量或半微量电子天平一般内部配有标准砝码和质量的校正装置，经随时校正后可获取准确的质量读数。电子分析天平的构造如图 2-10 所示。

1. 电子分析天平的称量方法

根据试样的不同性质和分析工作中的不同要求，可分别采用直接称量法（简称直接法）、

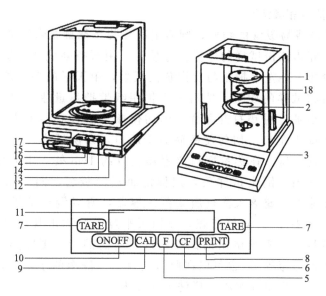

图 2-10　电子天平外形图

1—秤盘；2—屏蔽环；3—地脚螺旋；4—水平仪；5—功能键；6—CF清除键；7—除皮键；8—打印键；
9—调校键；10—开/关；11—显示器；12—CMC标签；13—型号牌；14—防盗装置；15—菜单-
去联锁开关；16—电源接口；17—数据接口；18—秤盘支架

指定质量（固定样）称量法、差减称量法（也称相减法）及减量法进行称量。

（1）直接称量法

对一些在空气中无吸湿性的试样或试剂，如金属或合金等可用直接法称量。称量时将试样放在干净而干燥的小表面皿上或油光纸上，一次称取一定质量的试样。

称量步骤：先称出干燥洁净的表面皿或油光纸的质量，按去皮键 TARE，显示"0.0000"后，打开天平门，缓缓往表面皿中加入试样，当达到所需质量时停止加样，关上天平门，显示平衡后即可记录所称试样的净质量。

（2）指定质量称量法

对于可用直接法称量的试样，在例行分析中，为简化计算工作往往需要称出预定质量的试样。这时可在已知质量的称量容器（如表面皿或不锈钢等金属材料做成的小皿）内，直接投放待称试样，直至达到所需要的质量。

称量时，将自备的称量容器（如表面皿）置于天平盘上，左手持骨匙盛试样后小心地伸向表面皿的近上方，以手指轻击匙柄（如图 2-11），将试样弹入，直到所加试样量与预定量之差相近时，极其小心地以左手拇指、中指及掌心拿稳骨匙，以食指摩擦匙柄，让匙里的试样以尽可能少的量慢慢抖入表面皿。这时，既要注意试样抖入量，同时也要注意显示屏的读数，当读数正好等于所需要的量时，立即停止抖入试样，若不慎多加了试样，则用骨匙取出多余的试样（不要放回原试样瓶中）。称好后，用干净的小纸片衬垫取出表面皿，将试样全部转移到接受的容器内。试样若为可溶性盐类，可用少量纯水将沾在表面皿上的粉末吹洗进容器。

在进行以上操作时，应特别注意：试样决不能失落在秤盘上和天平箱内；称好的试样必须定量地由称量器皿中转移到接受容器内；称量完毕后要仔细检查是否有试样失落在天平箱内外，必要时加以清除。

（3）差减称量法（相减法）

如果试样是粉末或易吸湿的物质，则需把试样装在称量瓶内称量。倒出一份试样前后两次质量之差，即为该份试样的质量。称量时，用纸条叠成宽度适中的两三层纸带，毛边朝下套在称量瓶上。左手拇指与食指拿住纸条，由天平的左门放在天平盘的正中，取下纸带，称出瓶和试样的质量。然后左手仍用纸带把称量瓶从盘上取下，放在容器上方。右手用另一小纸片衬垫打开瓶盖，但勿使瓶盖离开容器上方。慢慢倾斜瓶身至接近水平，瓶底略低于瓶口，切勿使瓶底高于瓶口，以防试样冲出。此时原在瓶底的试样慢慢下移至接近瓶口。在称量瓶口离容器上方约 1cm 处，用盖轻轻敲瓶口上部使试样落入接受的容器内。倒出试样后，把称量瓶轻轻竖起，同时用盖敲打瓶口上部，使沾在瓶口的试样落下（或落入称量瓶或落入容器，所以倒出试样的手续必须在容器口正上方进行）（图 2-12）。盖好瓶盖，放回天平盘上，称出其质量。两次质量之差，即为倒出的试样质量。若不慎倒出的试样超过了所需的量，则应弃之重称。如果接受的容器口较小（如锥形瓶等），也可以在瓶口上放一只洗净的小漏斗，将试样倒入漏斗内，待称好试样后，用少量纯水将试样洗入容器内。

图 2-11　直接加样的操作

图 2-12　减量法的操作

称量步骤：称出称量瓶的质量 m_1 后，取出称量瓶倾出一定量的试样，将称量瓶放在天平盘上，称其质量 m_2，m_1-m_2 则为倒出试样的质量。或者称出称量瓶（装有试样）的质量后，按去皮键 TARE，取出称量瓶向容器中敲出一定量的试样，再将称量瓶放在天平上称量（倒出试样的方法见上述称样方法中差减称量法），如果所示质量达到要求范围，即可记录数据。再按去皮键 TARE，称取第二份试样。

操作时应注意：

① 若倒入试样量不够时，可重复上述操作；如倒入试样大大超过所需要质量，则只能弃去重做。

② 盛有试样的称量瓶除放在秤盘上或用纸带拿在手中外，不得放在其他地方，以免沾污。

③ 套上或取出纸带时，不要碰着称量瓶口，纸带应放在清洁的地方。

④ 粘在瓶口上的试样尽量处理干净，以免粘到瓶盖上或丢失。

⑤ 要在接受容器的上方打开瓶盖或盖上瓶盖，以免可能粘附在瓶盖上的试样失落它处。

递减称量法用于称取易吸水、易氧化或易与 CO_2 反应的物质。此称量法比较简便、快速、准确，在分析化学实验中常用来称取待测样品和基准物，是最常用的一种称量法。

2. 电子天平的称量程序

（1）取下防尘罩　称量前取下防尘罩，叠好后放在电子天平右后方的台面上。

（2）检查水平　通过观察天平背后的水平泡，判断天平是否处于水平，若水平泡偏离中心，则调整天平底部的水平调节钮。

（3）预热　为了保证获得准确的称量结果，首次称量前，必须先通电预热，以达到工作温度。

（4）开机　接通外电路，天平自检结束后，单击开关键，出现称量模式"0.0000g"后，一般即可进行称量。

（5）称量

① 用增量法（或指定质量称样法）称样　打开天平门，将干燥的小容器（如小烧杯）轻轻放在经预热并已稳定的电子天平称量盘上，关上天平门。待显示平衡后，按"TARE"键扣除容器质量并显示"0.0000g"。然后打开天平门，往容器中缓缓加入试样，直至显示屏显示出所需的质量数，停止加样并关上天平门，此时显示的数据便是实际所称的质量。

② 用减量法称样　打开天平门，将装有样品的称量瓶置于称量盘上，关上天平门。待显示平衡后，按"TARE"键扣除容器质量并显示"0.0000g"。然后敲出所需试样于盛器内，再将内有余样的称量瓶置于秤盘上，天平显示的负读数即为所得试样的质量。同法清零、取样，可称取第二份试样。试样的质量也可以由不做清零的两次称量读数相减而得。

（6）复原　称量结束，切断电源，取下称量物和容器，清洁天平上下，罩好防尘罩，使天平复原。

（7）使用电子天平时的注意事项

① 电子天平为精密仪器，称量时物件应小心轻放。

② 天平的工作环境应无大的振动及电源干扰，无腐蚀性气体及液体。

③ 不要向天平上加载质量超过其称量范围的物体，绝不能用手压秤盘或使天平跌落地下，以免损坏天平或使重力传感器的性能发生变化。

三　酸度计

酸度计（也称 pH 计）是用电位法测定溶液 pH 值的仪器，除测量溶液的酸度外，还可以粗略地测量氧化还原电对的电极电位值（mV）及配合电磁搅拌器进行电位滴定等。实验室常用的酸度计有雷磁 25 型、pHS-2 型和 pHS-3 型等。它们的原理相同，只是结构和精密度不同。

（一）基本原理

不同类型的酸度计都是由测量电极（玻璃电极）、参比电极（甘汞电极）和精密电位计三部分组成。

1. 甘汞电极和玻璃电极

（1）甘汞电极

甘汞电极是由金属汞、Hg_2Cl_2 和一定浓度的 KCl 溶液（如饱和 KCl 溶液）组成的电极。其构造如图 2-13 所示，内玻璃管中封接一根铂丝插入纯汞中，下置一层甘汞和汞的糊状物，外玻璃管中装入一定浓度的 KCl 溶液，即构成甘汞电极。电极下端与被测溶液接触部分是用多孔玻璃砂芯构成通道（可使离子通过），其电极反应是

$$Hg_2Cl_2 + 2e \Longrightarrow 2Hg + 2Cl^-$$

$$E_{甘汞} = E_{甘汞}^{\ominus} - 0.0592\lg a(Cl^-) \quad (25℃)$$

$E_{甘汞}^{\ominus}$ 在一定温度下为一定值，所以甘汞电极的电极电位决定于 Cl^- 的活度值 $a(Cl^-)$，而与溶液的 pH 值无关。

（2）玻璃电极

玻璃电极的结构如图 2-14 所示。其主要部分是头部的玻璃泡，它是由特殊的敏感玻璃薄膜构成（膜厚约 0.2mm），对 H^+ 有敏感作用（敏感玻璃的主要成分：SiO_2 72%，Na_2O 22%，CaO 6%）。在玻璃泡中装有 $0.1mol \cdot L^{-1}$ HCl 和 Ag-AgCl 电极作为内参比电极。将玻璃电极插入待测溶液中，便组成下述电极：

$$Ag, AgCl(s) \,|\, 0.1mol \cdot L^{-1} HCl \,|\, 玻璃 \,|\, 待测溶液$$

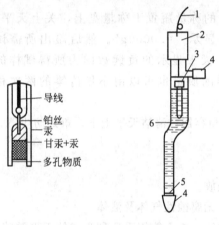

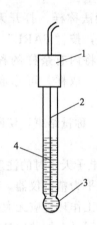

图 2-13　甘汞电极构造简图
1—导线；2—绝缘体；3—内部电极；4—胶皮帽；
5—多孔物质；6—饱和 KCl 溶液

图 2-14　玻璃电极构造简图
1—绝缘套；2—Ag-AgCl 电极；3—玻
璃膜；4—内部缓冲溶液

玻璃薄膜把两个不同 H^+ 浓度溶液隔开，在玻璃-溶液的接触界面之间产生一定的电位差。由于玻璃电极中内参比电极的电位是恒定的，所以，在玻璃-溶液接触界面之间所形成的电位差只与待测溶液的 pH 值有关。

$$E_{玻璃} = E_{玻璃}^{\ominus} - 2.3026\frac{RT}{F}pH$$

式中　R——气体常数，$8.314\ J \cdot K^{-1} \cdot mol^{-1}$；

T——热力学温度，K；

F——法拉第常数，$96490\ J \cdot V^{-1}$；

$E_{玻璃}^{\ominus}$——玻璃电极的标准电极电位，V。

在 25℃时，$E_{玻璃} = E_{玻璃}^{\ominus} - 0.0592pH$

因此，玻璃膜只有浸泡在水中（或水溶液中）才能显示测量电极的作用，未吸湿的玻璃膜不能响应 pH 值的变化。所以在使用玻璃电极前一定要在蒸馏水中浸泡 24h。每次测量完毕后仍需把它浸泡在蒸馏水中。

玻璃电极的优点：

a. 测量结果准确（pH 值在 1～9 范围内），使用方便。

b. 可以用于测量有颜色的、浑浊的或胶态溶液的 pH 值。

c. 测定 pH 值时，不受溶液中氧化剂或还原剂的影响。

d. 所用试剂量较少，测定时不破坏试液。

玻璃电极的缺点是头部玻璃膜非常薄，容易破损。使用时应注意：切忌与硬物接触；尽量避免在强碱溶液中使用玻璃电极，如欲使用，操作必须迅速，测后立即用蒸馏水冲洗干净，并浸泡于蒸馏水中，以免强碱液腐蚀玻璃；玻璃电极球泡存放时间过长（两年以上）后，容易有裂纹或老化，因此需及时检查，更换新电极。

2. 测量原理

将测量电极（玻璃电极）和参比电极（甘汞电极）一起浸入待测溶液中组成原电池，并接上精密电位计，即可测得该电池的电动势。在 25℃ 时

$$E_x = E_正 - E_负 = E_{甘汞} - E_{玻璃}$$
$$= E_{甘汞} - E_{玻璃}^{\ominus} + 0.0592 pH \tag{1}$$

整理上式得

$$pH = \frac{E_x + E_{玻璃}^{\ominus} - E_{甘汞}}{0.0592} \tag{2}$$

对一定的甘汞电极，在一定温度下，$E_{甘汞}$ 为一定值。如常用的饱和甘汞电极，在 25℃ 时，$E_{甘汞} = 0.2415V$。对于一个给定的玻璃电极其 $E_{玻璃}$ 亦为定值，其值可以用一个已知 pH 值的缓冲溶液代替待测溶液而求得。

由上分析可知，酸度计的主体是精密电位计，用它可测量电池的电动势，根据（2）式即可求得待测溶液的 pH 值。为了省去计算手续，酸度计把测得电池的电动势直接用 pH 刻度值表示，因此从酸度计上可直接测得溶液的 pH 值。

3. 复合电极

复合电极是玻璃电极和参比电极组合在一起的塑壳可充式电极，是 pH 测量元件。用于测量水溶液中的氢离子活度（pH），它广泛用于化学工业、医药工业、染料工业和科研事业中需要检测酸碱度的地方。

雷磁 E-201-C 型可充式复合电极的技术规格如下：

① 测量范围：0~14pH。

② 测量温度：0~60℃（短时 100℃）。

③ 零电位：(7±0.5) pH(25℃) (E-201-C)。

④ 百分理论斜率：(PTS) ≥98.5%(25℃)。

⑤ 内阻≤50MΩ(25℃)。

⑥ 碱误差：0.2pH(1mol·L^{-1}Na$^+$pH14) (25℃)。

⑦ 响应时间：到达平衡值的 95% 所需时间不大于 1s。

复合电极的使用维护及注意事项如下：

① 电极在测量前必须用已知 pH 值的标准缓冲溶液进行定位校准，为取得更正确的结果，已知 pH 值溶液要可靠，而且其 pH 值愈接近被测值愈好。

② 取下保护帽后要注意，在塑料保护栅内的敏感玻璃泡不与硬物接触，任何破损和擦毛都会使电极失效。

③ 测量完毕，不用时应将电极保护帽套上，帽内应放少量补充液，以保持电极球泡的湿润。

④ 复合电极的外参比补充液为 3mol·L^{-1} 氯化钾溶液，可从上端小孔加入。

⑤ 电极的引出端，必须保持清洁和干燥，绝对防止输出两端短路，否则将导致测量结果失准或失效。

⑥ 电极应与输入阻抗较高的酸度计（$\geqslant 10^{12} \Omega$）配套，能使电极保持良好的特性。

⑦ 电极避免长期浸在蒸馏水中或蛋白质溶液和酸性氟化物溶液中，并防止和有机硅油脂接触。

⑧ 电极经长期使用后，如发现梯度略有降低，则可把电极下端浸泡在 4% HF（氢氟酸）中 3~5s，用蒸馏水洗净，然后在氯化钾溶液中浸泡，使之复新。

（二）pHS-3C 型酸度计

pHS-3C 型 pH 计属精密数字显示 pH 计，它采用 3 位半十进制 LED 数字显示。适用于大专院校、工矿企业的化验室取样测定水溶液的 pH 值和电位（mV）值。此外，还可配上离子选择性电极，测出该电极的电极电势。

1. 仪器结构（图 2-15）

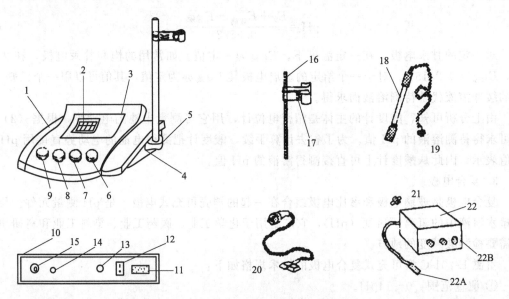

图 2-15　仪器主机及附件结构示意图

1—机箱盖；2—显示屏；3—面板；4—机箱底；5—电极梗插座；6—定位调节旋钮；7—斜率补偿调节旋钮；8—温度补偿调节旋钮；9—选择开关旋钮（pH、mV）；10—仪器后面板；11—电源插座；12—电源开关；13—保险丝；14—参比电极接口；15—测量电极插座；16—电极梗；17—电极夹；18—E-201-C-9 型塑壳可充式 pH 复合电极；19—电极套；20—电源线；21—Q9 短路插头；22—电极转换器；22A—转换器插；22B—转换器插座

2. 操作步骤

（1）开机前准备

a. 电极梗 16 旋入电极梗插座 5，调节电极夹 17 到适当位置；

b. 复合电极 18 夹在电极夹 17 上拉下电极 18 前端的电极套 19；

c. 用蒸馏水清洗电极，清洗后用滤纸吸干。

（2）开机

a. 电源线 20 插入电源插座 11；

b. 按下电源开关 12，电源接通后，预热 30min，接着进行标定。

3. 标定

仪器使用前，先要标定。一般说来，仪器在连续使用时，每天要标定一次。

a. 在测量电极座 15 处拔去 Q9 短路插头 21；

b. 在测量电极插座 15 处插上复合电极 18；

c. 如不用复合电极，则在测量电极插座 15 处插上电极转换器的插头 22A；玻璃电极插头插入转换器插座 22B 处；参比电极接入参比电极接口 14 处；

d. 把选择开关旋钮 9 调到 pH 挡；

e. 调节温度补偿旋钮 8，使旋钮白线对准溶液温度值；

f. 把斜率调节旋钮 7 顺时针旋到底（即调到 100％位置）；

g. 把清洗过的电极插入 pH＝6.86 的缓冲溶液中；

h. 调节定位调节旋钮，使仪器显示读数与缓冲溶液当时温度下的 pH 值相一致（如用混合磷酸盐定位温度为 10℃时，pH＝6.92）；

i. 用蒸馏水清洗电极，再插入 pH＝4.00（或 pH＝9.18）的标准缓冲溶液中，调节斜率旋钮使仪器显示读数与该缓冲液中当时温度下的 pH 值一致；

j. 重复 g～i 直到不用再调节定位或斜率两调节旋钮为止；

k. 仪器完成标定。

4. 测量 pH 值

经标定过的仪器，即可用来测量被测溶液。被测溶液与标定溶液温度相同与否，测量步骤也有所不同。

（1）被测溶液与定位溶液温度相同时步骤

a. 用蒸馏水清洗电极头部，用被测溶液清洁一次；

b. 用玻棒搅拌溶液，使溶液均匀后，把电极浸入被测溶液中，读出溶液的 pH 值。

（2）被测溶液和定位溶液温度不同时步骤

a. 用蒸馏水清洗电极头部，用被测溶液清洁一次；

b. 用温度计测出被测溶液的温度值；

c. 调节"温度"调节旋钮 8，使白线对准被测溶液的温度值；

d. 把电极插入被测溶液内，用玻璃搅拌溶液，使溶液均匀读出该溶液的 pH 值。

5. 测量电极电势（mV）值

① 把离子选择电极或金属电极和甘汞电极夹在电极架上。

② 用蒸馏水清洗电极头部，用被测溶液清洁一次。

③ 把电极转换器的插头 22A 插入仪器后部的测量电极插座 15 内；把离子电极的插头插入转换器的插座 22B 内。

④ 把甘汞电极接入仪器后部的参比电极接口上。

⑤ 把两种电极插在被测溶液内，将溶液搅拌均匀后，即可在显示屏上读出该离子选择电极的电位（mV 值），还可自动显示正负极性。

⑥ 如果被测信号超出仪器的测量范围，或测量端开路时，显示屏会不亮，作超载报警。

6. 使用注意事项

① 仪器的输入端（测量电极插座 15）必须保持干燥清洁。仪器不用时，将 Q9 短路插头插入插座，防止灰尘及水汽浸入。在环境湿度较高的场所使用时，应把电极插头用干净纱布擦干。

② Q9 插头夹子连线接触器及电极插座转换器均为配用其他电极时使用，平时注意防潮防震。

（三）Sartorius PB-10 型酸度计

1. 仪器结构（图 2-16）

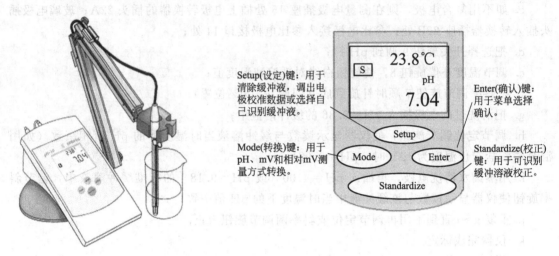

Setup(设定)键：用于清除缓冲液，调出电极校准数据或选择自己识别缓冲液。

Mode(转换)键：用于pH、mV和相对mV测量方式转换。

Enter(确认)键：用于菜单选择确认。

Standardize(校正)键：用于可识别缓冲溶液校正。

23.8℃

pH

7.04

图 2-16　仪器主机及附件结构示意图

2. 仪器校准

① 按 "Mode"（转换）键可以在 pH 和 mV 模式之间进行切换。通常测定溶液 pH 值将模式转换于 pH 状态。

② 按 "SETUP" 键，显示屏显示 Clear buffer，按 "ENTER" 键确认，清除以前的校准数据。

③ 按 "SETUP" 键直至显示屏显示缓冲溶液组 "1.68，4.01，6.86，9.18，12.46"，按 "ENTER" 确认。

④ 将电极小心从电极储存液中取出，用去离子水充分冲洗电极，冲洗干净后用滤纸吸干表面水（注意不要擦拭电极）。

⑤ 将电极浸入第一种缓冲溶液（6.86），搅拌均匀。等到数值稳定并出现 "S" 时，按 "STANDARDIZE" 键，等待仪器自动校准，如果校准时间过长，可按 "ENTER" 键手动校准。校准成功后，作为第一校准点数值被存储，显示 "6.86" 和电极斜率。

⑥ 将电极从第一种缓冲溶液中取出，重复步骤（3）洗净电极后，将电极浸入第二种缓冲溶液（4.01），搅拌均匀。等到数值达到稳定并出现 "S" 时，按 "STANDARDIZE" 键，等待仪器自动校准，如果校准时间过长，可按 ENTER 键手动校准。校准成功后，作为第二校准点数值被存储，显示（4.01　6.86）和信息 "％SlopeXX"。XX 显示测量的电极斜率值，该测量值在 90％～105％ 范围内可以接受。如果与理论值有更大偏差，将显示错误信息（Err），电极应清洗，并重复上述步骤重新校准。

⑦ 重复以上操作完成第三点（9.18）校准。

3. 测量

用去离子水反复冲洗电极，滤纸吸干电极表面残留水分后将电极浸入待测溶液。待测溶液如果辅以磁搅拌器搅拌，可使电极响应速度更快。测量过程中等待数值达到稳定出现

"S"时，即可读取测量值。使用完毕后，将电极用去离子水冲洗干净，滤纸吸干电极上的水分。浸于 $4mol \cdot L^{-1}$ KCl 溶液中保存。

4. 注意事项

① pH 玻璃电极测量 pH 值的核心部件是位于电极末端的玻璃薄膜，该部分是整个仪器最敏感也最容易受到损伤的部位。在清洗和使用过程中，应该避免任何由于不小心造成的碰撞。使用滤纸吸干电极表面残留液时也要小心，不要反复擦拭。

② 如发现电极有问题，可用 $0.1mol \cdot L^{-1}$ HCl 溶液浸泡电极半小时再放入 $4mol \cdot L^{-1}$ KCl 溶液中保存。

四　分光光度计

实验室常用的有 721 型、722 型分光光度计。其原理基本相同，只是结构、测量精度和测量范围有所差异。

(一) 基本原理

当一束波长一定的单色光通过有色溶液时，光的一部分被溶液吸收，一部分则透过溶液。如果入射光的强度为 I_0，吸收光的强度为 I_a，透过光的强度为 I_t，则

$$I_0 = I_a + I_t$$

透过光的强度 I_t 与入射光强度 I_0 之比叫做透光率，以 T 表示，即

$$T = I_t / I_0$$

当 I_0 一定时，T 越大，说明有色溶液的透光程度越大，而对光的吸收程度则越小。

对光的吸收程度除了可用透光率 T 表示外，通常还用透光率的负对数——吸光度（A）来表示（又称消光度 E），即

$$A = -\lg T = \lg(I_0 / I_t)$$

若 A 大，则光被吸收的程度大；反之，若 A 小，则光被吸收程度小。

实验结果表明：有色溶液对光的吸收程度与溶液的浓度 c 和液层厚度 l 的乘积成比。这一规律称作朗伯-比耳定律，即

$$A = \varepsilon c l$$

ε 是比例常数，称为吸光系数，它是有色物质的一个特征常数，当入射光波长一定时，对某一吸光物质是一个定值。所以当溶液厚度一定时，其吸光度只与溶液的浓度成正比。

因此，利用分光光度计测得溶液的吸光度值，就可以推算出溶液的浓度。

(二) 721 型分光光度计

1. 721 型分光光度计的外形及内部结构

721 型分光光度计的外形如图 2-17 所示，其内部结构见图 2-18。

2. 721 型分光光度计的光学系统

721 型分光光度计采用自准式光路，单光束方法，其波长范围为 360～800nm，用钨丝白炽灯泡作光源，其光学系统如图 2-19 所示。

由光源灯发出的连续辐射光线，射到聚光透镜上，会聚后再经过平面镜转角 90°，反射到入射狭缝，由此入射到单色光器内，狭缝正好位于球面准直镜的焦面上，当入射

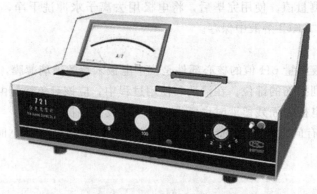

图 2-17　仪器的外形图

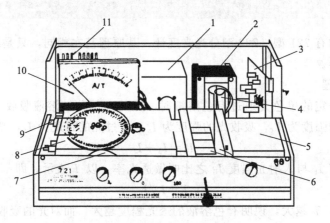

图 2-18　仪器内部结构示意图

1—光源灯室；2—电源变压器；3—稳压电路控制板；4—滤波电解电容；5—光电管盒；
6—比色部分；7—波长选择摩擦轮机构；8—单色光器组件；9—"0"粗调节
电位器；10—读数电表；11—稳压电源大功率调整管（3DD15）

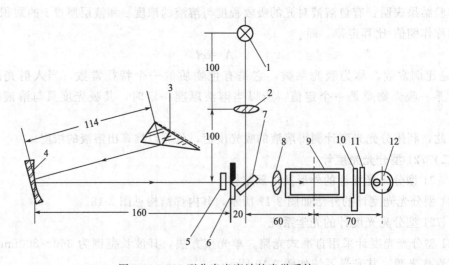

图 2-19　721 型分光光度计的光学系统

1—光源灯 12V25W；2—聚光透镜；3—色散棱镜；4—准直镜；5—保护玻璃；6—狭缝；
7—反射镜；8—聚光透镜；9—比色皿；10—光门；11—保护玻璃；12—光电管

光线经过准直镜反射后就以一束平行光射向棱镜（该棱镜的背面镀铝），光线进入棱镜后，就在其中色散，入射角在最小偏向角，入射光在铝面上反射后是依原路稍偏转一个角度反射回来，这样从棱镜色散后出来的光线再经过物镜反射后，就会聚在出射狭缝上，出射狭缝和入射狭缝是一体的，为了减少谱线通过棱镜后呈弯曲状对于单色性的影响，因此把狭缝的二片刀口做成弧形的，以便近似地吻合谱线的弯曲度，保证了仪器有一定幅度的单色性。

3. 721 型分光光度计的使用方法

(1) 仪器未接通电源前，应先检查仪器是否接地，电表指针是否指零。如不指零，则应调节电表下面的校正螺丝使指针指零。

(2) 接通电源，打开比色皿暗箱箱盖，使电表指针位于零位。预热 20min。并按要求选用单色光波长（旋动图 2-17 中左起第 1 个标有"λ"的旋钮）和相应的放大器灵敏度。放大器灵敏度挡是根据不同单色光波长面选择的。选用的原则是能使空白对照（比色皿盛蒸馏水或其他有色溶液）时，能很好地用光量调节器调整指针于 100％处。放大器灵敏度共分三个挡，其各挡的灵敏度范围为：第一挡×1 倍；第二挡×10 倍；第三挡×20 倍（扳动右起第一个旋钮）。

(3) 调整零位电位器（图 2-17 中左起第二个标有"0"的旋钮），使电表指针重新处于零位。

(4) 将盛有蒸馏水的比色皿置于光路中，盖上比色皿暗箱盖子，使光电管受到透射光照射，旋转光量调节器（图 2-17 中左起第 3 个标有"100"的位旋钮），使透光率为 100％。

(5) 重复 (3)、(4) 操作，调整透光率的"0"位和"100％"的位置，待稳定后进行测定工作。

(6) 在测量时把待测液推入光路，盖上暗箱盖，表针偏转并稳定地指示出吸光度值。

(7) 在换待测溶液时，一定要打开暗箱盖子，使光闸遮断光路，使光电管免受不必要的光照。

(8) 测定完把盛有溶液的比色皿取出，把干燥袋子放入暗箱中，切断电源，盖好暗箱，罩好仪器罩。

(三) 722 型分光光度计

1. 构造原理

722 型分光光度计由光源室、单色器、试样室、光电管暗盒、电子系统及数字显示器等部件组成。光源为钨卤素灯，波长范围为 330～800nm。单色器中的色散元件为光栅，可获得波长范围狭窄的接近于一定波长的单色光。其外部结构如图 2-20 所示。722 型分光光度计能在可见光谱区域内对样品物质作定性和定量分析，其灵敏度、准确性和选择性都较高，因而在教学、科研和生产上得到广泛使用。

2. 使用方法

(1) 开启电源，指示灯亮，仪器预热 20min。

(2) 旋动仪器波长手轮，把测试所需的波长调节至刻度线处。

(3) 将黑色挡光体置入光路中，盖上样品室盖，按透光率"0％"键使数字显示"0.00"后，取出黑色挡光体。

(4) 盖上样品室盖，将参比溶液比色皿置于光路，调节透光率"100％"旋钮，使数字显示为"100.0"。

(5) 将被测溶液置于光路中，数字表上直接读出被测溶液的透光率 T 值；将选择开关

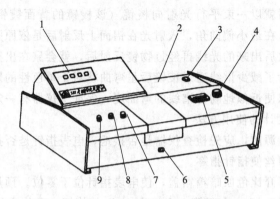

图 2-20　722 型分光光度计的结构示意图

1—数字显示器；2—光源室；3—电源开关；4—波长手轮；5—波长刻度窗；6—试样架拉手；

7—透光率"100%"旋钮；8—透光率"0%"旋钮；9—Model 键

置于 A，显示值即为试样的吸光度 A 值。

（6）实验完毕关机，切断电源，将比色皿取出洗净。

3. 注意事项

（1）为了防止光电管疲劳，不测定时必须将试样室盖打开，使光路切断，以延长光电管的使用寿命。

（2）取拿比色皿时，手指只能捏住比色皿的毛玻璃面，而不能碰比色皿的光学表面。

（3）比色皿不能用碱溶液或氧化性强的洗涤液洗涤，也不能用毛刷清洗。比色皿外壁附着的水或溶液应用擦镜纸或细而软的吸水纸吸干，不要擦拭，以免损伤它的光学表面。

五　电导率仪

（一）基本原理

导体导电能力的大小，通常以电阻（R）或电导（G）表示。电导是电阻的倒数，其关系式为

$$G = \frac{1}{R} \tag{1}$$

电阻的单位是欧姆（Ω），电导的单位是西门子（S）。

导体的电阻与导体的长度 l(cm) 成正比，与其面积 A(cm^2) 成反比，即

$$R \propto \frac{l}{A} \tag{2}$$

或

$$R = \rho \frac{l}{A} \tag{3}$$

式中，ρ 称为电阻率，它表示长度为 1cm，截面积为 1cm^2 时的电阻值，单位为 Ω·cm。

和金属导体一样，电解质水溶液体系也符合欧姆定律。当温度一定时，两极间溶液的电阻与两极间的距离 l 成正比，与电极面积 A 成反比。对电解质水溶液体系，常用电导和电导率来表示其导电能力的大小，即

$$G=\frac{1}{\rho}\frac{A}{l} \tag{4}$$

令
$$\frac{1}{\rho}=\kappa \tag{5}$$

则
$$G=\kappa\frac{A}{l} \tag{6}$$

式中，κ 是电阻率的倒数，称为电导率。它表示在相距 1cm，面积为 $1cm^2$ 的两极之间溶液的电导，其单位为 $S\cdot cm^{-1}$。

对于某一电极来说，l/A 为一常数，通常称为电极常数或电导池常数。在电导池中，所用的电极距离和面积是一定的，所以对某一电极来说，l/A 是常数。

令
$$K=\frac{l}{A} \tag{7}$$

则
$$G=\kappa\frac{A}{l}=\kappa\frac{1}{K} \tag{8}$$

即
$$\kappa=KG \tag{9}$$

不同的电极，其电极间的距离与面积不同，因此，测出的同一溶液的电导也就不同。通过（6）式可换算成电导率 κ，由于 κ 值与电极本身无关，因此，用电导率可以比较溶液电导的大小，而电解质水溶液导电能力的大小正比于溶液中电解质含量的多少，因此通过对电解质溶液电导率测量，可以评价水质的好坏，进行水中含盐量、水中含氧量等的测定。电导率仪就是测量电导率的仪器。

（二）DDS-11A 型电导率仪

DDS-11A 型电导率仪是常用的电导率测量仪器，它除能测定一般液体的电导率外，并能测量高纯水的电导率。因此被广泛用于水质、水中含盐量、大气中 SO_2 含量等的测定和电导滴定等方面。DDS-11A 型电导率仪的外形如图 2-21 所示。

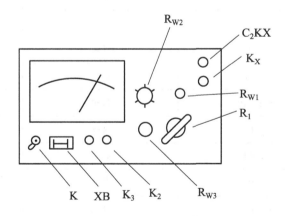

图 2-21　DDS-11A 型电导率仪

K—电源开关；XB—指示灯；K_3—高频、低频开关；K_2—校正、测量开关；R_{W3}—校正调节器；
R_{W2}—电极常数调节器；R_1—量程选择开关；K_X—电极插口；R_{W1}—电容
补偿调节器；C_2KX—10mV 输出插口

DDS-11A 型电导率仪的使用方法：

（1）按表 2-2 规定选用电极，并将电极插入待测水（或溶液）中。

（2）在接通电源前，先观察表头指针是否指零，如不指零可调整表头上的螺丝，使表针指零。

（3）将"校正、测量"开关 K_2 扳到"校正"位置。

（4）插接电源线（注意先把电导率仪与导线插接好，然后再使导线插接电源），打开电源开关，预热 2min 后，调节"校正调节器"（R_{W3}）旋钮，使表针指于满刻度处。

（5）将高频、低频开关（K_3）按要求扳向"低频"或"高频"。即当用（1）～（8）量程来测量电导率低于 $300\mu S\cdot cm^{-1}$ 的液体时，将 K_3 扳向"低频"挡，当使用（9）～（12）量程来测量电导率在 $300\sim10^5\mu S\cdot cm^{-1}$ 范围的液体时，将 K_3 扳向"高频"挡。

（6）将量程选择开关 R_1 扳到所需要的测量范围挡上，如果预先不知道被测液体的电导率范围，应先把它扳到最大电导率的测量挡上，然后由大到小逐挡下降，直到可读出数值为止。

（7）将电极常数调节器 R_{W2} 调节至与所用电极上标有的电极常数相对应的位置上，这样就相当于把电极常数调整为 1，此时所测得水（或液体）的电导，就是水（或液体）的电导率。如果选用 DJS-10 型铂黑电极，应把 R_{W2} 调节到所配套电极常数的 1/10 位置上。例如，若电极常数为 9.8，应将 R_{W2} 指在 0.98 位置，再将测得的数值乘以 10，即为被测溶液的电导率。

表 2-2　DDS-11A 型电导率仪的测量范围、各量程使用的频率及配用的电极

量　程	电导率/$\mu S\cdot cm^{-1}$	测量频率	配套电极
（1）	$0\sim0.1$	低频	DJS-1 型光亮电极
（2）	$0\sim0.3$	低频	DJS-1 型光亮电极
（3）	$0\sim1$	低频	DJS-1 型光亮电极
（4）	$0\sim3$	低频	DJS-1 型光亮电极
（5）	$0\sim10$	低频	DJS-1 型光亮电极
（6）	$0\sim30$	低频	DJS-1 型铂黑电极
（7）	$0\sim10^2$	低频	DJS-1 型铂黑电极
（8）	$0\sim3\times10^2$	低频	DJS-1 型铂黑电极
（9）	$0\sim10^3$	高频	DJS-1 型铂黑电极
（10）	$0\sim3\times10^3$	高频	DJS-1 型铂黑电极
（11）	$0\sim10^4$	高频	DJS-1 型铂黑电极
（12）	$0\sim10^5$	高频	DJS-10 型铂黑电极

（8）将电极导线插头插在电极插口 K_X 内，并将电极浸入待测液中。再调节校正调节器 R_{W2} 旋钮使指针至满刻度，然后将"校正、测量"开关 K_2 扳到"测量"位置，读得表针的指示数，乘以量程选择开关所指的倍数，即为被测液的电导率。将 K_2 扳回"校正"位置，看指针是否仍在满刻度，然后再将 K_2 扳到"测量"位置，再重复测定一次，取其平均值。

（9）将"校正、测量"开关 K_2 扳到"校正"位置，再取出电极。按上述方法，测定其他溶液的电导率。

（10）测量完毕，断开电源、取下电极，用蒸馏水冲洗后，放回盒中。

（三）使用注意事项

（1）电极的导线不能潮湿，否则测试不准。

（2）高纯水盛入容器后应迅速测量，否则电导率升高很快。

（3）盛被测液的容器必须清洁，无离子沾污。

第三部分　基础化学实验基本操作

 玻璃仪器的洗涤与干燥

（一）玻璃仪器的洗涤

用不洁净的仪器进行实验，往往得不到准确的结果，因此进行化学实验首先要把仪器洗涤干净，每次用过后也要立即洗涤。洗涤仪器的方法如下。

① 对试管、烧杯、量筒等，可在容器内先注入 1/3 左右的自来水，选用大小合适的刷子蘸取去污粉刷洗，如果用水冲洗后，仪器内壁能均匀地被水润湿而不附水珠，证实洗涤干净。如果有水珠沾附在容器内壁，表示容器内壁仍有油脂或其他垢迹污染，应重新洗涤以去除油污。必要时用蒸馏水冲洗 2~3 次。

使用毛刷洗涤试管时，注意刷子顶端的毛必须顺着伸入试管中，并用食指抵住试管末端，避免刷洗时用力过猛而将底部穿破。洗涤试管时应该一支一支地洗，不要同时抓住几支试管一起刷洗。

② 进行精确定量实验时，一些容量仪器（如滴定管、移液管、容量瓶等）的洗净程度要求较高，而且这些仪器形状又特殊，不宜用刷子刷洗，因此常用洗液进行洗涤。方法是先将容器用水冲洗，然后加入少量洗液，转动容器使其内壁全部为洗液浸润，经一段时间后，将洗液倒回原瓶，再用自来水冲洗干净，最后用蒸馏水冲洗 2~3 次。

使用洗液时，必须注意以下几点。

a. 使用洗液前，应先用水刷洗仪器，尽量除去其中污物。

b. 应尽量把仪器中残留水倒掉，以免将洗液稀释，影响洗涤效果。

c. 洗液用后应倒回原瓶，以便重复使用。

d. 洗液具有很强的腐蚀性，易灼伤皮肤和腐蚀衣物，使用时应注意安全。

e. 若洗液变成绿色 [$K_2Cr_2O_7$ 被还原为 $Cr_2(SO_4)_3$ 的颜色] 则不再具有氧化性和去污能力。

（二）仪器内沉淀垢迹的洗涤方法

实验时，一些不溶于水的沉淀垢迹常常牢固地粘附在容器的内壁，需根据其性质，选用适当的试剂，运用化学方法将其除去。下面介绍几种常见垢迹的处理方法，见表 3-1。

（三）仪器的干燥

① 晾干　把洗净的仪器倒置于干净的仪器柜中或在木钉上晾干。

② 烤干　用煤气灯小火烤干。

③ 吹干　用吹风机吹干。

④ 烘干　将洗净的仪器放在电热烘干箱内烘干（控制烘箱温度在 105℃ 左右），仪器放进烘箱前应尽量把水倒净，并在烘箱的最下层放一个搪瓷盘，接收从容器上滴下的水珠，以免直接滴在电炉丝上损坏炉丝。

表 3-1　常见垢迹处理方法

垢　　迹	处 理 方 法
粘附在器壁上的 MnO_2、$Fe(OH)_3$、碱土金属的碳酸盐等	用盐酸处理（MnO_2 垢迹需用 $\geqslant 6\,mol\cdot L^{-1}$ HCl 才能洗掉）
沉积在器壁上的银或铜处理	用硝酸处理
沉积在器壁上的难溶性银盐	一般用 $Na_2S_2O_3$ 溶液洗涤。Ag_2S 垢迹则需用热、浓 HNO_3
附在器壁上的硫	用煮沸的石灰水处理。反应原理如下：$$3Ca(OH)_2+12S \xrightarrow{\triangle} 2CaS_5+CaS_2O_3+3H_2O$$
残留在容器内的 Na_2SO_4 或 $NaHSO_4$ 固体	加水煮沸使其溶解，趁热倒掉
不溶于水、不溶于酸或碱的有机物和胶质等污迹	用有机溶剂洗，常用的有机溶剂有酒精、丙酮、苯、四氯化碳、石油醚等
煤焦油污迹	用浓碱浸泡（约一天左右），再用水冲洗
蒸发皿和坩埚内的污迹	一般可用浓 HNO_3 或王水洗涤
瓷研钵内的污迹	取少量食盐放在研钵内研洗，倒去食盐，再用水洗净

⑤ 有机溶剂的快速干燥　方法是先用少量丙酮等有机溶剂淋洗一遍，然后晾干。

二　试剂的取用与溶液的配制

固体试剂一般都用广口瓶贮放。液体试剂盛在细口的试剂瓶中，最常用的有平顶试剂瓶和滴瓶两种。见光易分解的试剂（如 $AgNO_3$ 等）应装在棕色瓶中。试剂瓶的瓶盖一般都是磨口的。但盛强碱性试剂（如 NaOH、KOH）及 Na_2SiO_3 溶液的瓶塞应换用橡皮塞。每个试剂瓶上都应贴上标签，并标明试剂的名称、纯度、浓度和配制日期，绝对不能在试剂瓶中装入与标签不相符合的试剂，以免造成差错。标签外面应涂蜡或用胶带保护。

（一）固体试剂取用法

① 取用固体试剂一般用牛角匙。牛角匙两端为大小两个匙，取大量固体时用大匙，取少量固体时用小匙。牛角匙必须干净且应专匙专用。

② 试剂取用后，要立即把瓶塞盖严（注意不要盖错），并将试剂瓶放回原处。

③ 要求取一定量的固体试剂时，可把固体放在纸上或表面皿上，在台秤上称量（要求准确称取时可用称量瓶，在电光天平上称量）。具有腐蚀或易潮解的固体不能放在纸上，应放在表面皿或其他玻璃容器内进行称量。

称量固体试剂时，注意不要多取。多取的试剂（特别是纯度较高的试剂），不能倒回原试剂瓶，否则会影响瓶内试剂的纯度。

④ 固体颗粒较大时，可在干净的研钵中研碎。研钵中所盛固体量不得超过研钵容积的 1/3。

（二）液体试剂取用法

（1）从平顶塞试剂瓶中取用试剂的方法

先取下瓶塞，仰放在实验台上，用左手拿住容器（如试管、量筒等），右手握住试剂瓶，让试剂瓶的标签向着手心，倒出所需量的试剂，如图 3-1 所示。倒完后应将试剂瓶口在容器上靠一下，再使瓶子竖直，这样可避免遗留在瓶口的试剂从瓶口流到瓶的外壁。

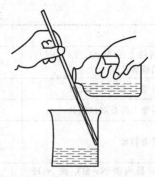

图 3-1　往试管中倒入液体试剂　　　　图 3-2　往烧杯中倒入液体试剂

把液体从试剂瓶中倒入烧杯时，用右手握瓶，左手拿玻璃棒，使棒的下端斜靠在烧杯中，将瓶口靠在玻璃棒上使液体沿着玻璃棒往下流，如图 3-2 所示。

（2）从滴瓶（图 3-3）中取用少量试剂的方法

提起滴管，使管口离开液面，用手指捏紧滴管上部的橡皮头，排去空气，再把滴管伸入试剂瓶中吸取试剂。往试管中滴加试剂时，必须注意只能把滴管尖头放在管口上方滴加，见图 3-4，不能伸入试管内，以免滴管尖端碰到管壁上沾附其他溶液。一只滴瓶上的滴管不能用来移取其他试剂瓶中的试剂，也不能用实验者自己的滴管伸入试剂瓶中吸取试剂。

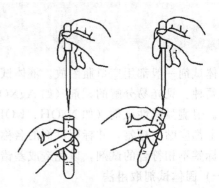

图 3-3　滴瓶　　　　　　图 3-4　往试管中滴加液体

（3）定量取用液体试剂可使用量筒或移液管。

（三）溶液的配制

① 根据配制试剂纯度和浓度的要求，选用不同等级的试剂并计算出溶质的用量。

② 试剂溶解时如有较高的溶解热发生，则配制溶液的操作一定要在烧杯中进行。在配制过程中，加热和搅拌可加速溶解，但搅拌不宜太猛，更不能使搅拌棒触及烧杯。

③ 对于易水解盐溶液的配制，必须把它们溶解在相应的酸溶液（如 $SnCl_2$、$SbCl_3$、$Bi(NO_3)_3$ 等）或碱溶液（如 Na_2S 等）中以抑制水解。对于易氧化的盐（如 $FeSO_4$、$SnCl_2$、$Hg_2(NO_3)_2$ 等）不仅需要酸化溶液而且应在该溶液中加入相应的纯金属（有关特殊试剂的配制详见附录 6）。

 # 三　试管的使用

（一）往试管中滴加溶液进行反应的方法

往试管中滴加溶液进行反应，溶液的用量根据具体反应而定，一般以 1～3mL 为宜。在滴加溶液时，必须随时摇动试管，以使所加入的每滴溶液都能迅速地与全部溶液均匀混合。

（二）加热试管中的液体

用试管盛液体加热时，应使液体各部分受热均匀，先加热液体的中部，再慢慢往下移动，然后不时地上下移动，不要集中加热某一部分，以免由于局部过热使液体喷出或受热不均使试管炸裂。加热时，应注意管口不能朝向别人或自己，如图 3-5 所示。

（三）往试管中加入固体

往湿的或口径小的试管中加入固体试剂时，为了避免试剂沾在试管壁上，可用较硬的干净纸折成三角，其大小以能放入试管为准，长度比试管稍长些，先用牛角匙将固体试剂放入三角纸内，然后将其送入试管底部，用手轻轻抽出纸条，使纸上试剂全部落入管底，如图 3-6 所示。

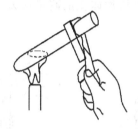

图 3-5 加热试管中的液体

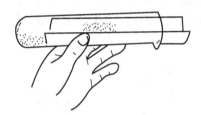

图 3-6 往试管中加固体

如果容器的口径足够大，可用牛角匙把固体试剂直接加入容器中。加入块状固体时，应将试管倾斜，使固体沿管壁慢慢滑入试管内，以免撞破管底。

（四）烤干试管

用试管夹将洗净的试管夹住，使试管口略向下倾斜，至火焰上方，用小火加热试管底部，在底部烤干后，再移动试管去烤中部，并用碎滤纸把凝结在管口的水滴吸去，然后继续烤试管口，直到烤干为止，如图 3-7 所示。最后将试管口朝上，再加热片刻，赶尽水汽，烤干后的试管应放在试管架的干燥处，管口向上，待冷却后使用。

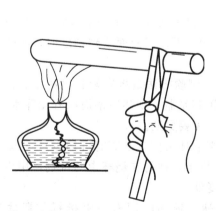

图 3-7 在灯焰上烤干试管

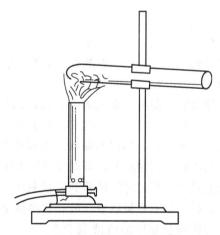

图 3-8 加热试管中的固体

（五）加热试管中的固体

试管可用试管夹夹起来加热。为避免凝结在管口上的水珠回流到灼热的管底，使试管破裂，应将试管口稍向下倾斜，如图 3-8 所示。

四　基本度量仪器的使用

（一）基本度量仪器的使用

1. 量筒

量筒（图 3-9）是化学实验室中最常使用的度量液体体积的仪器。它有各种不同的容量，可以根据不同的需要来选用。例如，需要量取 80mL 液体时，如果使用 100mL 量筒测量液体的体积至少有 ±1mL 的误差。为了提高测量的准确度，可以换用 10mL 量筒，此时测量体积误差可以降低到 ±0.1mL。读取量筒的刻度值，一定要使视线与量筒内液面（半月形弯曲面）的最低点处于同一水平线上（图 3-10），否则会增加体积的测量误差。此外，量筒不能作反应器用，不能装热的液体。

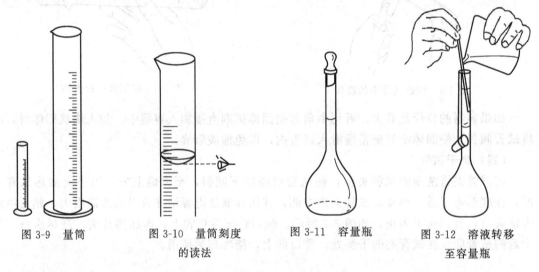

图 3-9　量筒　　　　图 3-10　量筒刻度　　　图 3-11　容量瓶　　　图 3-12　溶液转移
　　　　　　　　　　　的读法　　　　　　　　　　　　　　　　　　　　　　至容量瓶

2. 容量瓶

容量瓶是用来配制一定体积溶液的容器，如图 3-11 所示，就是一个体积为 250.00mL 的容量瓶。在细长颈的中部有一标线，它标出了在 20℃ 下，当液面达到刻度时，液体体积即为 250.00mL。

使用容量瓶前，应先试一下瓶塞部位是否漏水。试验方法是将容量瓶盛约 1/2 体积的水。盖上塞子，左手按住瓶塞，右手拿住瓶底，倒置容量瓶，观察瓶塞周围有无漏水现象，再转动瓶塞 180°，如仍不漏水，即可使用。如漏水，需要更换。

如用固体配制溶液，需先在烧杯中用少量溶剂把固体溶解（必要时可加热），待溶液冷却至室温后，再把溶液转移到容量瓶中，如图 3-12 所示。粘附在烧杯中的试剂，用少量溶剂冲洗后，加入容量瓶中，最后加溶剂至容量瓶刻度处。

为使容量瓶中的溶液混合均匀，须摇动容量瓶，摇动时用右手手指抵住瓶底边缘（不可用手心握住），左手按住瓶塞，把容量瓶倒置过来缓慢地摇动，如此重复多次，在用容量瓶配制溶液时，未经充分混合均匀就进行下一步操作，往往是产生过失误差的主要原因之一。

容量瓶的塞子用线缚在瓶颈上，以免沾污、打碎或丢失。

3. 移液管

它是用来量取一定体积（如 25.00mL）液体的仪器，它有两种形式：图 3-13（a）为球形移液管；（b）为刻度移液管（也称吸量管）。

移取液体时，左手拿洗耳球，右手拇指及中指拿住移液管的上端线以上部位，把移液管的下端插入液面下约 1cm，如图 3-14。再用吸耳球在移液管上端慢慢吸取，先吸取 3～5mL，冲洗移液管 2～3 次，然后再把液体吸至高于刻度处迅速用右手食指堵住管的上口，并将移液管提至高于液面后，垂直拿着并微微移动食指，使管内液体的弯月面下降到刻度处，如图 3-15 所示。如有悬挂着的液滴，可使移液管的尖端与器壁接触，使液滴落下。然后取出移液管移入准备接收液体的容器中，使移液管的尖端与瓶内壁接触，放开食指，使液体沿容器壁自由流出，如图 3-16 所示。待移液管内液体全部流尽后，稍停片刻（约 15s），再取出移液管。因移液管的容量只计算自由流出的液体，故留在管内的最后一滴液体，不可吹出。只要固定使用一支移液管，其系统误差比较一致，实验结果不会受到显著影响。

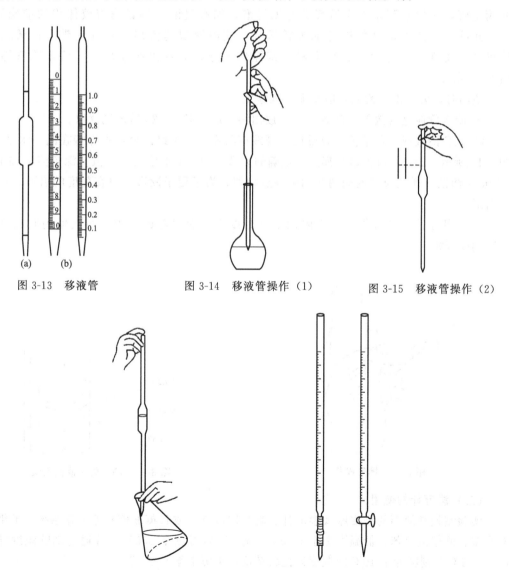

图 3-13 移液管　　　图 3-14 移液管操作（1）　　　图 3-15 移液管操作（2）

图 3-16 移液管操作（3）　　　图 3-17 滴定管

4. 滴定管

滴定管有两种形式：一种是下端有玻璃活塞的酸式滴定管；另一种是下端有乳胶管和用玻璃球代替活塞的碱式滴定管，如图 3-17 所示。

在使用酸式滴定管前，应将滴定管的活塞拆下涂油。涂油前先用滤纸将活塞槽、活塞上的水吸干，把少许凡士林涂在活塞的两头（切忌堵住小孔），待活塞插进塞槽后，从外面观察应全部透明且使用时又不漏水。

滴定管洗涤前应检查是否漏水，玻璃活塞转动是否灵活。若酸式滴定管漏水或玻璃活塞转动不灵，应拆下活塞，擦干活塞和活塞槽，重新涂凡士林油。若碱式滴定管漏水可更换玻璃珠或橡皮管。

滴定管使用前必须洗涤干净。在装入标准溶液前，应先用该标准溶液冲洗滴定管 2～3 次（每次用 5～10mL），确保标准溶液的浓度不变。在装入标准溶液时，宜由贮液瓶直接倒入，不宜借用其他器皿，以免标准溶液的浓度改变和造成污染。装满溶液的滴定管，应检查滴定管尖端部分有无气泡，如有气泡，将影响溶液体积的准确测量，必须排除。酸式滴定管可迅速地旋转活塞，使溶液快速流出，将气泡带走；碱式滴定管可把橡皮管向上弯曲，尖嘴上斜，挤捏玻璃球，溶液快速喷出，即可排除气泡，如图 3-18 所示。

使用时，为了正确读数，应遵循下列原则：

① 滴定管应垂直放置，注入溶液或放出溶液后需等 1～2s 后才能读取。

② 无色溶液或浅色溶液，读数时，视线应与弯月面下缘的最低点保持在同一水平面上。图 3-19 所示，24.34 和 24.53 都是不正确的读数，24.43 才是正确读数。深色溶液如 I_2 水、$KMnO_4$ 溶液，视线应与液面两侧的最高点相切。为了便于读数，可在刻度的后面，衬上一张白纸。

③ 为便于读数和计算，并消除因上下刻度不匀而引起的误差，每次使用时最好均从"0"刻度开始。

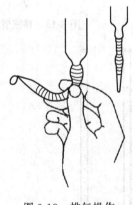

图 3-18　排气操作

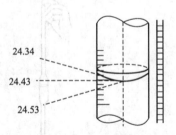

图 3-19　滴定管正确读数法

（二）温度计的使用

实验室最常使用的是膨胀式温度计。它是用玻璃（或石英玻璃）毛细管制得。毛细管内充水银、酒精或甲苯。低温可测至 −80℃，充 N_2 后可测至 550℃。普通毛细管温度计可测准至 0.1℃，刻度为 1/10℃ 的温度计比较精确，可测准至 0.01℃。

测量正在加热液体的温度时，应把它固定在一定位置上，使水银球完全浸没在液体中。

注意不要使水银球贴在容器的底部或器壁。

使用温度计时应注意：刚进行过高温测量的温度计不能立即用冷水冲洗，以免水银球炸裂；也不要让水银快速缩回，这样往往会造成水银柱断开。使用温度计时要轻拿轻放，用后装入套中。

若不小心把水银温度计打破，应立即把散落在地上、台面上的水银收集起来，并用硫磺粉覆盖在少量无法收起的水银上，以免室内空气被汞蒸气污染。

（三）气压计的使用

测量大气压力的仪器称气压计。气压计的种类很多，实验室常用的是福廷（Fortin）式（图3-20）。它是以水银柱平衡大气压力，水银柱的高度即表示大气压力的大小。福廷式气压计的主要结构是一根一端密封的玻璃管，里面装水银。开口的一端插在水银槽内，玻璃管顶部水银面以上是真空，水银槽底为一羚羊皮囊，下面的调节螺丝可以调节水银面的高低，水银槽顶有一倒置的象牙针，其针尖是黄铜管上标尺刻度的零点。玻璃管外面套有黄铜管，黄铜管的上部刻有刻度并开有长方形小窗，用来观察水银面的位置，窗前为游标尺。

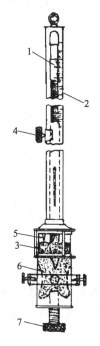
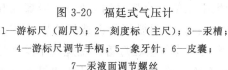

图 3-20 福廷式气压计
1—游标尺（副尺）；2—刻度标（主尺）；3—汞槽；
4—游标尺调节手柄；5—象牙针；6—皮囊；
7—汞液面调节螺丝

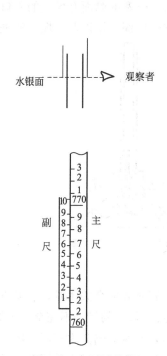

图 3-21 气压计读数

读数时可按下列步骤进行：

① 慢慢旋转底部的调节螺丝，使水银面与象牙针尖刚好接触。

② 调节游标尺的位置，使其略高于水银面，然后慢慢下降，直到游标尺下沿与游标尺后面金属片的下沿相重合且与水银弯月面相切。按游标尺零点所对黄铜标尺的刻度读出大气压的整数部分。小数部分用游标尺来决定，即从游标尺上找一根正与黄铜标尺上某一刻度相

吻合的刻度线，这根刻度线的数值就是整数后小数部分的读数。如图 3-21 所示，即应读作 761.4，换算为 $101325 \times 761.4/760 = 101512Pa$。

按以上操作调节游标尺位置，再次读数，进行核对。

③ 记下气压计上所附温度计的温度，当需要准确的大气压数据时，应对以上得到的读数进行温度校正。

五 加热的方法

（一）加热用的仪器

1. 煤气灯

煤气灯是化学实验室最常用的加热器具，使用十分方便。它的式样虽多，但结构原理是一致的。它由灯管和灯座组成（图 3-22）。灯管的下部有螺旋，可与灯座相连，灯管下部还有几个圆孔，为空气的入口，旋转灯管，即可完全关闭或不同程度地开启圆孔，以调节空气的进入量。灯座的侧面有煤气的入口，可接上橡皮管把煤气导入灯内。灯座下面（或侧面）有一螺旋形针阀，用以调节煤气的进入量。

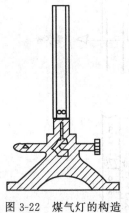

图 3-22　煤气灯的构造

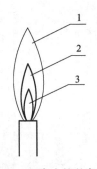

图 3-23　正常火焰的各部分
1—氧化焰；2—还原焰；3—焰心

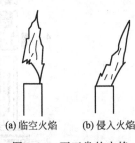

(a) 临空火焰　　(b) 侵入火焰

图 3-24　不正常的火焰

当灯管圆孔完全关闭时，点燃进入煤气灯的煤气，此时的火焰呈黄色（碳素粒发光所产生的绿色），煤气的燃烧不完全，火焰温度并不高。逐渐加大空气的进入量，煤气的燃烧就逐渐完全，并且火焰分为三层（图 3-23）。

当空气或煤气的进入量调节得不合适时，会产生不正常的火焰（图 3-24）。当煤气和空气的进入量都很大时，火焰就临空燃烧，称"临空火焰"。待引燃用的火柴熄灭时，它也立即自行熄灭。当煤气进入量很小，而空气进入量很大时，煤气会在灯管内燃烧而不是在灯管口燃烧，这时还能听到特殊的嘶嘶声和看到一根细长的火焰。这种火焰叫做"侵入火焰"。它将燃热灯管，一不小心就烫伤手指。有时在煤气灯使用过程中，煤气量突然因某种原因而减少，这时就会产生侵入火焰，这种现象称为"回火"。遇到临空火焰时，就关闭煤气阀，重新调节和点燃。

内层（焰心）——煤气、空气混合物并未燃烧，温度低，约为 300℃ 左右。

中层（还原焰）——煤气不完全燃烧，并分解为含碳的产物，所以这部分火焰具有还原性，称"还原焰"，温度较高。火焰呈淡蓝色。

外层（氧化层）——煤气完全燃烧，过剩的空气使这部分火焰具有氧化性，称"氧化焰"，温度最高。最高温度处在还原焰顶端上部的氧化焰中，约800～900℃。火焰呈淡紫色。实验时，一般都用氧化焰来加热。

2. 酒精灯和酒精喷灯

在没有煤气的地方常利用酒精灯和酒精喷灯加热。前者用于温度不需太高的实验，后者用于温度高的实验。酒精灯为玻璃制品，其盖子带有磨口。点燃灯芯时要用火柴，绝不能用另外一个燃着的酒精灯来点火（图3-25）。否则，一旦灯内酒精外洒，就会引起烧伤或火灾。用毕，盖上盖子使火焰熄灭，绝不能用嘴去吹灭。如需添加酒精时也要用同样的办法使火焰熄灭，然后借助于小漏斗添加酒精，以免酒精外洒（图3-26）。长期未用的酒精灯，当第一次点燃时，先打开盖子，用嘴吹去其中聚集的酒精蒸气，然后点燃，以免发生事故。

图3-25　点燃酒精灯　　　图3-26　往酒精灯内添加酒精　　　图3-27　酒精喷灯

酒精喷灯的构造类似于煤气灯，只是多了一个贮存酒精的空心灯座和一个燃烧酒精用的预热盆（图3-27）。使用前，先往预热盆内注入一些酒精，点燃酒精使灯管受热，待酒精接近烧完时，开启开关使酒精从灯座内进入灯管受热汽化，并与来自空气进入孔的氧气混合。用火柴点燃，可得到与煤气灯一样的高温。实验完毕时关闭开关，就可熄火。

3. 水浴

当被加热的物质要求受热均匀，而温度不超过100℃时，可用酒精灯或电炉把水浴中的水煮沸，用水蒸气来加热（图3-28）。水浴上可放置大小不同的铜圈，以承受各种器皿，选用铜圈时，应注意尽可能增大器皿的受热面积。

图3-28　水浴加热

使用水浴时应注意以下4点：

（1）水浴内盛水的量不要超过其水浴容量的2/3。应随时往水浴中补充少量的热水，以经常保持其中有占容量 2/3 左右的水量。

（2）应尽量保持水浴的严密。

（3）当不慎把铜质水浴中的水烧干时（此时火焰会呈现绿色），应立即停止加热，等水浴冷却后，再加水继续使用。

（4）注意不要把烧杯直接泡在水浴中加热，这样做会使烧杯底部因接触水浴锅底受热不匀而破裂。

在用水浴加热试管、离心管中的液体时，常用的最简便的水浴是 250mL 烧杯，内盛蒸馏水，用酒精灯或煤气灯将水加热至沸腾。

4. 油浴与沙浴

当要求被加热的物质受热均匀，温度又需高于 100℃ 时，可使用油浴或沙浴。用油代替水浴中的水，即是油浴。沙浴是一个铺有一层均匀的细沙的铁盘，用煤气灯或电炉加热。被加热的器皿放在沙上。若要测量沙浴的温度，可把温度计插入沙中。

5. 电加热

根据需要，实验室还常用电炉（图 3-29）、电加热套（图 3-30）、管式炉（图 3-31）和马弗炉（图 3-32）等电器进行加热，加热温度的高低可通过调节外电阻来控制。管式炉和马弗炉都可加热到 1000℃ 左右。

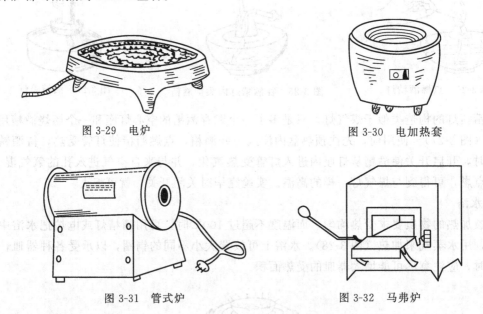

图 3-29　电炉　　　　　　　　　　　　　　图 3-30　电加热套

图 3-31　管式炉　　　　　　　　　　　　　图 3-32　马弗炉

（二）常用的加热操作

1. 直接加热试管中的液体或固体

加热时应该用试管夹，不要用手拿，以免烫手。加热液体时，试管应稍倾斜，管口向上，管口不能对着别人或自己，以免溶液在煮沸时溅到脸上，造成烫伤。液体量不能超过试管高度的 1/3。加热时，应使液体各部分受热均匀，先加热液体的中部，再慢慢往下移动，然后不时地上下移动，不要集中加热某一部分，否则，会造成局部沸腾而迸溅。在试管中加热固体的方法不同于加热液体，管口应略向下倾，使释放出来而冷凝的水珠不会倒流到试管的灼热处而使试管炸裂。

2. 灼热

当需要在高温下加热固体时，可把固体放在坩埚中用氧化焰灼烧（图3-33），不要让还原焰接触坩埚底部，以免在坩埚底部结成黑炭。

当要夹取高温下的坩埚时，必须使用干净的坩埚钳。使用前先在火焰旁预热一下钳的尖端，然后再去夹取。坩埚钳用后，应按图3-34平放在桌上，尖端向上，保证坩埚钳尖端洁净。

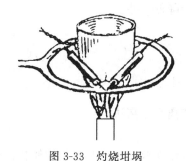

图3-33　灼烧坩埚　　　　　　　　　　　图3-34　坩埚钳放法

六　溶解与结晶

（一）固体的溶解

固体的颗粒较大时，在溶解前应先进行粉碎。固体的粉碎应在洗净和干燥的研钵中进行。研钵中所盛固体的量不要超过研钵容量的1/3。

溶解固体时，常用搅拌、加热等方法加快溶解速度。加热时应注意被加热物质的稳定性，以选用不同的加热方法。

（二）蒸发与浓缩

蒸发与浓缩一般在水浴上进行，若溶液太稀，也可先放在石棉网上直接加热蒸发，再放在水浴上加热蒸发。蒸发的快慢不仅和温度的高低有关，而且和被蒸发的液体的表面大小有关。常用的蒸发皿，能使被蒸发的液体有较大的表面，有利于蒸发的进行。蒸发皿内所盛液体的量不应超过其容量的2/3。

随着水分的不断蒸发，溶液逐渐被浓缩。浓缩到什么程度，则取决于溶质溶解度的大小及结晶时对浓度的要求。如果溶质的溶解度较小或其溶解度随温度变化较大，则蒸发到一定程度即可停止，如果溶解度较大则应蒸发得更浓一些。另外如结晶时希望得到较大的晶体，就不宜浓缩得太浓。

（三）重结晶

重结晶是提纯固体物质的重要方法之一。把待提纯的物质溶解在适当的溶剂中，经除去杂质离子，滤去不溶物后，进行蒸发浓缩。浓缩到一定程度的溶液，经冷却就会析出溶质的晶体。析出晶体颗粒的大小与条件有关。如果溶液浓度较高，溶质的溶解度较小，冷却得较快，并不时搅拌溶液，摩擦器壁，则析出的晶体就较小。如果溶液浓度不高，投入一小粒晶种后静置溶液，缓慢冷却（可放在温水浴上冷却），这样就能得到较大的晶体。

晶体颗粒的大小要适当。颗粒较大且均匀的晶体夹带母液较少，易于洗涤。晶体太小且大小不匀时，能形成稠厚的糊状物，夹带母液较多，不易洗净。只得到几粒大晶体时，母液中剩余的溶质较多，损失较大。所以，结晶颗粒的大小适宜，且较为均匀有利于物质的提纯。如果剩余母液太多，还可再次进行浓缩、结晶，但这次所得晶体的纯度不如第一次高。

当结晶一次所得物质的纯度不合要求时，可以重新加入尽可能少的溶剂溶解晶体，经蒸发后进行结晶，这样可以提高晶体的纯度，当然产率会降低一些。

七　溶液与沉淀的分离

溶液与沉淀的分离方法有三种：倾析法、过滤法和离心分离法。

（一）倾析法

当沉淀的密度较大或结晶的颗粒较大，静置后能沉淀至容器底部时，可用倾析法进行沉淀的分离和洗涤。

按图 3-35 所示，把沉淀上部的溶液倾入另一容器内，然后往盛着沉淀的容器内加入少量洗涤液（如蒸馏水），充分搅拌后，沉降，倾去洗涤液。如此重复操作三遍以上，即可把沉淀洗净。

图 3-35　倾析法

（二）过滤法

分离溶液与沉淀最常用的方法是过滤法。当溶液和沉淀的混合物通过过滤器（如滤纸）时，沉淀留在过滤器上，溶液则通过过滤器，过滤后所得的溶液俗称滤液。

溶液的温度、黏度、过滤时的压力、过滤器的孔隙大小和沉淀物的性质都会影响过滤的速度。热溶液与冷溶液容易过滤。溶液的黏度愈大，过滤愈慢。减压可以加快过滤速度，但是，小颗粒的沉淀也会通过过滤器，孔隙较小，沉淀的颗粒易被滞留在过滤器上，而在上面形成一层密实的滤渣，堵塞过滤器的孔隙，使过滤难以继续进行。另外，胶状沉淀能够穿过一般的过滤器（如滤纸），应先设法把沉淀的胶态破坏（例如用加热保温的方法）。总之，选用不同的过滤方法时，应该考虑以上这些因素。常用的过滤方法有下列三种。

1. 常压过滤

此法最为简便和常用。它使用玻璃漏斗和滤纸进行过滤。玻璃漏斗锥体的角度应为60°，但有的略大于60°，所以使用时应注意。

滤纸分定性滤纸和定量滤纸两种。按照孔隙的大小，滤纸又可分为"快速"、"中速"和"慢速"三种。应根据实际的需要选用不同规格的滤纸（注意，在使用滤纸前，应把手洗净、擦干）。

过滤时，先按图 3-36 所示，把圆形滤纸或四方滤纸折叠成四层（四方滤纸还要剪成扇形），然后将滤纸展开成锥形，用食指把滤纸按在玻璃漏斗的内壁上，再用水润湿滤纸，并使它紧贴在玻璃漏斗的内壁上，滤纸的边缘应略低于漏斗的边缘。有的玻璃漏斗的锥角略大于60°，则在折叠滤纸时要作相应的校正，如果将滤纸贴在漏斗壁后，两者之间还有气泡，应该用手指轻压滤纸，把气泡赶掉，然后向漏斗中加水至几乎达到滤纸边。

这时漏斗颈应全部被水充满，而且在滤纸上的水已全部流尽后，漏斗颈中的水柱仍能保留。这样做若不能形成水柱，可以用手指堵住漏斗下口，掀起滤纸，使滤纸与漏斗颈及锥体的大部分全被水充满，并且把气泡完全排出，然后把纸边按紧，再放开下面堵住出口的手，此时水柱即可形成。在整个过滤过程中，漏斗颈必须一直被液体所充满，这样过滤才能迅速。

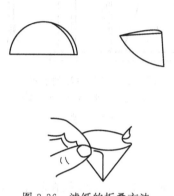

图 3-36 滤纸的折叠方法

图 3-37 常压过滤操作

过滤时应注意以下 5 点：

① 漏斗应放在漏斗架上，并须调整漏斗架的高度（图 3-37），使漏斗的出口靠在接收容器的内壁上，以便溶液能够顺着器壁流下，不致四溅。

② 先转移溶液，后转移沉淀。这样，就不会因为沉淀堵塞滤纸的孔隙而减慢过滤的速度。

③ 转移溶液和沉淀时，均应使用搅棒。

④ 转移溶液时，应把溶液滴在三层滤纸处，以防液滴把单层滤纸冲破。

⑤ 加入漏斗中的溶液不超过圆锥滤纸的总容积的 2/3，盛得过多，会使溶液不通过滤纸，而由滤纸和漏斗内壁间的缝隙中流入接收容器内，这样就失去了滤纸的过滤作用。

如果需要洗涤沉淀，则要等溶液转移完毕后，往盛沉淀的容器中加入少量洗涤剂充分搅拌，令溶液静止，待沉淀下沉后，再把上层溶液倾入漏斗内，如此重复操作两三遍，再把沉淀转移到滤纸上，也可以把全部沉淀转移到滤纸上，然后把少量的洗涤剂分成几份，分几次加入到漏斗中来洗涤沉淀。

洗涤沉淀时，也要贯彻少量多次的原则（不要把所有的洗涤剂连续地加到漏斗中去洗涤沉淀），以提高效率。

最后，经过检查滤液中的杂质，才可以判断沉淀是否已经洗净。

2. 减压过滤（或称抽吸过滤）

减压可以加快过滤速度，还可以把沉淀抽吸得比较干燥。但是胶态沉淀在过滤速度很快时会透过滤纸，不能用减压过滤法。颗粒很细的沉淀会因为减压抽吸而在滤纸上形成一层密实的沉淀，使溶液不易透过，反而达不到加速的目的，也不宜用减压过滤法。

（1）减压过滤用的仪器装置（图 3-38）

a. 布氏漏斗（或称瓷孔漏斗）上面有很多瓷孔，下端颈部装有橡皮塞，借以与吸滤瓶相连。

b. 吸滤瓶：用来承受被过滤下来的液体，并有支管与抽气系统相连。

c. 水泵：减压用，在泵内有一窄口，当水急剧流经窄口时，水流把空气带出，而使与水泵相连的仪器减压。

d. 安全瓶：当因减压过滤的操作做完而关闭水门时，或者当水的流量突然加大后又变小时，都会由于吸滤瓶内的压力低于外界的压力而使自来水溢入吸滤瓶内，把滤瓶内的液体弄脏（这一现象称为反吸）。所以操作时要在吸滤瓶和水泵之间装上一个安全瓶，作为缓冲。如果不用安全瓶，过滤时应随时注意有无反吸现象。过滤完毕，应先拔掉连接吸滤瓶和水泵的橡皮管，再关水门，以防反吸。

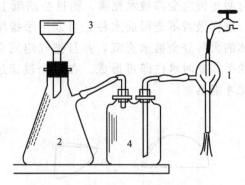

图 3-38　减压过滤的装置
1—水泵；2—吸滤瓶；3—布氏漏斗；
4—安全瓶

（2）减压过滤的操作方法

滤纸应剪成比布氏漏斗的内径略小，又能把瓷孔全部盖住。把滤纸放在漏斗中，用少量水润湿滤纸，微启水门，减压使滤纸与漏斗贴紧。使溶液沿着搅棒流入漏斗中，注意加入的溶液不要超过漏斗容积2/3。开大水门，等溶液全部流完后，再把沉淀向滤纸的中间部分转移。继续减压，可将沉淀抽吸得比较干。过滤完毕后，先拔掉橡皮管，后关水门，用手指或搅棒轻轻揭起滤纸边，以取下滤纸和沉淀。瓶内的溶液则由吸滤瓶的上口倾出。瓶的侧口只作连接减压装置用，不要从其中倾出溶液，以免弄脏溶液。洗涤沉淀的方法与使用玻璃漏斗时相同，但不要使洗涤液过滤得太快（可适当地把水门开得小一点），以免沉淀不能洗净。

（3）石棉纤维在过滤操作中的应用

如果被过滤的溶液具有强酸性、强碱性或强氧化性，溶液会和滤纸作用而把滤纸破坏，这时就需要在布氏漏斗上铺石棉纤维来代替滤纸。先将石棉纤维在水中浸泡一段时间，然后把石棉纤维搅匀，倾入布氏漏斗内，再减压使石棉纤维紧贴在漏斗上。铺完后，如发现上面仍有小孔，则要在小孔上补加一些石棉纤维，直至没有小孔为止。应该尽量使石棉纤维铺得均匀些，但不要太厚。过滤操作与减压过滤的操作方法完全相同。过滤后，沉淀往往和石棉纤维粘在一起，取下的沉淀中将会夹杂有石棉纤维，所以此法比较适用于过滤后所需要的是溶液，而沉淀是被废弃的情况。

（4）玻璃砂漏斗的使用

如果过滤后需要的是沉淀，则为了避免沉淀被石棉纤维沾污，可用玻璃砂漏斗来过滤具有强氧化性或强酸性物质。过滤作用是通过熔接在漏斗中部的具有微孔的烧结玻璃片进行的。各种烧结玻璃片孔隙的大小不同（玻璃砂漏斗的规格即是根据烧结玻璃片孔隙的大小，分为1、2、3、4号，1号玻璃砂漏斗的孔隙最大），可根据不同需要，分别选用，过滤操作与减压过滤操作方法相同。

由于碱会与玻璃作用而使烧结玻璃片的微孔堵塞，所以玻璃砂漏斗不适用于过滤碱性溶液。玻璃砂漏斗使用后要用水洗去可溶物，然后在 $6mol \cdot L^{-1}$ 硝酸溶液中浸泡一段时间，再用水洗净。不要用硫酸、盐酸或洗液去洗涤玻璃砂漏斗，否则，可能生成不溶性的硫酸盐和氯化物，而把烧结玻璃片的微孔堵塞。

3. 热过滤

如果溶液中的溶质在冷却后会析出，而我们又不希望这些溶质在过滤的过程中析出而留在滤纸上，这时就需要趁热过滤。为此，在过滤前把漏斗放在水浴上用蒸汽加热（抽吸过滤时吸滤瓶也需加热），然后再进行过滤，这样，热的溶液在过滤时就不至于冷却了。热过滤时需用铜质的热漏斗。

（三）离心分离法

当被分离的沉淀的量很少时，用一般方法过滤后，沉淀会粘在滤纸上，难以取下，这时可以应用离心分离法。

将盛有沉淀和溶液的离心管放在离心机中高速度旋转时，沉淀受到离心力的作用，向离心管的底部移动，因此沉淀聚集在管底尖端，上面是澄清溶液。

实验室常用的离心仪器是电动离心机（图3-39）。使用时，将装试样的离心管放在离心机的套管中，管底垫一点棉花。为了使离心机旋转时保持平衡，几个离心管要放在对称的位置上，如果只有一个试样，则在对称的位置也要放一支离心管，管内装等量的水。

电动离心机转速快，要注意安全。放好离心管后，应把盖盖上。开始时，应把变速器放在最低挡，以后逐渐加速，停止时，也应任其自己停下，决不可以用手强制它停止转动。离心沉降后，需将沉淀和溶液分离时，用左手斜持离心管，右手拿毛细吸管，用手压吸管的橡皮乳头以排除其中的空气，然后按图3-40所示，把毛细管伸入离心管，直到毛细吸管的末端恰好进入液面为止。这时慢慢减小手对橡皮乳头上的挤压力量，清液即进入毛细吸管。随着离心管中的清液的减少，毛细管应逐渐下移，至全部清液吸入毛细管为止。在毛细吸管的末端接近沉淀时，操作要特别小心。最后取出毛细吸管，将清液放在接收容器中。沉淀和溶液分离后，沉淀上面仍含有少量溶液，必须经过洗涤，才能得到纯净的沉淀。

为此，往盛沉淀的离心管中加入适量的蒸馏水或其他用作洗涤用的电解质溶液，然后用搅棒充分搅拌后，进行离心沉降。用毛细管将上层清液吸出，再用上法操作2～3次。洗涤时，每次用等于沉淀体积2～3倍的洗涤液即可。

图3-39 电动离心机

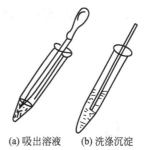

(a) 吸出溶液　(b) 洗涤沉淀

图3-40 分离和洗涤

八 气体的发生、净化、干燥和收集

（一）气体的发生

实验室中常用启普发生器（图3-41）制备氢气、二氧化碳和硫化氢气体等。

$$Zn + 2HCl(6mol \cdot L^{-1}) = ZnCl_2 + H_2 \uparrow$$

$$CaCO_3 + 2HCl(浓) = CaCl_2 + CO_2 \uparrow + H_2O$$

$$FeS + 2HCl(6mol \cdot L^{-1}) \xrightarrow{\quad\quad} FeCl_2 + H_2S\uparrow$$

仪器由一个葫芦状的玻璃容器和球形漏斗组成。固体药品放在中间圆球内,可在固体下面放一些玻璃毛承受固体,以免固体掉在下部球内。酸从球形漏斗加入。使用时只要打开活塞,由于压力差,酸液自动下降而进入中间球内,与固体接触而产生气体。当停止使用时,只要关闭活塞,继续发生的气体会把酸从中间球内压入到球形漏斗中,使酸液与固体不再接触而停止反应,下次使用时,只要重新打开活塞即可,使用十分方便。

发生器中的酸液长久使用后会变稀。此时,可把球侧口的玻璃塞(有的是橡皮塞)拔下,倒掉废酸,塞好塞子,再向球形漏斗中加入新的酸液。若固体需要更换时,在酸与固体脱离接触的情况下,可选一橡皮塞,将球状漏斗上的口塞紧,再拔去中间球侧的塞子,将原来的固体残渣从侧口取出,更换新的固体。

因为启普发生器不能加热,装入的固体反应物又必须是较大的颗粒,不适用于颗粒很小甚至是粉末的固体反应物,所以发生氯化氢、氯气、二氧化硫气体等就不能使用启普发生器,而改用图 3-42 所示的气体发生装置。

$$MnO_2 + 4HCl(浓) \xrightarrow{\quad\quad} Cl_2\uparrow + MnCl_2 + 2H_2O$$

$$NaCl + H_2SO_4(浓) \xrightarrow{\quad\quad} HCl\uparrow + NaHSO_4$$

$$Na_2SO_3 + 2H_2SO_4(浓) \xrightarrow{\quad\quad} SO_2\uparrow + 2NaHSO_4 + H_2O$$

把固体加在蒸馏瓶内,酸液装在分液漏斗中。使用时,打开分液漏斗下面的活塞,使酸液均匀地滴加在固体上,就产生气体。当反应缓慢或不发生气体时,可以微微加热。如果加热后,仍不起反应,则需要更换固体药品。

在实验室中,我们也可以使用气体钢瓶,这种气体钢瓶中的气体是在一些工厂中充入的,如氧气钢瓶、氮气钢瓶、氢气钢瓶、氯气钢瓶、氩气钢瓶、氨气钢瓶、二氧化碳钢瓶等等。氧、氮、氩来源于液态空气的分馏;氢气来源于水的电解等;氯气来源于烧碱工厂;氨气来源于合成氨工厂等。各种钢瓶均涂以不同颜色的油漆以示区别,如氧气钢瓶是蓝色的,氯气钢瓶是绿色的,氨气钢瓶是黄色的,氮气钢瓶是黑色的,氩气钢瓶是灰色的等。使用时十分方便,可以通过减压阀来控制气体的流量。

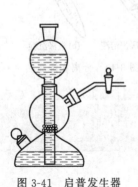

图 3-41　启普发生器

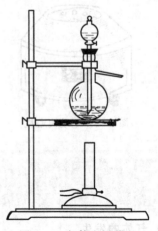

图 3-42　气体发生装置

(二) 气体的净化和干燥

实验室中发生的气体常常带有酸雾和水汽,所以在要求高的实验中就需要净化和干燥，通常用洗气瓶（图 3-43）和干燥塔（图 3-44）来进行。一般是让发生出来的气体先通过水洗以洗去酸雾，然后再通过浓硫酸吸去水气。如二氧化碳的净化和干燥就是这样进行的。氢气的净化要复杂一些，因为发生氢气的原料（锌粒）中常含有硫、砷等杂质，所以在氢气发生过程中常夹杂有硫化氢、砷化氢等气体，要采用通过高锰酸钾溶液、醋酸铅溶液的办法除去，最后再通过浓硫酸干燥。有些气体是有还原性的或碱性的，就不能用浓硫酸来干燥，如硫化氢、氨气等，可以用无水氯化钙或氢氧化钠固体放在干燥塔中，任其通过而干燥。

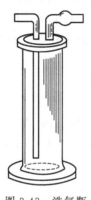

图 3-43 洗气瓶

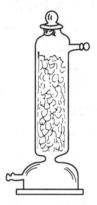

图 3-44 干燥塔

（三）气体的收集

① 在水中溶解度很小的气体（如氢气、氧气），可用排水集气法收集（图 3-45）。

② 易溶于水而比空气轻的气体（如氨），可用瓶口向下的排气集气法收集（图 3-46）。

③ 能溶于水而比空气重的气体（如氯、二氧化碳），可用瓶口向上的排气集气法收集（图 3-47）。

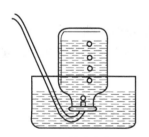

图 3-45 排水集气法

图 3-46 排气集气法（比空气轻）

图 3-47 排气集气法（比空气重）

九 试纸的使用

在实验室经常使用试纸来定性检验一些溶液的性质或某些物质是否存在，用起来操作简单，使用方便。

（一）试纸的种类

试纸的种类很多，实验室常用的有 pH 试纸、醋酸铅试纸和碘化钾-淀粉试纸。

1. pH 试纸

pH 试纸用以检验溶液的 pH 值。一般有两类：一类是广泛 pH 试纸，变色范围为 pH＝1～14，用来粗略检验溶液的 pH 值；另一类是精密 pH 试纸，这种试纸在 pH 值变化较小时就有颜色的变化。它可用来较精细地检验溶液的 pH 值。这一类有很多种，如变色范围：pH＝2.7～4.7，3.8～5.4，5.4～7.0，6.9～8.4，8.2～10.0，9.5～13.0 等。

2. 醋酸铅试纸

醋酸铅试纸用以定性地检验反应中是否有 H_2S 气体产生（即溶液中是否有 S^{2-} 存在）。该试纸曾在醋酸铅溶液中浸泡过。使用时要用蒸馏水润湿试纸，将待测溶液酸化，如有 S^{2-}，则生成 H_2S 气体逸出，遇到试纸，即溶于试纸上的水中，然后与试纸上的醋酸铅反应，生成黑色的 PbS 沉淀。从而使试纸呈黑褐色并有金属光泽（有时颜色较浅，但一定有金属光泽，这是很特征的）。

若溶液中 S^{2-} 的浓度较小，则用此试纸就不易检出。

3. 碘化钾-淀粉试纸

碘化钾-淀粉试纸用以定性地检验氧化性气体（如 Cl_2、Br_2 等）。该试纸曾在碘化钾-淀粉溶液中浸泡过。使用时要用蒸馏水将试纸润湿。氧化性气体溶于试纸上的水后，将 I^- 氧化为 I_2，如：

$$2I^- + Cl_2 \rule[0.5ex]{2em}{0.4pt} I_2 + 2Cl^-$$

I_2 立即与试纸上的淀粉作用，使试纸变为蓝紫色。

应注意的是，如果氧化性气体的氧化性很强且气体又很浓，则有可能将 I_2 继续氧化成 IO_3^-，而使试纸又褪色，这时不要误认为试纸没有变色，以致得出错误的结论。

（二）试纸的使用方法及注意事项

pH 试纸：将一小块试纸放在点滴板上，用沾有待测溶液的玻璃棒点试纸的中部，试纸即被待测溶液润湿而变色。不要将待测溶液滴在试纸上，更不要将试纸泡在溶液中。试纸变色后，与色阶板比较，得出 pH 值或 pH 范围。

醋酸铅试纸与碘化钾-淀粉试纸：将一小块试纸润湿后沾在玻璃棒的一端，然后用此玻璃棒将试纸放到试管口，如有待测气体逸出则变色。有时逸出的气体较少，可将试纸伸进试管，但要注意，勿使试纸接触溶液。

使用试纸时要注意节约，应将试纸剪成小块，每次用一块。

取出试纸后，应该将装试纸的容器盖严，以免被实验室内的一些气体沾污。

十 玻璃加工操作

（一）玻璃管（或玻璃棒）的截断与熔光

截断玻璃管（或玻璃棒）一般分三步进行。

1. 锉痕

操作要点是：把要截断的玻璃管（或玻璃棒）平放在实验台上，用三角锉的棱（或碎瓷片的断口）在要截断的部位，用力向前划痕（其长度约为玻璃管周长的 1/6 左右），注意不能往复锉动，如图 3-48 所示。如划痕不明显，可在原划痕处再向前划痕一次。要注意划出的凹痕应与玻璃管垂直，这样才能使截断后的玻璃管截面是平整的。

2. 截断

双手持已有划痕的玻璃管（或玻璃棒），划痕向外，两手的拇指齐放在划痕的背面向前推折，同时两食指分别向外拉，将玻璃管（或玻璃棒）截断，如图 3-49 所示。

切断粗玻璃管（或玻璃棒）时，可将锉刀沿管轴转动而切割，截断时应将玻璃管（或玻璃棒）用布包住，以免划伤手指。

图 3-48 锉痕示意图

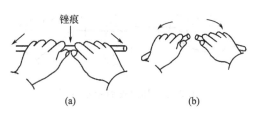

图 3-49 折断玻璃管示意图

3. 熔光和缘口

新截断的玻璃管（或玻璃棒）截面很锋利，容易划伤皮肤，且难以插入塞子的圆孔内，所以必须将玻璃管（玻璃棒）熔烧（熔光）。方法是把断面斜插入煤气灯的氧化焰中，缓慢地转动，将断面熔烧至圆滑为止，如图 3-50 所示。熔光时，注意防止烧的时间过长，以免玻璃管口径缩小甚至封死。薄壁的玻璃管可直接去烧，厚壁的玻璃管要先预热后熔烧。熔烧后的玻璃管，应放在石棉网上冷却，不能放在桌上，以免把桌面烧坏。

当管口需套橡皮乳头（如滴管帽）等时，须将管口壁加厚，称为缘口。其方法是：将玻璃管在火焰中插入镊子（应先预热），在火焰上转动使管口略为扩大，待管口稍向外翻后，迅速将玻璃管放在石棉板上轻轻压平，这样就能得到比较整齐厚实的缘口，如图 3-51 所示。

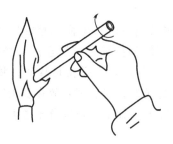

图 3-50 熔光玻璃管示意图

图 3-51 玻璃管缘口示意图

（二）玻璃管的弯曲

弯曲玻璃管的操作方法：

先用布把玻璃管外壁擦干，内壁可用棉球擦净（把棉球塞进管口内，不要太紧，然后用铁丝把棉球从另一端推出即可），然后双手持玻璃管，把要弯曲的部位插入氧化焰内（先用小火预热），如图 3-52 所示，两手用力要均匀，并缓慢而均匀地转动玻璃管，以免玻璃管在火焰中扭曲。当玻璃管烧成黄色而且足够软时，即可移开火焰，稍等 1～2s，待温度均匀后，再准确地把它弯成一定的角度。

弯管时应按"V"形手法正确操作，即两手在上方，玻璃管的弯曲部分在两手中间的下方，如图 3-53 所示。

　　120°以上的角度，可以一次弯成。较小的角度，可分几次弯成，先弯成 120°左右的角度，待玻璃管稍冷后，再加热弯成较小的角度（如 90°）。但玻璃管第二次受热的位置应较第一次受热的位置略为偏左或偏右一些。当须要弯成更小的角度（如 60°、45°）时，需要进行第三次加热和弯曲操作。弯管好坏的比较与分析见图 3-54。

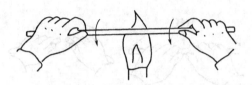

图 3-52　加热玻璃管示意图

图 3-53　玻璃管的弯曲示意图

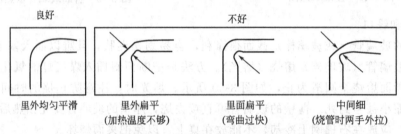

图 3-54　弯管好坏的比较与分析

（三）玻璃管（或玻璃棒）的拉伸

拉伸玻璃管（或玻璃棒）也分三步进行。

1. 烧管

拉伸时加热玻璃管（棒）的方法与弯玻璃管时相同，只是加热得更软一些。

2. 拉管

待玻璃管均匀软化后（即玻璃管烧成红黄色时），将玻璃管轻缓地向内略加压缩，减短它的长度，使管壁增厚，再移开火焰，顺着水平方向，缓缓地拉伸玻璃管至所需的细度，注意不可拉断，拉断的管壁常嫌太薄，如图 3-55 所示。拉伸后，右手持玻璃管，将玻璃管下垂片刻，使拉成的毛细管的轴与原玻璃管轴位于同一直线上。然后把它放在石棉网上。在玻璃管拉伸操作中，应注意受热要均匀且受热部位要足够大，如果受热部分不够大，拉得又很快时，得到的是既细又薄的尖管，不符合要求。

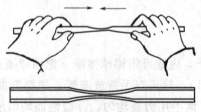

图 3-55　拉管操作示意图

3. 熔光和缘口

冷却后，按所需长度要求在拉细的部分折断玻璃管（棒），断口熔光，即成两个尖嘴。

如需制备滴管还需缘口。

（四）塞子的种类和钻孔

1. 塞子的种类

化学实验室常用的塞子有软木塞、橡皮塞和玻璃磨口塞三种。

软木塞虽不易和有机物作用，但其严密性差，易被酸、碱侵蚀，因此软木塞一般只适用于盖盛无侵蚀性物质的瓶子。

橡皮塞的严密性好，且能耐强碱物质的侵蚀，但它易被强酸和某些有机物质（如汽油、氯仿、苯、丙酮、二硫化碳等）侵蚀。因此装碱液或固体碱的瓶子用橡皮塞最好。

玻璃磨口塞是试剂瓶和某些玻璃仪器的配套塞子，严密性很好，但其易被碱和氢氟酸侵蚀，因此带磨口玻璃塞的瓶子不适用于装碱性物质和氢氟酸。除标准磨口塞外，一般不同瓶子的磨口塞不能任意调换，否则不能很好密合。

对不同种类塞子的选用主要决定于试剂或实验的性质。选择的塞子大小应与装配的试剂瓶或仪器的口径相吻合，以塞进试剂瓶或仪器口的部分稍超过塞子高度的 1/2 为好。

2. 塞子的钻孔

装置仪器时常需要将软木塞或橡皮塞钻孔，其工具是钻孔器（也称打孔器）。它是一组直径不同的金属管，管的一端有柄，另一端管口很锋利，另外每套钻孔器还有一个带柄的捅条，用来捅出进入钻孔器中的橡皮或软木。

（1）钻孔器的选择：要根据塞子的种类和塞上所要插入的玻璃棒或温度计等管径大小，来选择合适的钻孔器。若给橡皮塞钻孔，可选择一个比要插入玻璃管或温度计管口略粗（不要太粗）的钻孔器，因为橡皮塞有弹性，孔道钻成后会略有收缩而使孔径略为变小。若是给软木塞钻孔，因其没有橡皮塞那样的弹性，因此钻孔器的口径（外径）应比所要插入软木塞的玻璃管口径略细一些。

（2）钻孔：钻孔时在钻孔器（图 3-56）前端涂少许润滑剂（如肥皂水、甘油或水等），以减小金属管与塞子间的摩擦，然后把塞子平放在桌面上的一块木板上（避免钻坏桌子），左手持塞子，右手持钻孔器的柄，以顺时针方向，用力往下钻，如图 3-57 所示。塞子的钻孔应先由塞子的小端钻入，当钻到塞子的厚度一半时，按反时针方向旋出钻孔器，并用捅条捅出钻孔中的橡皮或软木，再用同样方法从塞子大头的一端钻孔，注意要对准小头的那一端的孔位，直到两端的圆孔贯穿为止（也可以从小的一端一次钻通）。钻孔时要注意使钻孔器和塞子的平面垂直，以免把孔钻斜。最后用水把已钻好的塞子洗净，并把钻孔器擦拭干净。

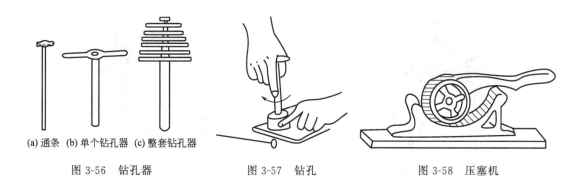

(a) 通条　(b) 单个钻孔器　(c) 整套钻孔器

图 3-56　钻孔器　　　　　　　图 3-57　钻孔　　　　　　　图 3-58　压塞机

软木塞的钻孔法和橡皮塞相似。所不同的是软木塞钻孔前应先用压塞机（见图 3-58）把软木塞压紧压实一些，以免钻孔时钻裂。

（3）玻璃导管与塞子的连接：将玻璃导管插入已钻孔的塞子，要求导管与塞孔严密套接。如果塞孔太小，可以用圆锉把孔锉大一些至大小合适为止。如果玻璃导管可以毫不费力地插入塞孔，表示塞孔太大，不合要求。

往塞孔内插入玻璃管时可用少许水润湿管口，然后手握玻璃管的前半部，把玻璃管慢慢旋入塞孔至合适位置，如图 3-59(a) 所示，为了安全，初学者操作时垫布为好。整个操作要注意把塞子拿牢，柔力旋入，切不可用力过猛或手离塞子太远，以免把玻璃管折断和划破手指。

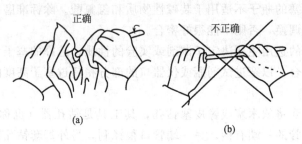

(a)　　　　　　　　　　(b)

图 3-59　玻璃管与塞子连接示意图

十一　其他

1. 保干器的使用

已干燥但又易吸水或需要长时间保持干燥的固体，应放在保干器内。保干器（或称干燥器）的下部装有干燥剂（常用的有变色硅胶、无水氯化钙等），其上放置一个带孔的圆形瓷板，以承受装固体的容器。保干器的口上和盖子下面都带有磨口，在磨口上涂有一层很薄的凡士林，这样可以使盖子盖得很严，以防止外界的水汽进入保干器内，打开保干器时，以一只手轻轻扶住保干器，另一只手沿水平方向移动盖子，以便把它打开或盖上（图 3-60）。

温度很高的物体（如灼热的坩埚）应稍微冷却后再放进去（但不必冷至室温）。放入后，一定要在短时间内，再把保干器的盖子打开一两次，以免因保干器内的空气冷却使其中压力降低，而使盖子难以打开。

图 3-60　打开保干器

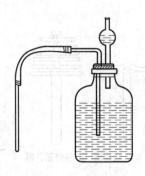

图 3-61　干燥管的使用

2. 干燥管的使用

为使仪器内部既与大气相通，又防止空气中的 CO_2 与水蒸气进入（例如在实验室需较长时间使用 NaOH 溶液又要防止其吸收 CO_2 和水汽）时，常在瓶口装一干燥管，管内装碱石灰（图 3-61）。

3. 点滴板的使用

点滴板是一块上釉的白瓷板，板上有若干凹槽。实验中可用点滴板进行点滴反应，即将溶液和试剂滴在凹槽内，观察颜色的变化或有色沉淀的产生。也可以将小块的 pH 试纸放在点滴板上或凹槽内，测试溶液的 pH 值。使用点滴板时要将其洗净，并用蒸馏水冲洗。洗后应尽量吹干或晾干，以免进行点滴反应时冲稀溶液。

第四部分 实 验 内 容

 基本操作和基础理论的实验

实验 1 天平与称量

(一) 实验目的

了解台天平(台秤)、电光分析天平和电子分析天平的结构与使用方法。

(二) 提要

实验中由于对质量的准确度要求不同,需使用不同类型的天平进行称量。常用的天平有台天平(也叫台秤)、电光分析天平和电子分析天平等。一般说来,台天平可称量至 $0.1g$,而电光分析天平可称量至 $0.001g$,电子分析天平可称量至 $0.0001g$。

台天平:使用台天平前需先把游码放到刻度尺的零处,检查天平的摆动是否平衡。如果平衡,则指针摆动时所指标尺上的左右格数应相等。当指针停止时,应指在标尺的中线。如果不平衡,可以调节螺旋使之平衡。

称量时,将要称的物品放在左台上(或左盘内),然后在右台上(或右盘内)添加砝码,加砝码要从大的加起,如果太重,就按顺序换放小的砝码。10g 以下的砝码用游码代替,直到天平平衡为止。台天平的砝码和游码是可以用干净的手指直接拿取和移动的。

称固体药品时,应在两个盘内各放质量相仿的纸一张,然后用药匙将药品放在左台(或左盘)的纸上(称 NaOH、KOH 等固体时,应衬以已称过质量的表面皿),称液体药品时,要用已称过质量的容器盛放药品,称法同前。

电光分析天平和电子分析天平的构造和使用方法,详见基本操作"台秤与天平"一节。

(三) 实验内容

向指导教师索取已知质量的有机玻璃片,在天平上称出其质量后,记在记录本上交指导教师核对。

(四) 思考题

1. 分析天平操作时应注意什么?

2. 对于电光分析天平以下操作能否允许?

(1) 在砝码与称量物的质量悬殊很大的情况下,完全打开升降枢。

(2) 急速地打开或关闭升降枢。

(3) 未关升降枢就加砝码或取下称量物。

3. 下列情况对称量读数有无影响?

(1) 用手直接拿取砝码。

（2）未关玻璃门。

（3）水平仪里的气泡不在中心位置。

4. 要使在天平上的称量误差小于 0.2%，则至少要称量样品多少克？

实验 2　气体常数的测定

（一）实验目的

（1）了解一种测定气体常数的方法及其操作。

（2）学习理想气体状态方程式和分压定律。

（二）实验原理

通过测量金属铝置换出盐酸中氢的体积可以算出气体常数 R 的数值。反应为

$$2Al + 6HCl \Longrightarrow 2AlCl_3 + 3H_2 \uparrow$$

如果称取一定质量的铝与过量的盐酸反应，则在一定温度和压力下，可以测出反应所放出的氢的体积。实验时的温度 T 和压力 p 可以分别由温度计和气压计测得。物质的量 n 可以通过反应中铝的质量来求得。由于氢是在水面上收集的，氢气中还混有水汽。在实验温度下，水的饱和蒸气压 $[p(H_2O)]$ 可从表中查出。根据分压定律，氢的分压可由下式求得，即：

$$p = p(H_2) + p(H_2O)$$
$$p(H_2) = p - p(H_2O)$$

将以上所得各项数据代入

$$R = pV/nT$$

中，即可算出 R 值。

本实验也可通过镁或锌与盐酸反应来测定 R 值。

（三）药品与器材

1. 器材

测定气体常数的装置（见图 4-1）。

2. 药品

HCl（6.0mol·L^{-1}）。

铝片（镁条或锌片）（已称量）。

（四）实验内容

（1）准确称取 0.0220~0.0300g 范围内的铝片。按图 4-1 把仪器装好。取下小试管，移动水平管（漏斗），使量气管中的水面略低于刻度零，然后把水平管固定。

（2）在小试管中用滴管加入 6.0mol·L^{-1} HCl 溶液 3mL，注意不要使盐酸沾湿试管的上半部管壁。将已称量的铝片沾少许水，贴在试管内壁但不得与盐酸接触，最后把小试管固定，并塞紧橡皮塞。

（3）检验仪器是否漏气，方法如下：将水平管向下（或向上）移动一段距离，使水平管的水面略低（或略高）于量气管

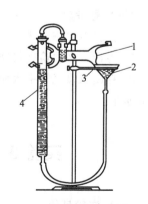

图 4-1　测定气体常数的装置
1—滴定管夹；2—漏斗；
3—铁圈；4—量气管

中的水面。固定水平管后，量气管中的水面如果不断下降（或上升），表示装置漏气。应检查各连接处是否接好（通常是由于橡皮塞没有塞紧）。按上法检验直到不漏气为止。

（4）装置不漏气后，调整水平管的位置，使量气管内水面与水平管内水面在同一水平面上（为什么？），然后准确读出量气管内水的弯月面最低点的读数 V_1。

（5）轻轻摇动试管，使铝片落入盐酸中，铝片与盐酸反应而放出氢。此时量气管内水面即开始下降。为了不使量气管内气压增大而造成漏气，在量气管内水平面下降的同时，慢慢下移水平管，使水平管内的水面和量气管内的水面基本保持相同水平。反应停止后，待试管冷却到室温（约 10min 左右），移动水平管，使水平管内的水面与量气管内的水面相平，读出反应后量气管内水面的精确读数 V_2。

（6）记录实验时的室温 t 和大气压 p。

（7）从表中查出室温时水的饱和蒸气压 $p(H_2O)$。

（8）数据记录及计算。

铝片的质量	$m_1=$	g
反应前量气管中水面读数	$V_1=$	mL
反应后量气管中水面读数	$V_2=$	mL
室温	$t=$	℃
压力	$p=$	Pa
室温时水的饱和蒸气压	$p(H_2O)=$	Pa
氢的体积	$V(H_2)=\dfrac{V_2-V_1}{10^6}=$	m³
氢的分压	$p(H_2)=p-p(H_2O)=$	Pa
氢的物质的量	$n=$	mol
气体常数 R	$R=\dfrac{p(H_2)V(H_2)}{nT}=$	J·mol⁻¹·K⁻¹
百分误差	误差$=\dfrac{\mid R_{通用值}-R_{实验值}\mid}{R_{通用值}}\times100\%=$	

根据所得到的实验值，与一般通用的数值 $R=8.314J·mol^{-1}·K^{-1}$ 进行比较，讨论造成误差的主要原因。

（五）思考题

1. 实验需要测量哪些数据？

2. 为什么必须检查仪器装置是否漏气？如果装置漏气，将造成怎样的误差？

3. 在读取量气管中水面的读数时，为什么要使水平管中的水面与量气管中的水面保持相同水平？

实验 3　凝固点下降法测相对分子质量

（一）实验目的

（1）了解凝固点下降法测定相对分子质量的原理与方法。

（2）测定葡萄糖的相对分子质量。

（3）学习用冰盐合剂得到低温的方法。练习温度计（1/10 刻度）使用的基本操作。

（二）实验原理

难挥发非电解质稀溶液的凝固点下降与溶液的质量摩尔浓度 b 成正比：

$$\Delta t_f = K_f b \tag{1}$$

式中，Δt_f 为凝固点下降值；K_f 为指定溶剂的特征常数，称为凝固点下降常数，它只与所用溶液的特性有关，水的 $K_f = 1.86$，苯的 $K_f = 5.12$。

式（1）可写成

$$\Delta t_f = K_f \frac{1000 m_2}{M m_1} \tag{2}$$

式中，m_1、m_2 分别为溶液中溶剂与溶质的质量，g；M 为溶质的分子量。

若已知 K_f、m_1、m_2，并测得 Δt_f，即可求得溶质的相对分子质量 M：

$$M = K_f \frac{1000 m_2}{\Delta t_f m_1} \tag{3}$$

实验中，要测溶剂与溶液的凝固点之差。凝固点的测定是采用过冷法，将溶剂逐渐降温至过冷，然后结晶，当晶体生成时，放出的热量使体系的温度回升，而后，温度保持相对恒定，直到全部液体凝成固体后才会下降，相对恒定的温度即为凝固点，过冷法对于溶剂来说，只要固液两相平衡，体系的温度均匀，理论上各次测定的凝固点应该一致，但实际上略有差别。因为体系温度可能不均匀，尤其是过冷程度不同，析出晶体多少不一致时，回升温度不易相同。对于溶液来说，除温度外，还有溶液浓度的影响。在溶液温度回升后，由于不断析出溶剂晶体，所以溶液的浓度逐渐增大，凝固点会逐渐下降。因此，溶液温度回升后没有一个相对恒定的阶段，而只能把回升的最高点温度作为凝固点。

本实验采用纯水为溶剂，测定葡萄糖的相对分子质量。

（三）药品与器材

1. 器材

测定凝固点的实验装置、1/10 刻度温度计、分析天平。

2. 药品

NaCl(s)、葡萄糖(s)、冰块。

（四）实验内容

1. 装置仪器

仪器装置如图 4-2 所示。内管是盛溶液用的，在内管的软木塞上插好 1/10 温度计及搅棒 3，搅棒 3 应能上下自由活动而不碰温度计，将内管固定在套管内，然后把套管置于冻水浴中（温度需保持在零下 5~7℃），4 是冰水浴搅棒。

2. 纯水凝固点的测定

欲使结晶析出量少，就应控制过冷程度。

用移液管取 25mL 纯水加入内管中（纯水体积一般为内管体积的 1/3 或 2/5），调整 1/10 温度

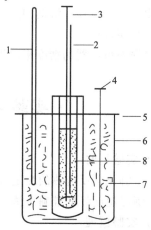

图 4-2 测定凝固点的实验装置

1,2—温度计；3,4—搅棒；5—盖；6—烧杯；

7—冷冻溶剂；8—被测液体

计，使水银球全部浸在水中，且离管底 1cm 左右。

塞紧内管的软木塞，用搅棒 3 上下移动搅拌水，使其温度逐渐降低（注意：搅棒 3 不能碰击温度计及管壁），当温度回升时，停止搅拌，用放大镜观察温度计读数（应使放大镜中心部分对准读数刻度，否则，会引起较大误差），待回升的温度相对恒定时，记下此温度，即是水的凝固点（又叫冰点）。重复测定 3 次，使各次测量结果之差不大于 0.02℃。

3. 溶液凝固点的测定

在分析天平上准确称取 4.5g 左右的葡萄糖。取出内管，使其中的冰全部融化，然后加入已称量的葡萄糖，待葡萄糖全部溶解后，用上述方法，测该溶液的凝固点，凝固点是取其过冷后温度回升时所达到的最高点温度。同样重复测定 3 次，各次测定结果之差不大于 0.04℃。

（五）数据记录与结果整理

室温/℃				
水的取量/mL				
葡萄糖的质量/g				
水的凝固点/℃	3 次实验测定值	1	2	3
	实验平均值			
溶液的凝固点/℃	3 次实验测定值	1	2	3
	实验平均值			
Δt_f				
水的 K_f				
葡萄糖的分子量（实验测定值）				
葡萄糖的分子量（计算值）				
相对误差				

（六）思考题

1. 若溶质在溶液中产生离解、缔合等情况时，对实验结果有何影响？

2. 测凝固点时，纯溶剂回升后能有一相对回升阶段，而溶液则没有，为什么？

3. 什么叫过冷？

4. 根据测量仪器的精度来回答，在你的结果中应保留几位有效数字？

实验 4　化学反应热的测定

（一）实验目的

（1）了解化学反应热的测定方法。

（2）练习温度计的准确读法。

（二）实验原理

在化学反应中，体系吸收或放出的热量称为反应热。本实验是测定锌粉和硫酸铜溶液反应的反应热。其热化学方程式为

$$Zn + CuSO_4 \!=\!\!=\!\! ZnSO_4 + Cu + 216.8 kJ \cdot mol^{-1}$$

或

$$Zn + CuSO_4 = ZnSO_4 + Cu, \Delta H = -216.8 kJ \cdot mol^{-1}$$

这个反应是放热反应，每摩尔锌置换硫酸铜溶液中的铜离子时所放出的热量，就是该反应的反应热，由溶液的比热容和反应过程中溶液的温升值（ΔT）即可求得上述反应的反应热。依下面公式计算：

$$\Delta H = \Delta TCV\rho \frac{1}{1000n}(kJ \cdot mol^{-1})$$

式中，ΔH 为反应热，$kJ \cdot mol^{-1}$；ΔT 为溶液的温升，K；C 为溶液的比热容，$J \cdot g^{-1} \cdot K^{-1}$；$V$ 为 $CuSO_4$ 溶液的体积，mL；ρ 为溶液的密度，$g \cdot cm^{-3}$；n 为 V 毫升溶液中 $CuSO_4$ 的物质的量。

（三）器材与药品

1. 器材

反应热测定装置如图 4-3 所示（若无保温杯，亦可采用简易装置，如图 4-4 所示）。

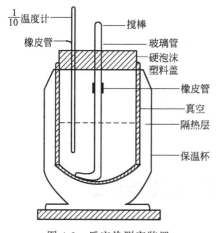

图 4-3 反应热测定装置

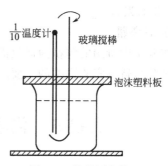

图 4-4 简易测定装置

2. 药品

锌粉(s)、$CuSO_4$($0.2 mol \cdot L^{-1}$)。

（四）实验步骤

（1）用台秤称取 3g 锌粉。

（2）用 50mL 移液管准确量取 $0.2 mol \cdot L^{-1}$ $CuSO_4$ 溶液 100mL，放入保温杯中盖好盖子。

（3）旋转搅棒，不断搅动溶液，每隔 30s 记录一次温度，须要读到小数点后两位。

（4）测定 2min 后迅速取掉橡皮塞，添加 3g 锌粉（注意仍须不断搅动溶液），马上塞好橡皮塞，每融 30s 记录一次温度，记至最高温度后再继续测定 2min。

（5）重复上述实验一次。

（五）实验数据与处理

根据上述记录求出温差 ΔT（求法如图 4-5 所示），然后代入公式求出反应热 ΔH，求出平均值，计算误差（%）。

设：溶液的比热容 $C = 4.18 J \cdot g^{-1} \cdot K^{-1}$；

溶液的密度 $\rho \approx 1 g \cdot cm^{-3}$；

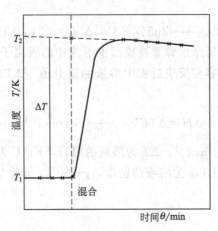

图 4-5　反应时间与温度变化的关系

反应器的热容量忽略不计。

ΔH _____

ΔH 平均_____

ΔH 参考值 $216.8 kJ \cdot mol^{-1}$

相对误差_____

(六) 思考题

1. 实验室中所用的锌粉为何只需台秤称取?

2. 试分析造成实验误差的主要原因。

实验 5　化学反应速率与活化能测定

(一) 实验目的

(1) 通过实验了解浓度、温度和催化剂对化学反应速率的影响。

(2) 加深对活化能的理解,并练习根据实验数据作图的方法。

(3) 练习在水浴中保持恒温的操作。

(4) 测定过二硫酸铵氧化碘化钾的反应速率,并求算一定温度下的反应速率常数。

(二) 实验原理

在水溶液中,过二硫酸铵与碘化钾发生如下反应:

$$(NH_4)_2S_2O_8 + 3KI =\!=\!= (NH_4)_2SO_4 + K_2SO_4 + KI_3$$

或写成离子反应方程式:

$$S_2O_8^{2-} + 3I^- =\!=\!= 2SO_4^{2-} + I_3^- \tag{1}$$

I_3^- 的生成是由于 I^- 接近 I_2 时易使它极化产生诱导偶极形成配离子所致。

反应 (1) 的反应速率与反应物浓度的关系,可用下式表示:

$$v = -\frac{\Delta[S_2O_8^{2-}]}{\Delta t} = k[S_2O_8^{2-}]^m \cdot [I^-]^n$$

式中,v 为平均反应速率;$\Delta[S_2O_8^{2-}]$ 为 $S_2O_8^{2-}$ 在 Δt 时间内物质的量浓度的改变值;$[S_2O_8^{2-}]$、$[I^-]$ 分别为两种离子的初始浓度,$mol \cdot L^{-1}$;k 为反应速率常数;m、n 在此均

为 1。

为了能够测出在一定时间（Δt）内的 $\Delta[S_2O_8^{2-}]$，在混合 $(NH_4)_2S_2O_8$ 和 KI 溶液时，同时加入一定体积的已知浓度并含有淀粉（指示剂）的 $Na_2S_2O_3$ 溶液。这样在反应（1）进行的同时，也进行着如下的反应：

$$2S_2O_3^{2-}+I_3^- =\!=\!= S_4O_6^{2-}+3I^- \tag{2}$$

反应（2）进行得非常快，几乎瞬时完成。而反应（1）却慢得多。由反应（1）生成的 I_2 立刻与 $S_2O_3^{2-}$ 作用，生成了无色的 $S_4O_6^{2-}$ 和 I^-。因此，在开始一段时间内，看不到碘与淀粉作用而显示出特有的蓝色。但是，一旦 $Na_2S_2O_3$ 耗尽，由反应（1）继续生成 I_3^-，离解生成的微量碘就立即与淀粉作用而使溶液显出特有的蓝色。从反应方程（1）和（2）的关系可以看出，$[S_2O_8^{2-}]$ 减少的量总是等于 $S_2O_3^{2-}$ 减少量的一半，即

$$\Delta[S_2O_8^{2-}]=\frac{\Delta[S_2O_3^{2-}]}{2}$$

由于在 Δt 时间内 $S_2O_3^{2-}$ 全部耗尽，浓度最后为零，所以 $\Delta[S_2O_3^{2-}]$ 的绝对值实际上就是反应开始时 $Na_2S_2O_3$ 的浓度。在本实验中，每份混合溶液中 $Na_2S_2O_3$ 的起始浓度都是相同的，因而 $\Delta[S_2O_3^{2-}]$ 也都是相同的。这样，只要记下从反应开始到溶液显出蓝色所需的时间 Δt，就可以求算出反应速率为

$$v=\frac{-\Delta[S_2O_3^{2-}]}{2\Delta t}$$

并从下式求出反应速率常数为 $k=\dfrac{\Delta[S_2O_3^{2-}]}{2\Delta t\cdot[S_2O_8^{2-}]\cdot[I^-]}$

例　某学生在室温下，准确量取 20mL $0.2mol\cdot L^{-1}$ KI，4mL 0.2% 的淀粉溶液、8mL $0.01mol\cdot L^{-1}$ $Na_2S_2O_3$ 溶液倒入 100mL 烧杯中混匀，然后用量筒准确量取 20mL $0.2mol\cdot L^{-1}(NH_4)_2S_2O_8$ 迅速倒入烧杯中，测得溶液刚出现蓝色所需时间为 45s，试计算该反应的平均速率与反应速率常数。

解　根据前述原理，45s 内 $S_2O_8^{2-}$ 浓度的变化 $\Delta[S_2O_8^{2-}]=\Delta[S_2O_3^{2-}]/2$，而 $\Delta[S_2O_3^{2-}]$ 实际上就等于反应开始时 $Na_2S_2O_3$ 的浓度。所以

$$\Delta[S_2O_3^{2-}]=1.54\times10^{-3}mol\cdot L^{-1}$$

$$v=-\frac{\Delta[S_2O_8^{2-}]}{\Delta t}=-\frac{-\Delta[S_2O_3^{2-}]}{2\Delta t}=\frac{1.54\times10^{-3}}{2\times45}=1.71\times10^{-5}mol\cdot L^{-1}\cdot s^{-1}$$

由所给条件，$S_2O_8^{2-}$ 与 I^- 开始时间的浓度为

$$[S_2O_8^{2-}]=0.0769mol\cdot L^{-1}$$

$$[I^-]=0.0769mol\cdot L^{-1}$$

所以

$$k=\frac{v}{[S_2O_8^{2-}][I^-]}=\frac{1.71\times10^{-5}}{(0.0769\times0.0769)}=2.89\times10^{-3}L\cdot mol^{-1}\cdot s^{-1}$$

反应速率常数 k 与反应温度一般有以下关系：

$$\lg k=\lg A-\frac{E_a}{2.303RT}$$

式中，E_a 为反应的活化能；R 为气体常数（$8.314J\cdot K^{-1}\cdot mol^{-1}$）；$T$ 为热力学温度，测得不同温度时的 k 值，以 $\lg k$ 对 $1/T$ 作图，可得一直线，由直线斜率（等于 $-\dfrac{E_a}{2.303R}$）可

求得反应的活化能。

（三）药品与器材

1. 器材

秒表、温度计（0～100℃）。

2. 药品

$(NH_4)_2S_2O_8$（$0.2mol \cdot L^{-1}$）、KI（$0.2mol \cdot L^{-1}$）、$Na_2S_2O_3$（$0.01mol \cdot L^{-1}$）、冰块、KNO_3（$0.2mol \cdot L^{-1}$）、$(NH_4)_2SO_4$（$0.2mol \cdot L^{-1}$）、$Cu(NO_3)_2$（$0.02mol \cdot L^{-1}$）、淀粉（0.2%）。

（四）实验内容

1. 浓度对化学反应速率的影响

在室温下，用量筒（每种试剂所用的量筒都要贴上标签，以免混乱）准确量取 20mL $0.2mol \cdot L^{-1}$ KI、2mL 0.2% 的淀粉溶液、8mL $0.01mol \cdot L^{-1}$ $Na_2S_2O_3$ 溶液，倒入 250mL 烧杯中混匀，然后用量筒再准确量取 20mL $0.2mol \cdot L^{-1}$ $(NH_4)_2S_2O_8$ 迅速加入烧杯中，立即按动秒表，用玻璃棒不断搅拌，在溶液刚出现蓝色时，准确计时，将反应时间填入表 4-1 中。

用上述方法参照表 4-1 进行实验 2～5。为了使溶液的离子强度和总体积保持不变，所减少的 KI 或 $(NH_4)_2S_2O_8$ 的量分别用 $0.2mol \cdot L^{-1}$ KNO_3 和 $0.2mol \cdot L^{-1}$ $(NH_4)_2SO_4$ 来补充。

计算各实验中参加反应的主要试剂的起始浓度、反应速率及反应速率常数，逐一填入表 4-1 的空格中。

表 4-1　反应物浓度对反应速度的影响

	项　目	1	2	3	4	5
	反应温度 /℃					
试剂用量 /mL	$0.2mol \cdot L^{-1}$ $(NH_4)_2S_2O_8$	20	10	5	20	20
	$0.2mol \cdot L^{-1}$ KI	20	20	20	10	5
	$0.01mol \cdot L^{-1}$ $Na_2S_2O_3$	8	8	8	8	8
	0.2% 淀粉	2	2	2	2	2
	$0.2mol \cdot L^{-1}$ KNO_3				10	15
	$0.2mol \cdot L^{-1}$ $(NH_4)_2SO_4$		10	15		
试剂起始浓度 /mol·L^{-1}	$(NH_4)_2S_2O_8$					
	KI					
	$Na_2S_2O_3$					
	反应时间 Δt /s					
	反应速率 /mol·L^{-1}·s^{-1}					
	速率常数 $\bar{k}$					

2. 温度对反应速率的影响（求活化能）

在一支大试管中，加入 10mL $0.2mol \cdot L^{-1}$ KI、2mL 0.2% 淀粉、8mL $0.01mol \cdot L^{-1}$ $Na_2S_2O_3$ 和 10mL $0.2mol \cdot L^{-1}$ KNO_3 溶液，在另一支大试管中加入 20mL $0.2mol \cdot L^{-1}$ $(NH_4)_2S_2O_8$ 溶液，同时放入同一个冰水浴中，待两试管中的溶液冷却至约为 0℃时，把一支试管中的 $(NH_4)_2S_2O_8$ 溶液迅速倒入另一支试管中用玻璃棒搅拌，立即计时，至溶液开

始出现蓝色为止，同时记录反应温度。

在分别比室温约高 10℃、20℃、30℃ 的温度条件下，重复上述实验：将两个盛有试剂的大试管放入同一温水浴中升温，待试液温度达到所需温度时，将 $(NH_4)_2S_2O_8$ 溶液加入混合溶液中，搅拌、计时。将上述各个温度下的反应时间记入表 4-2 中，并计算出各个温度下的反应速率及反应速率常数，把数据及计算结果填入表 4-2 中。

表 4-2　温度对化学反应速率的影响

项　目	6	7	8	9
反应温度/℃				
反应时间/s				
反应速率 v /mol・L^{-1}・s^{-1}				
反应速率常数 k				
lg$k$				
$1/T$				

用表 4-2 中各次实验的 lg$k$ 对 $1/T$ 作图，求出反应（1）的活化能，并与标准值 E_a = 51.8kJ・mol^{-1} 比较计算误差（%）。

3. 催化剂对反应速率的影响

$Cu(NO_3)_2$ 可以使 $(NH_4)_2S_2O_8$ 氧化 KI 的反应加快。

室温下在 250mL 烧杯中，加入 10mL 0.2mol・L^{-1} KI、2mL 0.2% 淀粉、8mL 0.01mol・L^{-1}Na$_2$S$_2$O$_3$ 和 10mL 0.2mol・L^{-1}KNO$_3$ 溶液，再加入 1 滴 $Cu(NO_3)_2$ 溶液，搅匀，然后迅速加入 20mL$(NH_4)_2S_2O_8$ 溶液，搅拌、计时。

将 1 滴 $Cu(NO_3)_2$ 溶液改成 2 滴或 3 滴分别重复上述实验，并将以上的反应时间填入表 4-3 中进行比较。

表 4-3　催化剂对反应速率的影响

实验编号	加入 0.02mol・L^{-1}Cu(NO$_3$)$_2$ 的滴数	反应时间/s
10	1	
11	2	
12	3	

4. 讨论

总结实验结果并说明各种因素（浓度、温度、催化剂）是如何影响反应速率的。

(五) 思考题

1. 本实验都是用溶液体积来表示各反应用量的，为什么加入各试剂时不用移液管或滴定管而用量筒？

2. 在实验中，向 KI、淀粉、Na$_2$S$_2$O$_3$ 混合溶液中加入 $(NH_4)_2S_2O_8$ 溶液时，为什么必须迅速倒入？

3. 若不用 $S_2O_8^{2-}$ 而用 I_3^- 或 I^- 的浓度变化来表示反应速率，则反应速率常数 k 是否一样？

4. 反应溶液出现蓝色后，反应是否就终止了？

实验 6　化学平衡常数的测定

（一）实验目的

（1）练习比色法测定化学平衡常数的方法。

（2）学习分光光度计的使用。

（二）实验原理

当一束波长一定的单色光通过有色溶液时，被吸收的光量和溶液的浓度、溶液的厚度以及入射光的强度等因素有关。

设：c 为溶液的浓度；l 为溶液的厚度；I_0 为入射光的强度；I 为透过溶液后光的强度。实验证明：有色溶液对光的吸收程度与溶液中有色物质的浓度和液层厚度的乘积成正比。这就是朗伯-比尔定律，其数学表达式为

$$\lg \frac{I_0}{I} = \varepsilon c l \tag{1}$$

式中，$\lg \dfrac{I_0}{I}$ 表示光线通过溶液被吸收的程度，称为"吸光度"，也常称为"光密度"或"消光度"；ε 是一个常数，称为吸光系数。如将 $\lg \dfrac{I_0}{I}$ 用 A 表示，式（1）也可写成

$$A = \varepsilon c l \tag{2}$$

根据式（2），可有下列两种情况。

（1）若同一种有色物质的两种不同浓度的溶液吸光度相同，则可得

$$c_1 l_1 = c_2 l_2 \qquad 或 \quad c_2 = \frac{l_1}{l_2} c_1 \tag{3}$$

如果已知标准溶液中有色物质的浓度为 c_1，并测得标准溶液的厚度为 l_1，未知溶液的厚度为 l_2，则从式（3）即可求出未知溶液中有色物质的浓度 c_2。这就是本实验中目测比色法的依据。

（2）若同一种有色物质的两种不同浓度溶液的厚度相同，则可得

$$\frac{A_1}{A_2} = \frac{c_1}{c_2} 或 \quad c_2 = \frac{A_2}{A_1} c_1 \tag{4}$$

如果已知标准溶液中有色物质的浓度为 c_1，并测得标准溶液的吸光度为 A_1，未知溶液的吸光度为 A_2，则从式（4）即可求出未知溶液中有色物质的浓度 c_2。这就是本实验中光电比色法的依据。

本实验通过目视比色法测定下列化学反应的平衡常数：

$$Fe^{3+} + HSCN \Longrightarrow Fe(NCS)^{2+} + H^+$$

$$K_c = \frac{[Fe(NCS)^{2+}] \cdot [H^+]}{[Fe^{3+}] \cdot [HSCN]} \tag{5}$$

由于反应中 Fe^{3+}、HSCN 和 H^+ 都是无色，只有 $Fe(NCS)^{2+}$ 是深红色，所以平衡溶液中 $Fe(NCS)^{2+}$ 的浓度可以用已知浓度的 $Fe(NCS)^{2+}$ 标准溶液通过比色测得，然后根据反应方程式和 Fe^{3+}、HSCN、H^+ 的起始浓度，求出平衡时各物质的浓度，即可根据式（5）计算出化学平衡常数 K_c。

本实验中，已知浓度的 $Fe(NCS)^{2+}$ 标准溶液可以根据下面的假设配制：当 $[Fe^{3+}] \gg$ $[HSCN]$ 时，反应中 HSCN 可以假设全部转化为 $Fe(NCS)^{2+}$。因此 $Fe(NCS)^{2+}$ 的标准浓度就是所用 HSCN 的初始浓度。

由于 Fe^{3+} 的水解会产生一系列有色离子，例如棕色 $Fe(OH)^{2+}$，因此，溶液必须保持较大的 $[H^+]$，以阻止 Fe^{3+} 的水解。较大的 $[H^+]$ 还可以使 HSCN 基本上保持未电离状态。

（三）药品和器材

1. 器材

目测比色管、10mL 移液管、分光光度计、20mL 容量瓶。

2. 药品

HNO_3（$0.5mol \cdot L^{-1}$）、$Fe(NO_3)_3$（$0.200mol \cdot L^{-1}$，含 HNO_3 浓度为 $0.5mol \cdot L^{-1}$）、KSCN（$0.00200mol \cdot L^{-1}$，含 HNO_3 浓度为 $0.5mol \cdot L^{-1}$）。

（四）实验内容

1. 方法 1——目视比色法

（1）标准溶液配制　用移液管分别吸取 5.0mL $0.200mol \cdot L^{-1}$ $Fe(NO_3)_2$ 溶液和 1.0mL $0.002mol \cdot L^{-1}$ KSCN 溶液注入标有 1 号的 20mL 容量瓶中，再用 $0.5mol \cdot L^{-1}$ HNO_3 冲稀至刻度并充分混合均匀❶，即得 $[Fe(NCS)^{2+}]_{标准} = 0.0001mol \cdot L^{-1}$。

（2）待测溶液配制　在 2～5 号 20mL 容量瓶中分别按小表中的剂量配制并混合均匀。

20mL 容量瓶编号	$0.00200mol \cdot L^{-1}$ $Fe(NO_3)_3$/mL	$0.00200mol \cdot L^{-1}$ KSCN/mL	$0.5mol \cdot L^{-1}$ HNO_3/mL
2	10.0	10.0	0
3	10.0	8.0	2.0
4	10.0	6.0	4.0
5	10.0	4.0	6.0

（3）目视比色　将 2～5 号溶液分别倒入 2～5 号干燥试管中。各试管中的溶液高（厚）应基本相同，约 70mm 左右。

将 1 号标准液倒入 1 号干燥试管中，溶液的高度约为 50～60mm。将 1 号和 2 号试管并列在一起，周围用白纸裹住，使光线从底部进入，拿在手中进行比色（如图 4-6 所示）。比色时从试管上面垂直向下看。为了使溶液颜色的深浅易于观察和比较，可在试管下面的实验台上放一张白纸或白瓷板。

比色时，如果 1 号标准溶液的颜色较深，可用标准溶液洗涤过的滴管吸出一部分标准溶液，再进行比色；如果颜色还是较深，可再吸取部分标准溶液进行比色。如果颜色较浅，可加部分标准溶液进行比色；依此反复操作，调节标准溶液的颜色和 2 号试管中溶液的颜色深浅相同为止。用米尺量出 1 号试管中标准溶液的高度 l_{1-2} 和 2 号试管中溶液的高度 l_2，记录在下面的表格中。

按照上面相同的操作，将 1 号标准溶液分别与 3、4、5 号试管中的溶液进行比色。测量颜色深浅相同时 1 号试管中标准溶液的厚度

---

❶ 不用量取，只需用 $0.5mol \cdot L^{-1}$ HNO_3 冲稀至刻度即可。

图 4-6　目视比色

l_{1-3}、l_{1-4}、l_{1-5} 和 3、4、5 号试管中的溶液的厚度 l_n。溶液的初始浓度，计算得到的各平衡浓度和 K_c 值分别记录在下表中：

试管编号		1	2	3	4	5
被测浓度高度 l_n						
标准浓度高度 l_{1-n}						
初始浓度 /mol·L^{-1}	$[Fe^{3+}]_始$					
	$[HSCN]_始$					
平衡浓度 /mol·L^{-1}	$[H^+]_平$					
	$[HSCN]_平$					
	$[Fe^{3+}]_平$					
	$[Fe(NCS)^{2+}]_平$					
K_c	实验值					
	平均值					

计算方法：

a. 求各平衡浓度

$$[H^+]_平 \approx 0.5\,mol·L^{-1}; \qquad [Fe(NCS)^{2+}]_平 = \frac{l_{1-n}}{l_n}[Fe(NCS)^{2+}]_标准$$

$$[Fe^{3+}]_平 = [Fe^{3+}]_始 - [Fe(NCS)^{2+}]_平; \qquad [HSCN]_平 = [HSCN]_始 - [Fe(NCS)^{2+}]_平$$

b. 计算 K_c 值

将上面求得的各平衡浓度代入平衡常数公式，求出 K_c：

$$K_c = \frac{[FeNCS^{2+}] \cdot [H^+]}{[Fe^{3+}] \cdot [HSCN]}$$

2. 方法 2——光电比色法

（1）标准溶液配制（同方法 1）。

（2）待测溶液配制（同方法 1）。

（3）光电比色。

光电比色在分光光度计上进行，波长采用 447nm，测定 1～5 号溶液（同方法 1）的吸光度（A）。

（五）数据记录和处理

将溶液的吸光度、初始浓度及计算得到的各平衡浓度和 K_c 值记录在下表中。

试管编号		1	2	3	4	5
吸光度 A						
初始浓度 /mol·L^{-1}	$[Fe^{3+}]_始$					
	$[HSCN]_始$					
平衡浓度 /mol·L^{-1}	$[H^+]_平$					
	$[HSCN]_平$					
	$[Fe^{3+}]_平$					
	$[Fe(NCS)^{2+}]_平$					
K_c	实验值					
	平均值					

计算方法：

a. 求各平衡浓度

$$[H^+]_{平} \approx 0.5 mol \cdot L^{-1}$$

$$[Fe(NCS)^{2+}]_{平} = \frac{A_n}{A_1}[Fe(NCS)^{2+}]_{标}$$

$$[Fe^{3+}]_{平} = [Fe^{3+}]_{始} - [Fe(NCS)^{2+}]_{平}$$

$$[HSCN]_{平} = [HSCN]_{始} - [Fe(NCS)^{2+}]_{平}$$

b. 计算 K_c 值

将上面求得的各平衡浓度代入平衡常数公式，求出 K_c，即

$$K_c = \frac{[Fe(NCS)^{2+}] \cdot [H^+]}{[Fe^{3+}] \cdot [HSCN]}$$

(六) 思考题

1. 平衡浓度 $[Fe(NCS)^{2+}]$、$[Fe^{3+}]$、$[HSCN]$ 是如何求得的？

2. 在配制 Fe^{3+} 溶液时，用纯水和用 HNO_3 溶液来配制有何不同？实验中 Fe^{3+} 溶液中为什么要维持很大的 $[H^+]$？

3. 混合 10mL 0.00100mol·L^{-1}Fe(NO_3)$_3$ 溶液与 10mL 0.00100mol·L^{-1}HSCN 溶液，而且溶液中 $[H^+]$ 保持 0.500mol·L^{-1}，若测得平衡浓度 $[Fe(NCS)^{2+}]$ 为 3.2×10^{-4}mol·L^{-1}，则溶液中平衡浓度 $[Fe^{3+}]$、$[HSCN]$ 和 K_c 各为多少？

4. 使用分光光度计，应注意哪些操作步骤？

注：上面计算求得 K_c 是近似值。在精确计算时，平衡时的 $[HSCN]$ 应考虑 HSCN 的电离部分。

实验 7　电解质溶液

(一) 实验目的

(1) 了解弱电解质和难溶电解质在溶液中的离子平衡及其移动。

(2) 了解缓冲溶液的性质。

(3) 了解盐类的水解反应及其影响因素。

(二) 实验原理

1. 弱电解质的电离平衡及其移动

若 AB 为弱电解质，其水溶液中，未电离的分子 AB 与已电离的离子 A^+ 和 B^- 之间存在下列平衡：

$$AB \rightleftharpoons A^+ + B^-$$

达到平衡时，未电离的分子浓度与已电离的离子浓度的关系为

$$\frac{[A^+] \cdot [B^-]}{[AB]} = K (电离常数)$$

电离度 α 与电离常数及浓度 c 之间的关系为

$$K \approx c\alpha^2$$

在此平衡体系中，若加入含有相同离子的另一电解质，即增加 A^+ 或 B^- 的浓度，则平

衡向生成 AB 分子的方向移动而使 AB 的电离度减小，这种效应叫做同离子效应。

2. 难溶电解质在溶液中的多相离子平衡及其移动

若 AB 为难溶强电解质，在其饱和溶液中，未溶解的分子 AB（固相）和溶解后的离子 A^+ 和 B^- 之间存在着下列平衡：

$$AB \rightleftharpoons A^+ + B^-$$
$$（固相）（液相）$$
$$K_{sp} = [A^+] \cdot [B^-]$$

当 $[A^+] \cdot [B^-] > K_{sp}$ 时，溶液过饱和，有沉淀析出；

当 $[A^+] \cdot [B^-] = K_{sp}$ 时，饱和溶液；

当 $[A^+] \cdot [B^-] < K_{sp}$ 时，溶液未饱和，无沉淀析出或沉淀溶解。

在平衡体系中，若减小 A^+ 或 B^- 浓度，平衡向溶解方向移动，即沉淀溶解；增加 A^+ 或 B^- 浓度，平衡向生成 AB 方向移动，使 AB 溶解度减小，这种效应也叫做同离子效应。

实际溶液中常常含有几种离子（例如 Cl^-、Br^-、CrO_4^{2-} 等），当加入某种试剂时（如 $AgNO_3$ 等），往往可以和多种离子生成难溶化合物而沉淀。在这种情况下，哪种离子的浓度与沉淀剂离子的浓度乘积首先达到溶度积值，则将首先沉淀。继续加入沉淀剂到达一定程度时，则会发生两种或多种离子的同时沉淀。这种先后沉淀的作用叫做分步沉淀。

3. 缓冲溶液

弱酸及其盐或弱碱及其盐等的混合溶液能在一定程度上对外来的少量酸、碱或稀释起抵抗作用，即当加入不是太大量的酸、碱或水时，溶液的 pH 值变化不大，这种溶液叫做缓冲溶液。

对于弱酸及其盐组成的缓冲溶液：$pH = pK_a - \lg \frac{c_{酸}}{c_{盐}}$

对于弱碱及其盐组成的缓冲溶液：$pH = 14 - pK_b + \lg \frac{c_{碱}}{c_{盐}}$

当它们被稀释时，$c_{酸}$（或 $c_{碱}$）和 $c_{盐}$ 以相同的比例减小，其比值不变，因而溶液的 pH 值也保持不变。加入少量酸、碱时，$\frac{c_{酸}}{c_{盐}}$ 或 $\frac{c_{碱}}{c_{盐}}$ 的比值变化不大。因而溶液的 pH 值也不会有明显的变化。

4. 盐的水解

盐类的水解是盐类的离子和水作用生成弱酸或弱碱的过程。水解后，溶液的酸碱性决定于形成盐的酸和碱的强弱。

同弱电解质的电离一样，当水解反应达到平衡时，盐的水解度 h 为：

$$h = \frac{已水解盐的浓度}{盐的起始浓度} \times 100\%$$

水解反应生成的酸和碱越弱，盐的水解度越大。升高温度和稀释溶液都有利于水解反应的进行。溶液的酸碱性对水解反应也有很大的影响，例如：

$$BiCl_3 + H_2O \rightleftharpoons BiOCl \downarrow + 2HCl$$

当加入 HCl 时，平衡向左移动，加水稀释，平衡向右移动。所以，在配制 $BiCl_3$ 溶液时，要预先加一定量的 HCl，以防止水解。碳酸铝是一个弱酸弱碱盐，Al^{3+} 和 CO_3^{2-} 在溶液中都发生水解作用：

$$Al_2(CO_3)_3 + 3H_2O \rightleftharpoons 2Al(OH)_3 \downarrow + 3CO_2 \uparrow$$

由于有 $Al(OH)_3$ 沉淀和 CO_2 气体生成，致使 $Al_2(CO_3)_3$ 的水解反应进行得很完全。

因此，制备 $Al_2(CO_3)_3$ 不能在水溶液中进行。

（三）药品与器材

1. 器材

pH 试纸。

2. 药品

NaAc(s)、NH$_4$Cl(s)、HCl(2mol・L^{-1}，0.1mol・L^{-1})、HAc(1mol・L^{-1}，0.1mol・L^{-1})、NaOH(0.1mol・L^{-1})、NH$_3$・H$_2$O(2mol・L^{-1}，0.1mol・L^{-1})、NaAc(1mol・L^{-1}，0.1mol・L^{-1})、NH$_4$Cl(饱和，0.1mol・L^{-1})、AgNO$_3$(0.1mol・L^{-1})、Pb(NO$_3$)$_2$(0.1mol・L)、MgCl$_2$(0.1mol・L^{-1})、K$_2$Cr$_2$O$_7$(0.1mol・L^{-1})、NaCl(0.1mol・L^{-1})、Al$_2$(SO$_4$)$_3$(0.1mol・L^{-1})、Na$_2$CO$_3$(0.1mol・L^{-1})、BiCl$_3$(0.1mol・L^{-1})、甲基橙、酚酞、H$_2$S(饱和溶液)、K$_2$CrO$_4$(0.1mol・L^{-1})。

（四）实验内容

1. 弱电解质的电离平衡及其移动

（1）在试管中加入 2mL 0.1mol・L^{-1} HAc 溶液，滴入 1 滴甲基橙溶液，观察溶液的颜色。然后将此溶液分盛于两支试管中，在一支试管中放一小勺 NaAc(s)，振荡试管使其溶解，溶液的颜色有何改变（与另一支试管比较）？

（2）在试管中加入 2mL 0.1mol・L^{-1} NH$_3$・H$_2$O 和一滴酚酞指示剂，摇匀，溶液是什么颜色？将此溶液分盛于两支试管中，在一支试管中加入少量 NH$_4$Cl 固体，使它溶解后，溶液的颜色有何变化？为什么？

（3）在试管中加入 2mL H$_2$S 饱和溶液及 1~2 滴甲基橙溶液，观察现象。然后加入几滴 0.1mol・L^{-1} AgNO$_3$ 溶液，将生成的 Ag$_2$S 沉淀离心分离，观察上面清液的颜色有何变化（必要时可再加 1 滴甲基橙溶液），说明原因。

综合以上三个实验结果，讨论影响电离平衡的因素。

2. 难溶电解质在溶液中的多相离子平衡及其移动

（1）沉淀的生成和溶解 在试管中加入 2mL 0.1mol・L^{-1} MgCl$_2$ 溶液，加入 2mol・L^{-1} 氨水数滴，观察沉淀的生成，再向此溶液中滴加饱和的 NH$_4$Cl 溶液，直到沉淀溶解。用平衡移动的观点解释上述现象。

（2）分步沉淀 取 2 滴 0.1mol・L^{-1} AgNO$_3$ 和 5 滴 0.1mol・L^{-1} Pb(NO$_3$)$_2$ 于试管中，加 5mL 蒸馏水稀释，摇匀后，逐滴加入 0.1mol・L^{-1} K$_2$CrO$_4$ 溶液，并不断振荡试管，观察沉淀的颜色，继续加 0.1mol・L^{-1} K$_2$CrO$_4$ 溶液，沉淀颜色有何变化？根据沉淀颜色和溶度积计算，判断哪一种难溶物质先沉淀。

（3）沉淀的转化 取 10 滴 0.1mol・L^{-1} AgNO$_3$ 溶液于试管中，加入 10 滴 0.1mol・L^{-1} K$_2$CrO$_4$ 溶液，振荡，观察沉淀的颜色。再在其中加入 0.1mol・L^{-1} NaCl 溶液，边加边振荡，直到砖红色沉淀消失，白色沉淀生成为止。解释现象。

3. 缓冲溶液的性质

（1）稀释的影响 在试管中加入 2mL 1mol・L^{-1} HAc 溶液和 2mL 1mol・L^{-1} NaAc 溶液，混合均匀。倒出约 0.5mL，盛于另一支试管中，再加 3mL 水（使两试管中溶液的体积相等）。然后各滴入 1 滴甲基橙溶液，比较两试管中溶液的颜色。

（2）酸碱的影响

a. 在两支试管中各加入 5mL 水，用 pH 试纸检验水的 pH 值，分别加入 2 滴 0.1mol・L^{-1} HCl，0.1mol・L^{-1} NaOH 溶液，再用试纸分别测其 pH 值，填入下表。

水的 pH 值	加入 2 滴 0.1mol·L⁻¹HCl 后的 pH 值	加入 2 滴 0.1mol·L⁻¹NaOH 后的 pH 值

注：用 pH 试纸检验溶液的酸碱性时，应将小块试纸放在干燥清洁的点滴板上（或表玻璃上），用玻璃棒醮取要检验的溶液，滴在试纸上，切不可将试纸放入溶液中检验。

b. 在试管中加入 5mL 1mol·L⁻¹HAc 及 5mL 1mol·L⁻¹NaAc 溶液，摇匀后，用 pH 试纸测其 pH 值。然后，将溶液分成两份，一份加入 2 滴 0.1mol·L⁻¹ HCl，另一份加入 2 滴 0.1mol·L⁻¹ NaOH 溶液，分别试其 pH 值，并填入下表。

缓冲溶液的 pH 值	加入 2 滴 0.1mol·L⁻¹HCl 后的 pH 值	加入 2 滴 0.1mol·L⁻¹NaOH 后的 pH 值

通过以上两个试验，比较外来酸碱对水和 HAc-NaAc 缓冲溶液 pH 值的影响。

4. 盐类的水解

（1）用 pH 试纸分别测出 0.1mol·L⁻¹NaAc、0.1mol·L⁻¹NH₄Cl、0.1mol·L⁻¹NaCl、0.1mol·L⁻¹ Al₂(SO₄)₃ 和 0.1mol·L⁻¹ Na₂CO₃ 的 pH 值，填入下表，并说明它们的 pH 值为什么不同。

溶液	NaAc	NH₄Cl	NaCl	Al₂(SO₄)₃	Na₂CO₃
pH 值					

（2）溶液酸度对水解平衡的影响：在试管中加入 5 滴 0.1mol·L⁻¹ BiCl₃ 溶液，然后加水稀释，观察沉淀的生成。再加入 2mol·L⁻¹HCl 溶液，观察沉淀是否溶解，并解释现象。

（3）温度对水解反应的影响：在试管中加入少量 NaAc 固体及 2～3mL 水，振荡试管以促使溶解。再滴入 1 滴酚酞溶液，观察溶液的颜色，加热，观察并解释现象。

（4）完全水解：在离心管中加入数滴 0.1mol·L⁻¹ Al₂(SO₄)₃ 溶液，再逐滴加入 0.1mol·L⁻¹ Na₂CO₃ 溶液，观察有何现象。微热试管，冷却后，离心分离除去上面清液，再加入 1mL 水，洗涤沉淀，用玻棒搅拌，然后再离心分离除去洗涤液。将沉淀分成两份，一份滴入 2mol·L⁻¹ HCl 溶液，另一份滴入 2mol·L⁻¹ NaOH 溶液，分别观察沉淀是否溶解。

（五）思考题

1. 同离子效应对弱电解质的电离度及难溶电解质的溶解度各有什么影响？什么叫做溶度积规则？

2. 缓冲溶液的作用原理如何？本实验中使用过什么缓冲溶液？

3. pH 试纸是怎样使用的？能否将试纸投入溶液中检验？为什么？

4. (NH₄)₂CO₃ 和 (NH₄)₂SO₄ 这两种铵盐中，哪种易于水解？为什么？用什么方法可以比较它们水解能力的强弱？

实验 8　醋酸电离度和电离常数的测定

（一）实验目的

（1）了解用 pH 计法测定醋酸电离度和电离常数的原理和方法。

（2）加深对弱电解质电离平衡的理解。

（3）学习 pH 计的使用方法。

（4）练习滴定的基本操作。

（二）实验原理

醋酸（HAc）是弱电解质，在水溶液中存在着以下电离平衡：

$$HAc \rightleftharpoons H^+ + Ac^-$$

起始浓度/mol·L^{-1} $\qquad c \qquad 0 \qquad 0$

平衡浓度/mol·L^{-1} $\qquad c-c\alpha \quad c\alpha \quad c\alpha$

代入平衡式得

$$K_a = \frac{[H^+] \cdot [Ac^-]}{[HAc]} = \frac{[c\alpha]^2}{c-c\alpha} = c\alpha^2/(1-\alpha)$$

式中，K_a 表示弱酸（如醋酸）的电离常数；c 表示弱酸的起始浓度；α 表示弱酸的电离度。

在一定温度下，用酸度计测定一系列已知浓度的醋酸的 pH 值，按 $pH = -\lg[H^+]$ 换算成 $[H^+]$。根据 $[H^+] = c\alpha$ 即可求得醋酸的电离度 α 和 $\frac{c\alpha^2}{1-\alpha}$ 值。在一定温度下，$\frac{c\alpha^2}{1-\alpha}$ 值近似地为一常数，所取得的一系列 $\frac{c\alpha^2}{1-\alpha}$ 的平均值，即为该温度时，HAc 的电离常数 K_a。

例 已知 HAc 的浓度为 0.1081mol·L^{-1}，在 20℃时，用 pH 计测得该 HAc 溶液的 pH = 2.83，计算 HAc 的电离度及平衡常数？

解 按照 pH 的定义，$pH = -\lg[H^+] = 2.83$

故 $\qquad\qquad [H^+] = 1.48 \times 10^{-3} mol·L^{-1}$

$$\alpha = \frac{1.48 \times 10^{-3}}{0.1081} \times 100\% = 1.37\%$$

当 $\alpha = \dfrac{[H^+]}{c} < 5\%$ 时，有

$$K_a = \frac{[H^+]^2}{c}$$

故 $\qquad\qquad K_a = \dfrac{(1.48 \times 10^{-3})^2}{0.1081} = 2.03 \times 10^{-5}.$

（三）药品与器材

1. 器材

酸度计、50mL 滴定管（酸式、碱式各一支）。

2. 药品

HAc(0.2mol·L^{-1}，0.1mol·L^{-1})、NaOH(0.100mol·L^{-1})、NaAc(0.100mol·L^{-1})、待测弱酸溶液、酚酞、HCl(0.1mol·L^{-1})、NaOH(0.1mol·L^{-1})、缓冲溶液(pH=4.01)。

（四）实验内容

1. 醋酸溶液浓度的标定

用移液管精确量取两份 25.00mL 0.2mol·L^{-1} HAc 溶液，分别注入两只 250mL 锥形瓶中，各加入 2 滴酚酞指示剂。分别用标准 NaOH 溶液滴定至溶液呈浅红色，经摇荡后半分钟不消失，分别记下滴定前和滴定终点时滴定管中 NaOH 液面的读数，算出所用的 NaOH 溶液的体积，从而求得醋酸的精确浓度。

2. 不同浓度的醋酸溶液的配制和 pH 值测定

在 4 只干燥的 100mL 烧杯中，用酸式滴定管分别加入已标定的醋酸溶液 50.00mL、25.00mL、5.00mL、1.00mL，接近所要刻度时应一滴一滴地加入。再从另一盛有去离子水的滴定（酸式或碱式均可）往后面 3 只烧杯中分别加入 25.00mL、45.00mL、49.00mL 去离子水（使各溶液的体积均为 50.00mL），并混合均匀，求出各份 HAc 溶液的精确浓度。

用 pH 计分别测定上述各种浓度的醋酸溶液（由稀到浓）的 pH 值，记录各份溶液的 pH 值及实验室的室温，计算各溶液中醋酸的电离度以及醋酸的电离常数，并记入下表：

溶 液 编 号	c	pH 值	$[H^+]$	α	电离常数 K_a	
					测定值	平均值
1						
2						
3						
4						

3. 醋酸-醋酸钠缓冲溶液 pH 值的测定

取 25mL 已标定的 $0.1mol \cdot L^{-1}$ HAc 溶液和 $0.1mol \cdot L^{-1}$ NaAc 溶液，注入烧杯中，混合均匀，用 pH 计测定此缓冲溶液的 pH 值，计算此溶液的电离度。然后加入 $0.5mol \cdot L^{-1}$ HCl 溶液，搅拌后，用 pH 计测定其 pH 值，再加入 1mL $0.1mol \cdot L^{-1}$ NaOH 溶液，再用 pH 计测定其 pH 值。将以上所得的实验值与计算值进行比较。

4. 未知弱酸电离常数的测定

取 25mL 某弱酸的稀溶液，用 NaOH 溶液滴定到终点，然后再加 25mL 该弱酸溶液，混合均匀，测定 pH 值，计算该弱酸的电离常数。

（五）思考题

1. 不同浓度的 HAc 溶液的电离度是否相同？电离常数是否相同？
2. 电离度越大，"酸度越大"，这句话是否正确？
3. 若所用 HAc 溶液的浓度极稀，是否还能用 $K_a \approx [H^+]/c$ 求电离常数？
4. 测定 HAc 的 K_a 值时，HAc 溶液的浓度必须精确测定。而测定未知酸的 K_a 值时，酸和碱的浓度都不必测定，只要正确掌握滴定终点即可，这是为什么？

实验 9　氧化还原反应与电化学

（一）实验目的

（1）了解介质和反应物浓度对氧化还原反应的影响。
（2）了解氧化态或还原态浓度的变化对电极电势的影响。
（3）试验自身氧化还原反应。
（4）了解原电池和电解池。

（二）实验原理

凡反应物之间发生电子转移的化学反应叫做氧化还原反应。失电子的过程叫做氧化，得电子的过程叫做还原。失去电子的物质叫还原剂，它在反应中被氧化；得电子的物质叫氧化剂，它在反应中被还原。在氧化还原反应中，失电子和得电子，即氧化和还原是同时进行的，氧化剂和还原剂是同时存在的。

氧化还原反应中，电子的转移不仅发生在不同物质之间，而且，在有些反应中发生在同一物质中的不同原子或一种原子之间。这类氧化还原反应叫做自身氧化还原反应。例如：

$$2KClO_3 \xrightarrow{\quad\quad} 2KCl + 3O_2 \uparrow$$

$$2H_2O_2 \xrightarrow{\quad MnO_2 \quad} 2H_2O + O_2 \uparrow$$

1. 电极电势与氧化还原反应的关系

氧化态物质的氧化性随着它的电极电势代数值增大而增强，还原态物质的还原性则随着它的电极电势代数值减小而增强。因此电极电势代数值较大的氧化态物质，可与电极电势代数值较小的还原态物质发生氧化还原反应。

2. 浓度对氧化还原反应的影响

氧化剂、还原剂的浓度变化会影响电极电势的大小，因而浓度的变化就会影响氧化还原反应的进行，甚至影响氧化还原反应的方向及氧化还原反应的产物。例如：HNO_3 和金属作用时，其还原产物随 HNO_3 的浓度不同而异，即

$$3Cu + 8HNO_3(稀) \xrightarrow{\quad\quad} 3Cu(NO_3)_2 + 2NO \uparrow + 4H_2O$$

$$Cu + 4HNO_3(浓) \xrightarrow{\quad\quad} Cu(NO_3)_2 + 2NO_2 \uparrow + 2H_2O$$

当 HNO_3 浓度很稀，金属较活泼时，HNO_3 则能被还原为 N_2O 甚至 NH_3，后者和过量的 HNO_3 作用生成 NH_4NO_3，即

$$4Zn + 10HNO_3(很稀) \xrightarrow{\quad\quad} 4Zn(NO_3)_2 + NH_4NO_3 + 3H_2O$$

3. 介质对氧化还原反应的影响

介质的酸碱性对含氧酸盐的氧化性影响很大，例如：高锰酸钾在酸性介质中被还原为 Mn^{2+}，即

$$MnO_4^- + 8H^+ + 5e \xrightarrow{\quad\quad} Mn^{2+} + 4H_2O \quad E^{\ominus} = 1.49V$$

在中性或弱碱性介质中被还原为 MnO_2，即

$$MnO_4^- + 2H_2O + 3e \xrightarrow{\quad\quad} MnO_2 + 4OH^- \quad E^{\ominus} = 0.588V$$

在强碱性介质中被还原为 MnO_4^{2-}，即

$$MnO_4^- + e \xrightarrow{\quad\quad} MnO_4^{2-} \quad E^{\ominus} = 0.564V$$

可以看出，高锰酸钾在不同的介质中的还原产物不同，而且其氧化性随着介质的酸性减弱而减弱。

介质的酸碱性不仅会使氧化还原反应的产物不同，有时还会使氧化还原的方向改变。例如：在酸性介质中 AsO_4^{3-} 与 I^- 发生下列氧化还原反应：

$$AsO_4^{3-} + 2I^- + 4H^+ \xrightarrow{\quad\quad} AsO_2^- + I_2 + 2H_2O$$

但是在碱性介质中上述反应就会向相反方向进行，即

$$AsO_2^- + I_2 + 4OH^- \xrightarrow{\quad\quad} AsO_4^{3-} + 2I^- + 2H_2O$$

4. 原电池和电解池

借助于氧化还原反应将化学能直接转变成电能的装置叫做原电池，原电池中电子流出的一极叫做负极，电子流入的一极叫做正极。负极发生氧化反应；正极发生还原反应。

根据能斯特方程式：

$$E = E^{\ominus} + \frac{0.0592}{n} \lg \frac{[氧化态]}{[还原态]}$$

浓度的变化会引起电极电势变化，从而会使原电池的电动势增大或减小。

使电流通过电解质溶液（或熔融液）而引起氧化还原反应的过程叫电解。这种借助于电流引起氧化还原反应的装置，也就是将电能变为化学能的装置，叫做电解池。在电解池中，和直流电源的负极相连的极叫阴极，和直流电源的正极相连的极叫阳极。电子从电源的负极沿导线进入电解池的阴极；另一方面，电子又从电解池的阳极离开沿导线流回电源的正极。因此，在电解池中，正离子移向阴极，在阴极上得到电子，进行还原反应；负离子移向阳极，在阳极上给出电子进行氧化反应。在电解池的两极反应中正离子得到电子或负离子给出电子的过程都叫做放电。

（三）药品与器材

1. 器材

伏特计、盐桥等。

2. 药品

$KClO_3$(s)、MnO_2(s)、锌粒(s)、HAc（$6mol \cdot L^{-1}$）、H_2SO_4（$3mol \cdot L^{-1}$）、HNO_3（$0.5mol \cdot L^{-1}$，浓）、NaOH（$6mol \cdot L^{-1}$）、$CuSO_4$（$0.5mol \cdot L^{-1}$）、$ZnSO_4$（$0.5mol \cdot L^{-1}$）、$FeSO_4$（$0.1mol \cdot L^{-1}$）、硫酸亚铁铵（$0.2mol \cdot L^{-1}$）、H_2O_2（3%）、氨水（浓）、酚酞（1%）、溴水（饱和）、碘水（饱和）、$FeCl_3$（$0.1mol \cdot L^{-1}$）、KBr（$0.1mol \cdot L^{-1}$）、$AgNO_3$（$0.1mol \cdot L^{-1}$）、KI（$0.1mol \cdot L^{-1}$）、$KMnO_4$（$0.01mol \cdot L^{-1}$）、NH$_4$SCN（10%）、CCl_4、Na_2SO_4（$0.5mol \cdot L^{-1}$）。

（四）实验内容

1. 电极电势与氧化还原反应的关系

（1）将 0.5mL $0.1mol \cdot L^{-1}$ KI 溶液和 2 滴 $0.1mol \cdot L^{-1}$ $FeCl_3$ 溶液在试管中混匀后，加入 0.5mL 四氯化碳 CCl_4。充分振荡，观察四氯化碳的颜色有何变化。

（2）用 $0.1mol \cdot L^{-1}$ KBr 溶液代替 $0.1mol \cdot L^{-1}$KI 溶液，进行同样的实验和观察。

（3）取两支试管，分别加入几滴溴水和碘水，然后再分别滴加 $0.1mol \cdot L^{-1}$ $FeSO_4$ 溶液，观察现象。

根据以上三个实验的结果，定性地比较 Br_2/Br^-、I_2/I^- 和 Fe^{3+}/Fe^{2+} 三对电对的电极电势的相对高低（或代数值的相对大小），并指出哪个电对的氧化态是最强的氧化剂，哪个电对的还原态是最强的还原剂。说明电极电势与氧化还原反应的关系。

2. 酸度对氧化还原反应速率的影响

在两支盛 0.5mL $0.1mol \cdot L^{-1}$ KBr 溶液的试管中，往一试管中加 0.5mL $3mol \cdot L^{-1}$ H_2SO_4，在另一试管中加 0.5mL $6mol \cdot L^{-1}$ HAc，然后往两支试管中各加入 2 滴 $0.01mol \cdot L^{-1}$ $KMnO_4$ 溶液，观察并比较两支试管中的紫色溶液褪色的快慢，写出反应式，并加以解释。

3. 浓度对氧化还原反应的影响

（1）往两支各盛一粒锌的试管中，分别加入 3mL 浓 HNO_3 和 $0.5mol \cdot L^{-1}$ HNO_3 溶液。观察它们的反应产物有无不同？浓 HNO_3 被还原后的主要产物可通过观察气体产物的颜色来判断。稀 HNO_3 的还原产物可用检验溶液中是否有 NH_4^+ 生成的办法来确定。

检验铵离子的方法：将 5 滴被检验液置于一表面皿的中心，再加 3 滴 $6mol \cdot L^{-1}$ NaOH 溶液，混匀；在另一块较小的表面皿中心黏附一小条潮湿的酚酞试纸（或 pH 试纸），把它盖在大的表面皿上做成气室。将此气室放在水浴上微热 2min。若酚酞试纸变红（或 pH 试纸变蓝），则表示有 NH_4^+。

（2）向盛 0.5mL 0.2mol·L^{-1} 硫酸亚铁铵溶液的离心试管中，加入 1～2 滴碘水，混匀后观察碘水的颜色是否褪去？然后再滴加 0.1mol·L^{-1} AgNO$_3$ 溶液，边加边摇，观察有什么变化？离心沉淀，向上层清液中加几滴 10％的 NH$_4$SCN 溶液，观察颜色变化，解释现象，写出反应式。

4. 自身氧化还原反应

（1）在干燥的试管中，放入少量固体 KClO$_3$ 及 MnO$_2$，混合均匀，在酒精灯上加热，检查有无 O$_2$ 气放出。然后将残渣用水溶解，用 AgNO$_3$ 溶液检查生成的 Cl$^-$。并指出该反应中什么是氧化剂？什么是还原剂？写出反应式。

（2）于试管中注入少量 H$_2$O$_2$ 溶液，加入少许 MnO$_2$ 粉末，检查有无 O$_2$ 气放出，并指出该反应的氧化剂和还原剂？写出反应式。

5. 原电池

在一只小烧杯中加入 30mL 0.5mol·L^{-1} CuSO$_4$ 溶液，在另一只小烧杯中加入 30mL 0.5mol·L^{-1} ZnSO$_4$ 溶液，然后在 CuSO$_4$ 溶液内放一 Cu 片，在 ZnSO$_4$ 溶液内放入 Zn 片，将两种溶液用盐桥连接，并分别用导线将 Cu 片和伏特计的正极相连接，将 Zn 片和伏特计的负极相连接（如图 4-7），观察伏特计上指针的偏转并记下读数。

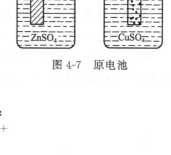

图 4-7 原电池

在 CuSO$_4$ 溶液中加浓氨水至生成的沉淀溶解为止，形成了深蓝色的溶液，即

$$Cu^{2+} + 4NH_3 \rightleftharpoons [Cu(NH_3)_4]^{2+}$$

测量电压，观察有何变化。

再在 ZnSO$_4$ 溶液中加浓氨水至生成的沉淀完全溶解为止：

$$Zn^{2+} + 4NH_3 \rightleftharpoons [Zn(NH_3)_4]^{2+}$$

测量电压，观察又有什么变化。

上面的实验结果，说明了什么问题，试回答之。

6. 电解

利用上面实验中原电池所产生的电流，电解硫酸钠溶液。把连接在铜片和锌片上的导线的另一端插入盛有 0.5mol·L^{-1} Na$_2$SO$_4$ 溶液的蒸发皿中（如图 4-8），在阴极附近滴一滴酚酞溶液。观察阴极与溶液界面处发生的现象。写出电极反应式。

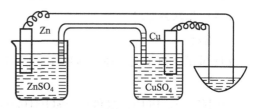

图 4-8 电解硫酸钠溶液的装置图

（五）思考题

1. 把锌片加入含有相同浓度的铜离子和铅离子的混合溶液中时，哪种金属先析出？

2. 电解硫酸钠溶液时，为什么得不到金属钠？

3. 原电池的正极同电解池的阳极以及原电池的负极同电解池的阴极，其电极反应的本质是否相同？

4. 原电池是根据什么原理构成的？如果没有检流计，可用什么化学方法检查是否有电流产生。

实验 10　氯化铅溶度积常数的测定（离子交换法）

（一）实验目的

（1）了解使用离子交换树脂的方法。

（2）用离子交换法测定氯化铅的溶度积常数。

（3）进一步熟悉醋酸滴定的基本操作。

（二）实验原理

离子交换树脂是分子中含有活性基团的高分子物质，这些活性基团能与其他物质中的离子进行交换。含有酸性基团能与其他物质交换阳离子的称为阳离子交换树脂；含有碱性基团能与其他物质交换阴离子的称为阴离子交换树脂。根据离子交换树脂这一特性，广泛地被用来进行水的净化、金属的回收以及离子的分离和测定等。本实验用强酸性阳离子交换树脂测定氯化铅饱和溶液中 Pb^{2+} 的离子浓度。每个 Pb^{2+} 和阳离子交换树脂上的两个 H^+ 发生交换，其反应如下：

$$2R^-H^+ + Pb^{2+} \rightleftharpoons R_2^-Pb^{2+} + 2H^+$$

显然，经过交换后，氯化铅饱和溶液，变成了酸性溶液从离子交换柱中流出。用已知浓度的 NaOH 溶液滴定流出液，根据用去 NaOH 溶液的体积，即可算出 $PbCl_2$ 饱和溶液的浓度，从而算出 $PbCl_2$ 的溶度积。

设 c_{NaOH} 为 NaOH 的物质的量浓度，V_{NaOH} 为滴定用去的 NaOH 的体积，V_{PbCl_2} 为所取的 $PbCl_2$ 饱和溶液的体积，则

$$c_{PbCl_2} = \frac{c_{NaOH}V_{NaOH}}{2V_{PbCl_2}}$$

因　　　　　　$PbCl_2(s) \rightleftharpoons Pb^2 + 2Cl^-$

$$2[Pb^{2+}] = [Cl^-]$$

故　　　　　　$K_{sp} = [Pb^{2+}][Cl^-]^2 = 4[Pb^{2+}]^3$

（三）药品与器材

1. 器材

pH 试纸、离子交换柱、移液管（25mL）、碱式滴定管（25mL）。

2. 药品

HCl（5%）、$PbCl_2$（饱和）、NaOH（$0.0500mol \cdot L^{-1}$）、溴百里酚蓝。

（四）实验内容

1. 装柱（由准备室准备）

在离子交换柱底部填入玻璃纤维，在小烧杯中，称取 15～20g 阳离子交换树脂（钠型，最好先用蒸馏水浸泡 24～48h，洗净）。加入少量蒸馏水成"糊状"，将"糊状"物注入交换柱内，如水太多，可打开螺丝夹，让水流出，直至液面略高于离子交换树脂后，夹紧螺丝夹（注意，离子交换树脂应尽可能填紧些，不应留有气泡，若出现气泡，可加少量蒸馏水，使液面高出树脂，并用玻璃棒搅动树脂，以便赶走气泡）。

2. 转型

为了保证 Pb^{2+} 完全交换成 H^+，必须将钠型完全变为氢型，否则会使实验结果偏低，为什么？

3. 饱和溶液的制备（可由实验室准备好）

将过量 $PbCl_2$（分析纯）溶于经煮沸除去 CO_2 的蒸馏水中，经过充分搅拌和放置，使溶解达到平衡。在使用前测量并记录饱和溶液的温度，并用定量滤纸过滤（所用的漏斗和容器必须是干燥的）。

4. 交换和洗涤

用移液管准确量取 25mL $PbCl_2$ 饱和溶液，放入离子交换柱中。控制交换柱流出的速度为每分钟 2～25 滴，不宜太快。用洁净的锥形瓶承接流出液。待 $PbCl_2$ 饱和溶液全部流出后（注意，应始终保持液面不得低于交换柱），用 50mL 蒸馏水分批洗涤离子交换树脂，以保证原有交换下来的 H^+ 被淋洗出来，流出液一并接收在锥形瓶中。在交换和淋洗过程中，注意勿使流出液损失。

5. 滴定

将锥形瓶中的流出液用 $0.0500mol \cdot L^{-1}$ NaOH 标准溶液滴定，用溴百里酚蓝作指示剂，在 pH＝6.5～7 时，溶液由黄色转为鲜明的蓝色即为滴定终点。精确记下滴定前后滴定管中 NaOH 标准溶液的刻度。

（五）数据记录

室温	$t=$	℃
$PbCl_2$ 饱和溶液的用量	$V_{PbCl_2}=$	mL
NaOH 标准溶液的浓度	$c_{NaOH}=$	$mol \cdot L^{-1}$
滴定前滴定管内 NaOH 的读数	$V_0=$	mL
滴定后滴定管内 NaOH 的读数	$V_1=$	mL
NaOH 标准溶液的用量	$V_1-V_0=$	mL

（六）结果处理

根据记录的数据，计算测定温度下 $PbCl_2$ 的溶解度和溶度积。与文献值比较计算测定误差。

（七）思考题

1. 本实验测定 $PbCl_2$ 溶解度和溶度积的原理是什么？

2. 为什么要将淋洗流出液和 $PbCl_2$ 交换流出液合并？

实验 11 碘化铅溶度积常数的测定（分光光度法）

（一）实验目的

（1）了解用分光光度计测定难溶盐溶度积常数的原理和方法。

（2）学习分光光度计的使用方法。

（二）实验原理

碘化铅的溶度积表示式为

$$K_{sp}=c(Pb^{2+}) \cdot c^2(I^-)$$

$$Pb^{2+} + 2I^- \rightleftharpoons PbI_2(s)$$

初始浓度　　　　　　　　　　c　　a

反应浓度　　　　　　　　　$\dfrac{a-b}{2}$　　$a-b$

平衡浓度　　　　　　　$c-\dfrac{a-b}{2}$　　b

则　　　　　　　　$K_{sp}=\left(c-\dfrac{a-b}{2}\right)b^2$

(三) 药品与器材

1. 器材

分光光度计及比色皿、烧杯、吸量管、漏斗、滤纸、镜头纸、橡皮塞。

2. 药品

KNO_2（0.020mol·L^{-1}，0.010mol·L^{-1}）、KI（0.050mol·L^{-1}，0.0050mol·L^{-1}）、HCl（6.0mol·L^{-1}）、$Pb(NO_3)_2$（0.015mol·L^{-1}）。

(四) 实验内容

1. 绘制 I$^-$ 浓度的标准曲线

在 5 支干燥的小试管中分别加入 1.00mL、2.00mL、3.00mL、4.00mL、5.00mL KI 溶液（0.0050mol·L^{-1}），再加入 4.00mL KNO_2 溶液（0.020mol·L^{-1}），各分别依次加入 5.00mL、4.00mL、3.00mL、2.00mL、1.00mL 去离子水及 2 滴 HCl（6.0mol·L^{-1}）。摇匀后，分别倒入比色皿（1cm）中。以水作参比溶液，在 520nm 波长下测定吸光度。以测得的吸光度数据为纵坐标，以相应 I$^-$ 浓度为横坐标，绘制出 I$^-$ 浓度的标准曲线图。

注意，氧化后得到 I_2 浓度应小于室温下 I_2 的溶解度。不同温度下，I_2 的溶解度为：

温度/℃	20	20	40
溶解度(100g H_2O 中)/g	0.029	0.056	0.078

2. 制备 PbI_2 饱和溶液

(1) 取 3 支干燥的大试管，按下表用吸量管加入 $Pb(NO_3)_2$ 溶液（0.015mol·L^{-1}）、KI 溶液（0.050mol·L^{-1}）、去离子水，使每个试管中溶液的总体积为 10.00mL。

试管编号	$Pb(NO_3)_2$ 溶液体积/mL	KI 溶液体积/mL	H_2O 体积/mL
1	5.00	3.00	2.00
2	5.00	4.00	1.00
3	5.00	5.00	0.00

(2) 用橡皮塞塞紧试管，充分摇荡试管，大约摇 20min 后，将试管静置 3～5min。

(3) 在装有干燥滤纸的干燥漏斗上，将制得的含有 PbI_2 固体的饱和溶液过滤，同时用干燥的试管接收滤液。弃去沉淀，保留滤液。

(4) 在 3 支干燥小试管中用吸量管分别注入 1 号、2 号、3 号 PbI_2 的饱和溶液 2mL，再分别注入 4mL KNO_2 溶液（0.01mol·L^{-1}）及 HCl 溶液（6.0mol·L^{-1}）1 滴。摇匀后，分别倒入比色皿（1cm）中，以水作参比溶液，在 520nm 波长下测定溶液的吸光度。

(五) 数据记录和处理

试 管 编 号	1	2	3
$Pb(NO_3)_2$ 溶液$(0.015mol \cdot L^{-1})$体积/mL			
KI 溶液$(0.050mol \cdot L^{-1})$体积/mL			
H_2O 体积/mL			
溶液总体积/mL			
I^- 的初始浓度 a/mol·L^{-1}			
稀释后溶液的吸光度			
由标准曲线查得稀释后的 I^- 的浓度/mol·L^{-1}			
推算 I^- 的平衡浓度 b/mol·L^{-1}			
b^2			
I^- 的减少浓度 $a-b$/mol·L^{-1}			
Pb^{2+} 的初始浓度 c/mol·L^{-1}			
Pb^{2+} 的减少浓度 $\dfrac{a-b}{2}$/mol·L^{-1}			
Pb^{2+} 的平衡浓度 $c-\dfrac{a-b}{2}$/mol·L^{-1}			
$K_{sp} = (c-\dfrac{a-b}{2})b^2$			
$\overline{K}_{sp}$			

(六) 思考题

1. 配制 PbI_2 饱和溶液时为什么要充分摇荡？
2. 如果使用湿的小试管配制比色溶液，对实验结果将产生什么影响？

实验 12　$[Ti(H_2O)_6]^{3+}$分裂能的测定

(一) 实验目的

(1) 了解配合物的吸收光谱。
(2) 了解用分光光度法测定配合物分裂能的原理和方法。
(3) 学习分光光度计的使用方法。

(二) 实验原理

配离子 $[Ti(H_2O)_6]^{3+}$ 的中心离子 $Ti^{3+}(3d^1)$ 仅有一个 3d 电子，在基态时，这个电子处于能量较低的 t_{2g}，当它吸收一定波长的可见光的能量时，就会在分裂的 d 轨道之间跃迁（称之为 d-d 跃迁），即由 t_{2g} 转道跃迁至 e_g 轨道。

3d 电子所吸收光子的能量应等于 e_g 轨道和 t_{2g} 轨道之间的能量差 $(E_{e_g} - E_{t_{2g}})$，亦即和 $[Ti(H_2O)_6]^{3+}$ 的分裂能 Δ_0 相等，即

$$E_{光} = h\nu = E_{e_g} - E_{t_{2g}} = \Delta_0$$

因为

$$h\nu = \frac{hc}{\lambda} = hc\,\sigma\,(\sigma\ 称为波数)$$

所以
$$\sigma = \frac{\Delta_0}{hc}$$

而
$$hc = 6.626 \times 10^{-34} \text{J} \cdot \text{s} \times 3 \times 10^{10} \text{cm} \cdot \text{s}^{-1}$$
$$= 6.626 \times 10^{-34} \times 3 \times 10^{10} \text{J} \cdot \text{cm}$$
$$= 6.626 \times 10^{-34} \times 3 \times 10^{10} \times 5.034 \times 10^{22} (1\text{J} = 5.034 \times 10^{22} \text{cm}^{-1})$$
$$= 1$$

所以
$$\sigma = \Delta_0$$

$$\Delta_0 = \sigma = \frac{1}{\lambda} \text{nm}^{-1} = \frac{1}{\lambda} \times 10^7 \text{cm}^{-1}$$

λ 值可以通过吸收光谱求得：先取一定浓度的$[Ti(H_2O)_6]^{3+}$溶液，用分光光度计测出在不同波长 λ 下的吸光度 A，以 A 为纵坐标，λ 为横坐标作图可得吸收曲线，曲线最高峰所对应的为$[Ti(H_2O)_6]^{3+}$的最大吸收波长 $\lambda_{\max}$，即

$$\Delta_0 = \frac{1}{\lambda} \times 10^7 \text{cm}^{-1} \qquad (\lambda_{\max}单位为 nm)$$

(三) 药品与器材

1. 器材

分光光度计、烧杯、移液管、洗耳球、容量瓶。

2. 药品

$15\% \sim 20\% \text{TiCl}_3$ 溶液。

(四) 实验内容

1. 操作步骤

(1) 用吸量管取 5mL TiCl_3 溶液($15\% \sim 20\%$) 于 50mL 容量瓶中，加去离子水稀释至刻度。

(2) 吸光度 A 的测定：以去离子水为参比液，用分光光度计在波长为 $460 \sim 550$nm 范围内，每隔 10nm 测一次$[Ti(H_2O)_6]^{3+}$的吸光度 A，在接近峰值附近，每间隔 5nm 测一次数据。

2. 数据处理

(1) 测定记录：

λ / nm										
A										

(2) 作图：以 A 为纵坐标，λ 为横坐标，作$[Ti(H_2O)_6]^{3+}$的吸收曲线。

(3) 计算 Δ_0：在吸收曲线上找出最高峰所对应的波长 $\lambda_{\max}$，计算$[Ti(H_2O)_6]^{3+}$的分裂能 $\Delta_0 = $ _____ cm^{-1}。

(五) 思考题

1. 使用分光光度计有哪些注意事项？

2. Δ_0 的单位通常是什么？

[注 1]：所有盛过钛盐溶液的容器，试验后应洗净。

[注 2]：由于 Cl^- 有一定的配位作用，会影响$[Ti(H_2O)_6]^{3+}$的实验结果，如以 $\text{Ti(NO}_3)_3$ 代 TiCl_3，由于 NO_3^- 的配位作用极弱，会得到较好的实验结果。

实验 13　　硫氰酸铁配位离子配位数的测定

(一) 实验目的

(1) 了解利用分光光度法测定配位离子配位数的原理和方法。

(2) 进一步练习分光光度计的使用方法。

(二) 实验原理

当中心离子(M)和配位体(X)在一定条件下反应时,生成一种有色配合物 MX_n,即

$$M + nX \Longrightarrow MX_n$$

如果 M 和 X 基本上是无色的,而 MX_n 是有色的,根据朗伯 - 比尔定律,溶液的吸光度在溶液厚度一定时,只与溶液中配合物 MX_n 的浓度成正比。因此通过测定溶液的吸光度,就可以求出该配合物的配位数。

应用分光光度法测定配位离子的组成,常用的实验方法之一是等物质的量系列法。所谓等物质的量系列法就是保持中心离子的浓度(c_m)与配位体的浓度(c_x)之和不变(即总物质的量不变)的前提下,改变 c_m 与 c_x 的相对量,配制一系列溶液。显然,在这一系列溶液中,有些是中心离子过量,而另一些是配位体过量。在这两部分溶液中,配位离子的浓度都不可能达到最大值。只有当溶液中中心离子与配位体的物质的量之比与配位离子的组成一致时,配位离子的浓度才能最大,对应的吸光度亦最大。具体操作时,取用物质的量浓度相同的中心离子溶液和配位体溶液,按照不同的体积比(即物质的量之比)配成一系列溶液,在一定波长的单色光条件下,测定这一系列溶液的吸光度。若以吸光度(A)为纵坐标,以体积分数$[V_X/(V_M+V_X)$,即摩尔分数$]$为横坐标作图,得一曲线,如图 4-9 所示。将曲线两边的直线部分延长相交于 D_2,D_2 点的纵坐标 A_2 为吸光度的最大值。由 D_2 点的横坐标 F 值可计算出配位离子中金属离子与配位体的物质的量之比,即可求出配位离子中配位体的数目 n 值。例如,若 $F = 0.5$

则　　　　　　　　　　　　$$\frac{V_X}{V_M + V_X} = \frac{n_X}{n_M + n_X} = 0.5$$

那么　　　　　　　　　　　　$$\frac{n_M}{n_X + n_M} = 0.5$$

$$\frac{n_X}{n_M} = 0.5/0.5 = 1$$

即金属离子与配位体物质的量之比是 $1:1$,所以该配位离子中配位体的数目 n 为 1。

由图 4-9 可以看出,最大吸光度应在 D_2 点,其值为 A_2,此时 M 与 X 全部结合。但由于配位离子有一部分离解,其实际浓度要稍小一些,所以,实验测得的最大吸光度只能是在 D_1 点所对应的值为 A_1。

本实验是测定硫氰酸根与 Fe^{3+} 形成的配位离子中配位体的数目。其反应为:

$$Fe^{3+} + nSCN^- \Longrightarrow [Fe(SCN)_n]^{3-n}$$

由于形成的配位离子的组成随溶液 pH 值的不同而改变,故本实验在 $pH \approx 2$ 的条件下进行测定。在实

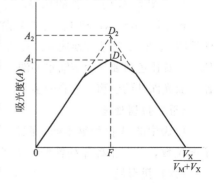

图 4-9　等物质的量系列法

中用 pH＝2 的 $0.5\,mol\cdot L^{-1}$ KNO_3 溶液作为溶剂来配制 $Fe(NO_3)_3$ 和 KSCN 溶液，其主要目的就是保证测定溶液的 pH 值和基本恒定的离子强度，并能抑制 Fe^{3+} 的水解。

（三）药品与器材

1. 器材

分光光度计、酸式滴定管、镜头纸、容量瓶。

2. 药品

$Fe(NO_3)_3\cdot 9H_2O(s)$、KSCN(s)、KNO_3（$0.5\,mol\cdot L^{-1}$）。

（四）实验步骤

1. 配制溶液

（1）计算配制 250.00mL $5.000\times10^{-3}\,mol\cdot L^{-1}$ $Fe(NO_3)_3$ 溶液所需 $Fe(NO_3)_3\cdot 9H_2O(s)$ 的量和配制 250.00mL $5.000\times10^{-3}\,mol\cdot L^{-1}$ KSCN 溶液所需 KSCN 的量。

（2）根据计算结果称取所需 $Fe(NO_3)_3\cdot 9H_2O(s)$ 及 KSCN 的量，准确到 0.0001g。

（3）取 250mL 溶量瓶两支，分别用 pH＝2 的 $0.5\,mol\cdot L^{-1}$ KNO_3 溶液（由实验室提供）作溶剂配制 $5.000\times10^{-3}\,mol\cdot L^{-1}$ $Fe(NO_3)_3$ 溶液和 $5.000\times10^{-3}\,mol\cdot L^{-1}$ KSCN 溶液各 250.00mL。

2. 测定硫氰酸铁系列溶液的吸光度

（1）配制系列溶液

a. 取 50mL 酸式滴定管两支，一支盛 $5.000\times10^{-3}\,mol\cdot L^{-1}$ $Fe(NO_3)_3$ 溶液，另一支盛 $5.000\times10^{-3}\,mol\cdot L^{-1}$ KSCN 溶液。

b. 取干净小烧杯（50mL）9 只进行编号。按下表的用量，以由小到大的次序分别量取 $Fe(NO_3)_3$ 和 KSCN 溶液，依次放入 9 只烧杯中，将溶液均匀混合后待用。

烧杯编号	1	2	3	4	5	6	7	8	9
$5.00\times10^{-3}\,mol\cdot L^{-1}$ KSCN 体积 / mL	4.20	8.40	12.60	16.80	21.00	25.20	29.40	33.60	37.80
$5.00\times10^{-3}\,mol\cdot L^{-1}$ $Fe(NO_3)_3$ 体积 / mL	37.80	33.60	29.40	25.20	21.00	16.80	12.60	8.40	4.20
配位体的摩尔分数	0.100	0.200	0.300	0.400	0.500	0.600	0.700	0.800	0.900
总体积/mL	42.00	42.00	42.00	42.00	42.00	42.00	42.00	42.00	42.00
吸光度 A									

（2）测定系列溶液的吸光度：取 4 个 1cm 的比色皿，分别装入空白液（$5.000\times10^{-3}\,mol\cdot L^{-1}$ KSCN）和 1、2、3 号溶液，在 $\lambda=550nm$，测定 1、2、3 号溶液的吸光度 A 值。然后将 1、2、3 号溶液换成 4、5、6 号溶液，继续测定其值，最后测定 7、8、9 号溶液的 A 值。注意比色皿要先用蒸馏水冲洗，再用待测溶液洗 2～3 遍。然后装好溶液；用擦镜纸擦净比色皿光面外的液滴（液滴较多时，应先用滤纸吸去大部分液体，再用擦镜纸擦拭干净）。

（五）数据处理

以表中的 A 值为纵坐标，配位体的摩尔分数为横坐标绘制曲线，确定硫氰酸铁配位离子配位数，并写出硫氰酸铁配位离子的化学式。

（六）思考题

1. 本实验测定配位离子中配位数的原理是什么？

2. 什么叫等物质的量系列法？根据实验结果如何求算配位离子的配位数？

3. 在测定溶液的吸光度时，如果未用纸将比色皿光面外的水擦干，对测定的吸光度值有什么影响？取用比色皿时应注意什么问题？

4. 为什么要用 pH＝2 的 $0.5mol \cdot L^{-1}$ KNO_3 溶液作为溶剂配制 $5.000 \times 10^{-3} mol \cdot L^{-1}$ $Fe(NO_3)_3$ 和 $5.000 \times 10^{-3} mol \cdot L^{-1}$ 的 KSCN 溶液？能否直接用蒸馏水来配制 $Fe(NO_3)_3$ 或 KSCN 溶液？为什么？

5. 在本实验中，产生误差的主要原因是什么？

实验 14　水的净化（离子交换法）

（一）实验目的
（1）了解用离子交换法纯化水的原理和方法。
（2）掌握天然水中无机离子杂质的定性鉴定方法。

（二）实验原理

1. 离子交换树脂

离子交换树脂是一种带有交换活性基团的多孔网状结构的高聚物。它的特点是性质稳定，对酸、碱及一般有机溶剂都不起作用。在其网状结构的内架上，含有可电离的"活性基团"。当它与水接触时，能交换吸附溶解在水中的阳离子或阴离子。根据树脂所含活性基团的不同，可把离子交换树脂分为阳离子交换树脂和阴离子交换树脂两种。

（1）阳离子交换树脂：特点是树脂中的活性基团所电离出来的离子可与水（或溶液）中的阳离子发生交换，如

$$Ar—SO_3^- H^+ \qquad Ar—COO^- H^+$$

Ar 表示树脂中网状结构的骨架部分。

当活性基团中含有 H^+ 可与溶液中的阳离子发生交换的阳离子交换树脂称为"酸性阳离子交换树脂"（或 H 型阳离子交换树脂）。按活性基团酸性强弱的不同，又可分为强酸性、弱酸性离子交换树脂。如 $Ar—SO_3^- H^+$ 为强酸性离子交换树脂，$Ar—COO^- H^+$ 为弱酸性离子交换树脂。

（2）阴离子交换树脂：特点是树脂中的活性基团所电离的离子可与水（或溶液）中的阴离子发生交换。如 $Ar—N^+ H_2 OH^-$，$Ar—N^+(CH_3)_3 OH^-$ 等。当活性基团中含有 OH^- 可与溶液中阴离子发生交换的阴离子交换树脂称为"碱性阴离子交换树脂"（或 OH 型阴离子交换树脂）。按活性基团碱性强弱的不同，可分为强碱性、弱碱性离子交换树脂。如 $Ar—N^+(CH_3)_3 OH^-$ 为强碱性离子交换树脂，$Ar—N^+ H_2 OH^-$ 为弱碱性离子交换树脂。

在制备去离子水时，都使用到强酸性和强碱性离子交换树脂。它们具有较好的耐化学腐蚀性、耐热性与耐磨性。在酸性、碱性及中性介质中都可以应用，同时离子交换效果好，对弱酸根或弱盐基离子都可以进行交换。

2. 离子交换的简单原理

离子交换过程是水中的杂质离子先通过扩散进入树脂颗粒的内部，再与树脂的活性基团中的 H^+ 或 OH^- 发生交换，被交换出来的 H^+ 或 OH^- 又扩散到溶液中去，并相互结合成 H_2O 的过程。

例如，H 型阳离子交换树脂和水中的阳离子杂质（如 Na^+、Ca^{2+} 等）作用后就生成 Na 型（或 Ca 型）阳离子交换树脂，并交换出 H^+ 于水中，反应如下：

$$Ar-SO_3^- H^+ + Na^+ \rightleftharpoons Ar-SO_3^- Na^+ + H^+$$

$$2Ar-SO_3^- H^+ + Ca^{2+} \rightleftharpoons (Ar-SO_3^-)_2 Ca^{2+} + 2H^+$$

经过阳离子交换树脂交换后流出的水中有过剩的 H^+，因此呈酸性。

同样，OH 型阴离子交换树脂，它能与水中的阴离子杂质（如 Cl^-、SO_4^{2-} 等）发生交换反应而交换出 OH^-，反应如下：

$$Ar-N^+(CH_3)_3 OH^- + Cl^- \rightleftharpoons Ar-N^+(CH_3)_3 Cl^- + OH^-$$

经过阴离子交换树脂交换后流出的水中含有过剩的 OH^-，因此呈碱性。

由以上分析可知，如果含有杂质离子的原料水（工业上称为原水）单纯地通过阳离子交换树脂或阴离子交换树脂后，虽然能达到分别除去阳（或阴）离子的作用，但所得的水是非中性的。如果将原水通过阴、阳离子交换树脂，则交换出来的 H^+ 和 OH^- 又发生中和反应结合成水，即

$$H^+ + OH^- \rightleftharpoons H_2O$$

从而得到纯度很高的去离子水。

必须指出，上述在离子交换树脂上所进行的交换反应是可逆的。杂质离子可以交换出树脂中 H^+ 和 OH^-，而 H^+ 或 OH^- 也可以交换出树脂所包含的杂质离子。反应主要向哪个方向进行，与水中两种离子（H^+、OH^- 和杂质离子）浓度的大小有关。当水中杂质离子较多时，杂质离子交换出树脂中的 H^+ 或 OH^- 的反应是矛盾的主要方面，但当水中杂质离子减少，树脂上的活性基团大量被杂质离子所占领时，则水中大量存在着 H^+ 和 OH^- 反而会把杂质离子从树脂上交换下来，使树脂又转变成 H 型或 OH 型。由于交换反应的这种可逆性，所以只用两个离子交换柱（阳离子交换柱和阴离子交换柱）串联起来所生产的水仍含有少量的杂质离子，未经交换而遗留在水中。为了进一步提高水质，可再串联一个由阳离子交换树脂与阴离子交换树脂均匀混合起来的交换柱，其作用相当于串联了很多个阳离子交换柱与阴离子交换柱，而且在交换柱床层的任何部位水都是中性的，从而减少了逆反应发生的可能性。

利用上述交换反应可逆的特点，既可以利用树脂对杂质离子的交换作用，将原水中的杂质离子除去，达到纯化水的目的；又可以将已经被水中杂质离子交换过，而变成盐型的失效树脂，经过适当的处理后重新复原，恢复交换能，解决树脂循环再使用的问题。后一过程称为树脂的再生。

当阳离子交换树脂再生时，加入适当浓度的酸（一般用盐酸）就可以使盐型（如钠型）阳离子交换树脂又复原为 H 型阳离子交换树脂，反应如下：

$$Ar-SO_3^- Na^+ + H^+ \rightleftharpoons Ar-SO_3^- H^+ + Na^+$$

当阴离子交换树脂再生时，加入适当浓度的碱（一般用氢氧化钠），就可以使阴离子交换树脂的活性基又转为 OH 型，反应如下：

$$Ar-N^+(CH_3)_3 Cl^- + OH^- \rightleftharpoons Ar-N^+(CH_3)_3 OH^- + Cl^-$$

另外，由于树脂是多孔网状结构，因此，具有很强的吸附能力，并能除去电中性杂质。由于装有树脂的交换柱本身就是一个很好的过滤器，所以颗粒状杂质也能一同除去。

（三）药品与器材

1. 器材

离子交换柱、电导率仪、贮液瓶。

2. 药品

阳离子交换树脂、阴离子交换树脂。

（四）离子交换树脂的装柱和变型（再生）

1. 离子交换树脂的装柱

用离子交换树脂制取纯水或进行离子的分离等操作，经常是在离子交换柱中进行的。在实验中交换柱常用较粗的玻璃管或塑料管制成，把玻璃管的下端拉成尖嘴，在尖嘴上套上一个橡皮管，用霍夫曼夹控制出水的流速。

交换柱的树脂层中若有气泡，就会造成溶液断路和树脂层紊乱。因此，在装柱和操作过程中必须使树脂一直浸泡在水或溶液中。当柱中的液体流出时，一定要注意在树脂上层保持一定的液面高度（约 2cm），如果液层下降到低于树脂表面，再加原料水时树脂层内就会出现气泡。

在用树脂装柱时，先把少量玻璃棉塞在柱的底部，以防树脂漏出，然后夹紧霍夫曼夹，并在柱中加入少量蒸馏水。将树脂放在烧杯中，用蒸馏水充分浸泡并洗净后，用玻璃棒把树脂在水中搅动起来，一面搅动一面把树脂倒入柱中，如水过多可打开霍夫曼夹，把多余的水放出直至液层略高于树脂表面为止。

2. 离子交换树脂的变型（再生）

离子交换树脂（活性基）的盐型比它的游离酸型（H 型）或游离碱型（OH 型）稳定得多。商品离子交换树脂大多是钠型（阳离子交换树脂）或氯型（阴离子交换树脂）。根据离子交换操作的要求，需要把树脂变成指定的型式（如 H 型、OH 型等）。当树脂交换吸附了水中的杂质离子，达到一定容量失去再交换离子的能力时，就需要进行树脂的再生，使树脂的活性基重新转为 H 型（或 OH 型）。树脂的变型与再生在操作上是完全相同的。下面以钠型树脂转换为氢型为例介绍树脂的变型（再生操作）。

按照图 4-10 装置，试剂瓶中装入 $2mol \cdot L^{-1}$ HCl，通过虹吸管以约一滴每秒的流速洗涤树脂，用夹子 2 控制酸液的流速，而用夹子 1 控制树脂上液层的高度，在操作中切勿使液面低于树脂层。如此用酸洗涤，一直到从树脂柱流出液中不含 Na^+ 为止，大约需要 6～10 倍于树脂体积的酸液，即

$$RSO_3^- Na^+ + H^+ \Longleftrightarrow RSO_3^- H^+ + Na^+$$

然后用蒸馏水洗涤树脂，直到流出液不显酸性为止。对于阴离子交换树脂的变型或再生，可用 NaOH 溶液，即

$$R-N^+(CH_3)_3Cl^- + OH^- \Longleftrightarrow R-N^+(CH_3)_3OH^- + Cl^-$$

（五）实验步骤

1. 离子交换树脂的装柱

用两只 50mL 小烧杯，分别称取再生过的阳离子交换树脂约 15g（湿）或阴离子交换树脂约 20g（湿）。按照（四）1 操作中的要求进行装柱，第 1 个柱子中装入约为柱子容积量 1/2 的阳离子交换树脂，第 2 个柱子中装入约为柱子容积量 2/3 的阴离子交换树脂，第 3 个柱子中装入柱容积量 2/3 的阴阳混合交换树脂（阳离子交换树脂与阴离子交换树脂按 1：2 体积比进行混合）。装置毕，按图 4-11 所示将 3 个柱子进行串联，在串联时要注意尽量排出连接管内的气泡，以免液柱阻力过大而交换不能畅通。

2. 离子交换与水质检验

依次使原料水流经阳离子交换柱、阴离子交换柱和混合离子交换柱。并依次取原料水、阳离子交换柱流出水、阴离子交换柱流出水和混合离子交换柱流出水样品，进行以下项目检验。

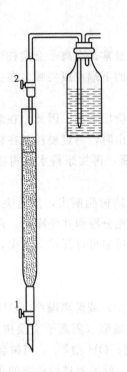 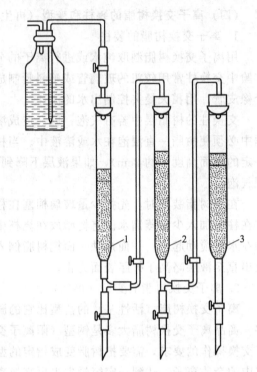

图 4-10　树脂再生装置图
1—流出液控制夹；2—进液控制夹

图 4-11　树脂交换装置图
1—阳离子交换柱；2—阴离子交换柱；3—混合离子交换柱

（1）用电导率仪测定各样品的电导率。

（2）用钙指示剂检验 Ca^{2+} 的存在：取 1mL 样品，加入 2 滴 $2mol \cdot L^{-1}$ NaOH，再加入几滴钙指示剂溶液，观察溶液颜色，判断有无 Ca^{2+} 存在。

（3）用镁试剂 I 检验 Mg^{2+} 的存在：取 1mL 样品，加入 1 滴 $2mol \cdot L^{-1}$ NaOH，再加入几滴镁试剂 I 溶液，观察有无天蓝色沉淀产生，判断有无 Mg^{2+} 存在。

（4）用 $AgNO_3$ 溶液检验 Cl^- 的存在：在 1mL 样品中，加入 2 滴 $2mol \cdot L^{-1}$ HNO_3 酸化，再加 2 滴 $0.1mol \cdot L^{-1}$ $AgNO_3$ 溶液。观察有无白色沉淀生成，判断有无 Cl^- 存在。

（5）用 $BaCl_2$ 溶液检验 SO_4^{2-} 的存在：在 1mL 样品中，加入 2 滴 $1mol \cdot L^{-1}$ $BaCl_2$ 溶液，观察有无白色沉淀产生，判断有无 SO_4^{2-} 存在。

（6）将检验的结果填下入表中，并根据检验结果作出结论。

样 品 水	检 验 项 目					结 论
	电导率	Ca^{2+}	Mg^{2+}	Cl^-	SO_4^{2-}	
原料水						
阳离子交换柱流出水						
阴离子交换柱流出水						
混合离子交换柱流出水						

（六）思考题

1. 天然水中主要的无机盐杂质是什么？在用离子交换法制取纯水的过程中是如何除去这些杂质的？

2. 用电导率仪测定水纯度的根据是什么？

3. 如何用化学试剂定性地检验水中的无机杂质离子？

 基础制备实验

实验 15　试剂氯化钠的制备

（一）实验目的

（1）学习 NaCl 提纯和检验其纯度的方法。

（2）了解盐类溶解度的知识及其在无机物提纯中的应用。

（3）正确掌握加热、溶解、过滤（常压过滤和减压过滤）、无水盐的干燥和气体发生等基本操作。

（4）了解用目视比色和比浊进行限量分析的原理和方法。

（二）实验原理

试剂 NaCl 和医用 NaCl 都是以粗食盐为原料提纯而制备的。粗食盐中除含有少量不溶性杂质外，还含有 K^+、Ca^{2+}、Mg^{2+}、Fe^{3+}、SO_4^{2-} 和 CO_3^{2-} 等杂质，这些杂质的存在不仅使食盐极易潮解，影响食盐的贮运，而且也不适合医药和化学试剂的要求。因此制备试剂或医用的纯 NaCl 必须除去这些杂质。通常选用合适的试剂（如 Na_2CO_3、$BaCl_2$ 和 HCl）可以使 Ca^{2+}、Mg^{2+}、Fe^{3+}、SO_4^{2-} 生成不溶性的化合物与粗盐中的不溶性杂质一起除去。具体方法是首先在粗盐饱和溶液中加入 $BaCl_2$ 溶液，除去 SO_4^{2-}，即

$$Ba^{2+} + SO_4^{2-} = BaSO_4 \downarrow$$

再在溶液中加入饱和的 Na_2CO_3 溶液，除去 Ca^{2+}、Mg^{2+}、Fe^{3+} 和过量的 Ba^{2+}：

$$Ca^{2+} + CO_3^{2-} = CaCO_3 \downarrow$$

$$2Mg^{2+} + 2CO_3^{2-} + H_2O = [Mg(OH)]_2CO_3 \downarrow + CO_2 \uparrow$$

$$2Fe^{3+} + 3CO_3^{2-} + 3H_2O = 2Fe(OH)_3 \downarrow + 3CO_2 \uparrow$$

$$Ba^{2+} + CO_3^{2-} = BaCO_3 \downarrow$$

过量的 Na_2CO_3 可用 HCl 中和后除去。然后在提纯后的饱和 NaCl 溶液中通入 HCl 气体，利用同离子效应使 NaCl 晶体析出。粗盐中 K^+ 和上述沉淀剂不起作用，但由于 KCl 的溶解度比 NaCl 大，使 K^+ 残留在母液中而除掉。吸附在 NaCl 晶体上的 HCl 可用酒精洗涤而除去，再进一步用水浴加热，除掉少量水、酒精和 HCl。最后得到纯度很高的 NaCl。

在核定产品级别时，需做产品检验，即对 NaCl 及杂质含量进行分析。NaCl 的含量可用定量分析法测定（本实验不作要求）；杂质 Fe^{3+} 和 SO_4^{2-} 进行限量分析。限量分析是把产

品配成一定浓度的溶液与标准系列的溶液进行目视比色或比浊，以确定其含量范围。如果产品溶液的颜色或浊度不深于某一标准溶液，则杂质含量即低于某一规定的限度，所以这种分析方法称为限量分析。

（三）药品与器材

1. 器材

台秤、滴液漏斗、气体发生器、煤气灯（或酒精灯）、缓冲瓶、干燥器、吸收瓶、烧杯等。

2. 药品

粗盐（NaCl）、KSCN（25%）、$BaCl_2$（1mol·L^{-1}，25%）、HCl（6mol·L^{-1}）、H_2SO_4（浓）、C_2H_5OH（95%）。

（四）实验内容

1. 试剂 NaCl 的制备

（1）饱和 NaCl 溶液的制备和杂质的除去　在台秤上称取研细后的粗盐 20g，倒入150mL 烧杯中，加水 65mL，加热并不断搅拌，待 NaCl 溶解后，趁热加 1mol·L^{-1} $BaCl_2$ 溶液 6mL，小火加热几分钟，使沉淀长大易于过滤。再在上层清液中加入一滴 $BaCl_2$ 溶液，如仍有沉淀产生，表明 SO_4^{2-} 尚未除尽，须要继续滴加 $BaCl_2$ 溶液，直至沉淀完全（即无白色沉淀析出）为止。趁热加入饱和 Na_2CO_3 溶液（约 9mL），至沉淀完全。趁热进行减压过滤（为什么？）。滤液倒入 250mL 烧杯中，用 6mol·L^{-1} HCl 调 pH 值到 1 左右，以除去多余的 CO_3^{2-}。

（2）HCl 气体的制备　按图 4-12 所示，安装和连接好各部分。在未发生 HCl 气体之前，首先检查气体发生器、缓冲瓶等各接口处是否漏气。方法是用手挤压连接气体发生器和缓冲瓶的橡皮管，如果吸收瓶导管内的液柱产生液柱差时，说明不漏气。

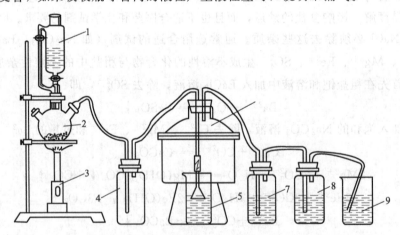

图 4-12　HCl 气体的制备和吸收装置 CJ-20

1—滴液漏斗；2—气体发生器；3—煤气灯；4—缓冲瓶；5—饱和 NaCl 溶液；6—真空干燥器；7，8—吸收瓶（内装 40%NaOH 溶液）；9—烧杯（内装稀 NaOH 或水）

称取约 20g NaCl 装入 250mL 的气体发生器中，关闭滴液漏斗活塞，然后往滴液漏斗中加入 20mL 浓 H_2SO_4。旋开活塞，使浓 H_2SO_4 慢慢滴入气体发生器中。注意加入浓 H_2SO_4的速度不能过快，否则会使反应过于激烈而发生危险。待浓 H_2SO_4 滴完后，立即关闭活塞，然后用煤气灯的火焰的强弱来控制气体发生的速率。注意在停止加热前要把连接气体发生器和缓冲瓶的橡皮管拔掉，拧紧各处螺旋夹以防止碱液倒吸。待反应结束后，趁热倒出气体发生器中的残留物。

（3）纯 NaCl 晶体的析出   HCl 气体经缓冲瓶由玻璃漏斗导入盛有饱和 NaCl 的溶液中。玻璃漏斗的作用是增大 HCl 气体和溶液的接触面，以利于 HCl 气体更好地被吸收。为防止 HCl 气体外逸，把盛有饱和 NaCl 溶液的烧杯放入一个带有导管的真空干燥器中。未被吸收的 HCl 气体，再经过 NaOH 溶液吸收，避免外逸。通气后仔细观察反应过程中的变化和 NaCl 晶体的析出（注意 HCl 气流速度不宜太快），直至 NaCl 晶体基本不再析出时，停止通入 HCl 气体。然后用减压过滤法把产品抽干，母液倒入回收瓶中。再用小滴管吸取酒精淋洗产品 2～3 次。然后在水浴上烤干，称其质量，计算产率。

2. 试剂 NaCl 产品的检验

本实验只分析部分杂质（Fe^{3+} 和 SO_4^{2-}）的含量。

（1）Fe^{3+} 的限量分析   在酸性介质中，Fe^{3+} 与 SCN^- 生成血红色配合物 $[Fe(NCS)]^{2+}$，颜色的深浅与 Fe^{3+} 浓度成正比。

称取 3.00g NaCl 产品，放入比色管（25mL）中，加入 20mL 水溶解，再加入 2.00mL 25% KSCN 溶液和 2mL 3mol·L^{-1} HCl，然后稀释至 25mL（即至比色管刻度线），摇匀。按以下用量配制标准系列（由实验室准备）：

a. 移取 0.30mL Fe^{3+} 标准溶液（浓度为 0.01mg·mL^{-1}）；

b. 移取 0.90mL Fe^{3+} 标准溶液；

c. 移取 1.50mL Fe^{3+} 标准溶液。

将以上三份溶液分别加入到 25mL 比色管内，再分别加入 2.00mL 25% KSCN 溶液和 2mL 3mol·L^{-1} HCl，稀释至刻度（25mL），摇匀。其中：

a. 相当于一级试剂，内含 0.003mL Fe^{3+}；

b. 相当于二级试剂，内含 0.009mL Fe^{3+}；

c. 相当于三级试剂，内含 0.015mL Fe^{3+}。

把试样溶液与标准溶液进行目视比色，确定试剂的等级。表 4-4 中列出了各级 NaCl 试剂纯度的国家标准。NaCl 含量不少于 99.8%（杂质含量以 % 计）。

表 4-4   NaCl 试剂纯度的国家标准

名 称	优 级 纯	分 析 纯	化 学 纯
（1）澄清度试验	合格	合格	合格
（2）干燥失重	0.2	0.2	0.2
（3）水不溶物	0.003	0.005	0.02
（4）溴化物（Br^-）	0.02	0.02	0.1
（5）碘化物（I^-）	0.002	0.002	0.012
（6）硝酸盐（NO_3^-）	0.002	0.002	0.005
（7）硫酸盐（SO_4^{2-}）	0.001	0.002	0.005
（8）氮化物（N）	0.0005	0.001	0.001
（9）钾（K）	0.01	0.02	0.04
（10）钙（Ca）	0.005	0.007	0.01
（11）镁（Mg）	0.001	0.001	0.005
（12）钡（Ba）	0.001	0.002	0.005
（13）铁（Fe）	0.0001	0.0003	0.0005
（14）重金属（以计算）	0.0005	0.0005	0.001
（15）砷（As）	0.00002	0.00005	0.0001

(2) SO_4^{2-} 的限量分析　$BaCl_2$ 溶液与试样中微量的 SO_4^{2-} 作用，生成难溶的 $BaSO_4$ 使溶液发生浑浊，溶液混浊度与 SO_4^{2-} 浓度成正比。

称取产品 NaCl 1.00g，放入比色管中。加入 15mL 蒸馏水溶解，再加入 5mL 95% C_2H_5OH，1mL 3mol·L^{-1} HCl 和 3.00mL 25% $BaCl_2$ 溶液，再加蒸馏水稀释至 25mL，摇匀。

按以下用量配制标准系列（实验室准备好）：

a. 移取 1.00mL SO_4^{2-} 标准溶液（浓度为 0.01mg·mL^{-1}）；

b. 移取 2.00mL SO_4^{2-} 标准溶液；

c. 移取 5.00mL SO_4^{2-} 标准溶液。

将以上三份溶液分别加入到 25mL 比色管内，再分别加入 3.00mL 25% $BaCl_2$ 溶液和 1mL 3mol·L^{-1} HCl 稀释至 25mL，摇匀。其中：

a. 相当于一级试剂，内含 0.01mg SO_4^{2-}；

b. 相当于二级试剂，内含 0.02mg SO_4^{2-}；

c. 相当于三级试剂，内含 0.05mg SO_4^{2-}。

把试样与标准溶液进行比浊，确定试样的等级。

（五）思考题

1. 在实验过程中，哪些环节可以用自来水冲洗仪器，哪些环节必须用蒸馏水冲洗仪器，为什么？

2. 除去杂质后的饱和 NaCl 溶液，在本实验中利用什么原理使其晶体析出？

3. 本实验为什么用 Na_2CO_3 除去 Ca^{2+}、Mg^{2+} 等杂质，而不用别的可溶性的碳酸盐？除去 CO_3^{2-} 时为什么用盐酸而不用别的强酸？

4. 在除去 Ca^{2+}、Mg^{2+} 和 SO_4^{2-} 时，为什么要先加入 $BaCl_2$ 溶液，然后再加入 Na_2CO_3 溶液？

5. 为什么用毒性很大的 $BaCl_2$ 除去 SO_4^{2-}，而不用无毒的 $CaCl_2$？

6. 如果本实验收率过低或过高，可能是哪些原因所造成？

实验 16　硫酸亚铁铵的制备

（一）实验目的

(1) 了解硫酸亚铁铵的制备方法。

(2) 练习在水浴上加热、减压过滤等操作。

(3) 了解检验产品中杂质含量的一种方法——目视比色法。

（二）实验原理

铁屑与稀硫酸作用，制得硫酸亚铁溶液：

$$Fe + H_2SO_4 = FeSO_4 + H_2 \uparrow$$

硫酸亚铁溶液与硫酸铵溶液作用，生成溶解度较小的硫酸亚铁铵复盐晶体：

$$FeSO_4 + (NH_4)_2SO_4 + 6H_2O = FeSO_4 \cdot (NH_4)_2SO_4 \cdot 6H_2O$$

硫酸亚铁铵又称摩尔盐，它在空气中不易被氧化，比硫酸亚铁稳定。它能溶于水，但难溶于乙醇。

（三）药品与器材

1. 器材

锥形瓶、烧杯、量筒、台秤、漏斗、漏斗架、布氏漏斗、吸滤瓶、抽气管（或真空泵）、蒸发皿、表面皿、比色管、比色管架、水浴锅。

2. 药品

HCl(2.0mol·L^{-1})、乙醇(95%)、H$_2$SO$_4$(3.0mol·L^{-1})、NaOH(1.0mol·L^{-1})、铁屑、Na$_2$CO$_3$(1.0mol·L^{-1})、KSCN(1.0mol·L^{-1})、(NH$_4$)$_2$SO$_4$(s)、Fe^{3+} 的标准溶液三份（见注1）、pH 试纸。

（四）实验内容

1. 硫酸亚铁铵的制备

（1）铁屑油污的除去　称取 2g 铁屑放入锥形瓶（150mL）中，加入 20mLNa$_2$CO$_3$ 溶液（1.0mol·L^{-1}），小火加热约 10min，以除去铁屑表面的油污。倾析除去碱液，并用水将铁屑洗净。如果使用铁粉，则可以省去除油污步骤。

（2）硫酸亚铁的制备　在盛有洗净铁屑的锥形瓶中，加入 25mL H$_2$SO$_4$ 溶液（3.0mol·L^{-1}），放在水浴上加热（温度不高于 80℃），使铁屑与稀硫酸发生反应（在通风橱中进行）。当反应进行到不再产生气泡时，表示反应基本完成。用普通漏斗趁热过滤，滤液盛于蒸发皿中。将锥形瓶和滤纸上的残渣洗净，收集在一起，用滤纸吸干后称其质量（如残渣量极少，可不收集）。算出已作用的铁屑质量。

（3）硫酸铵饱和溶液的配制　根据已作用的铁的质量和反应式中的物量关系，计算出所需固体 (NH$_4$)$_2$SO$_4$ 的质量和室温下配制硫酸铵饱和溶液所需要 H$_2$O 的体积（见注2）。根据计算结果，在烧杯中配制 (NH$_4$)$_2$SO$_4$ 的饱和溶液。

（4）硫酸亚铁铵的制备　将 (NH$_4$)$_2$SO$_4$ 饱和溶液倒入盛 FeSO$_4$ 溶液的蒸发皿中，用 pH 试纸检验溶液的 pH 值是否为 1～2，若酸度不够，则用 H$_2$SO$_4$ 溶液（3.0mol·L^{-1}）调节。

在水浴上蒸发混合溶液，浓缩至表面出现晶体膜为止（注意蒸发过程中不宜搅动）。静置，让溶液自然冷却，冷至室温时，便析出硫酸亚铁铵晶体。抽滤至干，再用 5mL 乙醇溶液淋洗晶体，以除去晶体表面上附着的水分。继续抽干，取出晶体，在表面皿上晾干，称其质量，并计算产率。

2. Fe^{3+} 的限量分析

用烧杯将去离子水煮沸 5min，以除去溶解的氧，盖好，冷却后备用。称取 2.00g 的产品，置于比色管中，加入 20.0mL 备用的去离子水，以溶解之，再加入 4.00mL HCl 溶液（2.0mol·L^{-1}）和 0.50mL KSCN 溶液（1.0mol·L^{-1}），最后以备用的去离子水稀释到 25.00mL，摇匀。与标准溶液进行目测比色，以确定产品等级。

（五）数据记录和处理

已作用的铁质量/g	(NH$_4$)$_2$SO$_4$ 饱和溶液		FeSO$_4$·(NH$_4$)$_2$SO$_4$·6H$_2$O			
	(NH$_4$)$_2$SO$_4$ 质量/g	H$_2$O 体积/mL	理论产量/g	实际产量/g	产率/%	级别

（六）思考题

1. 为什么硫酸亚铁溶液和硫酸亚铁铵溶液都要保持较强的酸性？

2. 进行目测比色时，为什么用含氧较少的去离子水来配制硫酸亚铁铵溶液？

3. 制备硫酸亚铁铵时，为什么采用水浴加热法？

[注1]：Fe^{3+} 标准溶液的配制（实验室配制）

先配制 $0.01mg \cdot mL^{-1}$ 的 Fe^{3+} 标准溶液。用吸量管吸取 Fe^{3+} 的标准溶液 5.00mL、10.00mL、20.00mL 分别放入 3 支比色管中，然后各加入 2.00mL HCl 溶液（$2.0mol \cdot L^{-1}$）和 0.50mL KSCN 溶液（$1.0mol \cdot L^{-1}$）。用备用的含氧较少的去离子水将溶液稀释到 25.00mL，摇匀，得到符合 3 个级别含 Fe^{3+} 0.05mg、0.10mg 和 0.20mg 分别为Ⅰ级、Ⅱ级和Ⅲ级试剂中 Fe^{3+} 的最高允许含量。

若 1.00g 摩尔盐试样溶液的颜色与Ⅰ级试剂的标准溶液的颜色相同或略浅，便可确定为Ⅰ级产品，其中 Fe^{3+} 含量的百分数 $= \dfrac{0.05}{1.00 \times 1000} \times 100\% = 0.005\%$，Ⅱ级和Ⅲ级产品依此类推。

[注2]：几种盐的溶解度数据 $[g \cdot (100gH_2O)^{-1}]$ 见下表：

盐（相对分子质量）	溶 解 度			
	10℃	20℃	30℃	40℃
$(NH_4)_2SO_4$ (132.1)	73.0	75.4	78.0	81.0
$FeSO_4 \cdot 7H_2O$ (277.9)	37.3	48.0	60.0	73.3
$FeSO_4 \cdot (NH_4)_2SO_4 \cdot 6H_2O$ (392.1)		36.5	45.0	53.0

实验 17　硫代硫酸钠的制备
方 法 一

（一）实验目的

（1）掌握硫代硫酸钠的一种制备方法。

（2）进一步学习气体的制备、过滤、蒸发、结晶和干燥等基本操作。

（二）实验原理

以硫化钠为原料制备硫代硫酸钠的方法是，向含有硫化钠和碳酸钠的溶液中通入二氧化硫气体，使之在不断搅拌下反应，其间大致经由以下三步：

$$Na_2CO_3 + SO_2 \longrightarrow Na_2SO_3 + CO_2 \uparrow$$
$$2Na_2S + 3SO_2 \longrightarrow 2Na_2SO_3 + 3S \downarrow$$
$$Na_2SO_3 + S \longrightarrow Na_2S_2O_3$$

总反应为：$\qquad 2Na_2S + Na_2CO_3 + 4SO_2 \longrightarrow 3Na_2S_2O_3 + CO_2 \uparrow$

由总反应式可以看出：Na_2S 与 Na_2CO_3 的用量以 2∶1（物质的量之比）为宜。如果 Na_2CO_3 过少，则中间产物 Na_2SO_3 不足（见反应1），析出的 S 不能全部生成 $Na_2S_2O_3$，一部分 S 仍处于游离状态，从而使溶液发混，产品的产率低。

反应完毕，将过滤所得 $Na_2S_2O_3$ 溶液蒸发浓缩，冷却，析出组成为 $Na_2S_2O_3 \cdot 5H_2O$ 的晶体，经干燥后即为产品。

（三）药品与器材

1. 器材

滴液漏斗、蒸馏瓶、温度计（0～100℃）、三口瓶（250mL）、吸收瓶、电磁搅拌器、瓷蒸发皿、烧杯（250mL）、量筒、布氏漏斗、台秤、点滴板、滴管等。

2. 药品

$AgNO_3$（0.1mol·L^{-1}）、NaOH（2mol·L^{-1}）、$Na_2S·9H_2O$(s)、Na_2SO_3(s)、HCl（浓）、Na_2CO_3(s)。

（四）实验步骤

制备硫代硫酸钠的装置如图 4-13 所示。

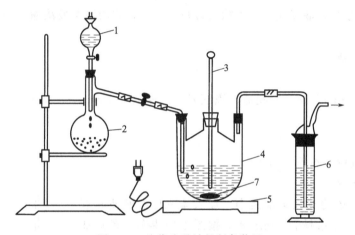

图 4-13　硫代硫酸钠的制备装置

1—滴液漏斗；2—蒸馏瓶；3—温度计；4—三口瓶；5—电磁搅拌器；6—吸收瓶；7—搅拌磁子

在托盘天平上称取新开封的化学纯硫化钠（其组成约为 $Na_2S·9H_2O$）30g，并称取化学计量的 Na_2CO_3，一并放入三口瓶中，再加入 150mL 蒸馏水，开动电磁搅拌器搅拌片刻，使之溶解。

在滴液漏斗中加入稍多于化学计量的浓盐酸，在蒸馏瓶中加入比理论量稍多的亚硫酸钠，在吸收瓶中加入 NaOH 稀溶液，按图 4-13 所示，将各仪器连接安装妥当。

待三口瓶中的原料完全溶解后，打开滴液漏斗的活塞，使盐酸慢慢滴下，SO_2 气体即均匀地通入 Na_2S 和 Na_2CO_3 的混合溶液中（注意预防倒吸）。随着 SO_2 的通入，逐渐有大量浅黄色的 S 析出，以后又逐渐消失。约反应 50～60min，当溶液的 pH≈7 时，用滴管从三口瓶中取少许溶液，经定性检查确定为硫代硫酸钠后，停止通 SO_2，将全部溶液过滤。滤液在瓷蒸发皿中进行蒸发，直到溶液中有一些晶体析出时，停止加热。冷却，使 $Na_2S_2O_3·5H_2O$ 晶体析出。过滤，将晶体放入烘箱内，在 40℃下干燥 40～60min，称其质量，计算产率（或将所得硫代硫酸钠溶液蒸发至约 40mL，放置，令其自然结晶，留待下次实验再过滤称其质量）。

$$y = \frac{2bM(Na_2S·xH_2O)}{3aM(Na_2S_2O_3·5H_2O)} \times 100\%$$

式中，y 为 $Na_2S_2O_3·5H_2O$ 的产率；a 为用的 $Na_2S·xH_2O$ 的质量，g；b 为制得的 $Na_2S_2O_3·5H_2O$ 晶体的质量，g；$M(Na_2S·xH_2O)$ 为 $Na_2S·xH_2O$ 晶体的摩尔质量，g；

$M(\mathrm{Na_2S_2O_3 \cdot 5H_2O})$ 为晶体的摩尔质量（248.1g）。

（五）思考题

1. 如何检查发生 SO_2 气体的装置是否漏气？

2. 在制备硫代硫酸钠溶液时，为什么要将溶液调至 pH 值约为 7？pH 值降至更低是否可以？

方法二

（一）实验原理

制备硫代硫酸钠的另一方法是亚酸酸钠溶液与硫粉一同煮沸。其反应如下：

$$\mathrm{Na_2SO_3 + S \xrightarrow{\triangle} Na_2S_2O_3}$$

反应完毕，趁热过滤反应液，以除去过量的硫粉。将滤液蒸发浓缩，冷却，干燥，即得产品。

（二）药品与器材

1. 器材

蒸馏瓶（250mL）、球形冷凝器、瓷蒸发皿、烧杯（150mL）、量筒（100mL）、布氏漏斗、台秤。

2. 药品

$\mathrm{Na_2SO_3}$、硫粉、乙醇（95%）。

（三）实验步骤

（1）称取 4g 硫粉放入蒸馏瓶中，加入 45mL 乙醇使其润湿。再加入 12g 亚硫酸钠和 60mL 水，按图 4-14 装好。然后加热煮沸该悬浮液，加热回流约 1h。

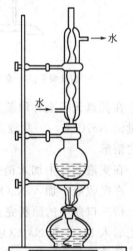

（2）趁热用布氏漏斗抽滤反应液，将滤液转入瓷蒸发皿中，浓缩至表面有少量结晶析出为止。然后冷却，即有 $\mathrm{Na_2S_2O_3 \cdot 5H_2O}$ 晶体析出，再抽滤。

（3）将 $\mathrm{Na_2S_2O_3 \cdot 5H_2O}$ 晶体放入烘箱内，在 $40 \sim 50 ℃$ 条件下干燥 $40 \sim 60 \mathrm{min}$，称其质量并计算产率。

$$y = \frac{bM(\mathrm{Na_2SO_3})}{aM(\mathrm{Na_2S_2O_3 \cdot 5H_2O})} \times 100\%$$

式中，y 为 $\mathrm{Na_2S_2O_3 \cdot 5H_2O}$ 的产率；a 为用的 $\mathrm{Na_2SO_3}$ 的质量，g；b 为制得的 $\mathrm{Na_2S_2O_3 \cdot 5H_2O}$ 晶体的质量，g；$M(\mathrm{Na_2SO_3})$ 为 $\mathrm{Na_2SO_3}$ 的摩尔质量；$M(\mathrm{Na_2S_2O_3 \cdot 5H_2O})$ 为 $\mathrm{Na_2S_2O_3 \cdot 5H_2O}$ 晶体的摩尔质量。

图 4-14　硫代硫酸钠制备装置

实验 18　高锰酸钾的制备

（一）实验目的

（1）了解 $\mathrm{KMnO_4}$ 制备的原理和方法。

（2）掌握碱熔、浸取、玻璃砂漏斗抽滤、蒸发结晶等基本操作。

（3）学会启普发生器及 CO_2 气体钢瓶的使用。

（二）实验原理

MnO_2 在较强氧化剂（如 $KClO_3$）存在下与碱共熔时，可被氧化为 K_2MnO_4：

$$3MnO_2 + KClO_3 + 6KOH \xrightarrow{\text{熔融}} 3K_2MnO_4 + KCl + 3H_2O$$

根据 Mn 的电位图可知

$$E^{\ominus}/V \qquad MnO_4^- \xrightarrow{0.564} MnO_4^{2-} \xrightarrow{2.237} MnO_2$$

MnO_4^{2-} 不稳定，易发生歧化反应，但在弱碱性或中性介质中，歧化反应趋势小，且反应速度较慢；在酸性介质中，MnO_4^{2-} 易发生歧化反应，生成 MnO_4^- 和 MnO_2。如加酸或通 CO_2 气体，可使歧化反应顺利进行：

$$3MnO_4^{2-} + 2CO_2 = 2MnO_4^- + MnO_2 \downarrow + 2CO_3^{2-}$$

所以，把制得的 K_2MnO_4 固体溶于水，再通入 CO_2 气体，即可得到 $KMnO_4$ 溶液和 MnO_2。经减压过滤除去 MnO_2 之后，将溶液浓缩，即析出 $KMnO_4$ 晶体。但用这种方法制取 $KMnO_4$，在最理想的情况下，也只能使 K_2MnO_4 转化率达 66%，有约 33% 转变为 MnO_2。所以，为了提高 K_2MnO_4 的转化率，理想的方法是在 K_2MnO_4 的溶液中通入 Cl_2：

$$Cl_2 + 2MnO_4^{2-} = 2MnO_4^- + 2Cl^-$$

或用电解法对 MnO_4^{2-} 进行氧化以得到 MnO_4^-：

阳极： $$MnO_4^{2-} - e = MnO_4^-$$

阴极： $$2H_2O + 2e = 2OH^- + H_2 \uparrow$$

本实验由于学时限制并考虑到实验的安全性，采用通 CO_2 的方法使 MnO_4^{2-} 歧化为 MnO_4^-。

（三）药品与器材

1. 器材

台秤、铁坩埚、煤气灯、铁棒、玻璃砂漏斗、表面皿等。

2. 药品

$KOH(s)$、$KClO_3(s)$、$MnO_2(s)$、$CO_2(g)$。

（四）实验步骤

1. MnO_2 的熔融氧化

称取 5.0g 固体 KOH 和 2.0g 固体 $KClO_3$，放入铁坩埚中，用铁棒把物料混合均匀。将铁坩埚放在泥三角上，戴上防护眼镜和棉线手套，点燃煤气灯，用小火加热（边加热边用铁棒搅拌）。待混合物熔融后，把 3.5g MnO_2 固体分多次、小心地加入铁坩埚中。随着熔融物的黏度增大，用力加快搅拌以防结块或粘在坩埚壁上。等反应物干涸后，再提高温度，强热 5min，同时用铁棒将熔块尽量捣碎。

2. 浸取

待盛有熔融物的铁坩埚冷却后，将其侧放于盛有 100mL 蒸馏水的 250mL 烧杯中共煮，直到熔融物全部溶解为止。小心用坩埚钳取出坩埚。

3. K_2MnO_4 的歧化

趁热向浸取液中通 CO_2 气体至 K_2MnO_4 全部歧化为止（可用玻璃棒蘸取溶液于滤纸上，如果滤纸上只有紫红色而无绿色痕迹，即可认为 K_2MnO_4 已歧化完全）。然后静止片刻，用玻璃砂漏斗抽滤。

4. 滤液的蒸发结晶

将滤液倒入蒸发皿中，蒸发浓缩至表面开始析出 $KMnO_4$ 晶膜为止。放置溶液，令其自然冷却结晶，然后用玻璃砂漏斗将 $KMnO_4$ 晶体抽干。

5. $KMnO_4$ 晶体的干燥

将晶体转移到已知质量的表面皿上，用玻璃棒将晶体分散开，放入烘箱中（温度维持80℃）干燥半小时，冷却后称其质量，计算产率。

（五）思考题

1. 由 MnO_2 制 K_2MnO_4 时能否用瓷坩埚？为什么？

2. 能否用加 HCl 的方法代替向 K_2MnO_4 溶液中通 CO_2 气体？为什么？

3. 过滤 $KMnO_4$ 时为什么要用玻璃砂漏斗，是否可用滤纸代替？

4. $KMnO_4$ 和 MnO_2 抽滤分离后，留在玻璃砂漏斗中的 MnO_2 应如何除去？

5. $KMnO_4$ 溶液为什么要存放在棕色瓶中？

实验 19　配合物的合成

（一）实验目的

（1）学习几种配合物的合成方法。

（2）进一步学习化学实验基本操作，并初步学习回流等操作。

（二）实验原理

（1）在 $[Cr(en)_3]Cl_3$ 的制备中，锌粉起着还原剂的作用，它使 Cr^{3+} 还原为 Cr^{2+}。Cr^{2+} 起着催化剂的作用，使 Cr^{3+} 与 en 反应形成配离子 $[Cr(en)_3]^{3+}$。$[Cr(en)_3]Cl_3$ 为黄色粉末状物质，见光不稳定，应装在棕色瓶内。

（2）$K_3[Cr(C_2O_4)_3] \cdot 3H_2O$ 可由草酸钾和草酸与重铬酸钾反应制得：

$$Cr_2O_7^{2-} + 6H_2C_2O_4 + 2H^+ \Longrightarrow Cr_2(C_2O_4)_3 + 6CO_2 \uparrow + 7H_2O$$

$$Cr_2(C_2O_4)_3 + 3K_2C_2O_4 + 6H_2O \Longrightarrow 2K_3[Cr(C_2O_4)_3] \cdot 3H_2O (深绿色)$$

（3）$K_3[Cr(NCS)_6] \cdot 4H_2O$ 可由硫氰酸钾与硫酸铬钾在热水溶液中反应制得。利用 $K_3[Cr(NCS)_6] \cdot 4H_2O$ 可溶于乙醇，而 K_2SO_4 不溶于乙醇来使两者分离。$K_3[Cr(NCS)_6] \cdot 4H_2O$ 为紫红色晶体。

（三）药品与器材

1. 器材

烘箱、烧瓶（50mL）、冷凝管（10mL）、水浴锅、研钵、烧杯、吸滤瓶、布氏漏斗、量筒（100mL）。

2. 药品

$CrCl_3 \cdot 6H_2O(s)$、$K_2C_2O_4 \cdot H_2O(s)$、$H_2C_2O_4 \cdot 2H_2O(s)$、$K_2Cr_2O_7(s)$、KSCN(s)、锌粉、甲醇、乙醇、丙酮、无水乙二胺（en）、$KCr(SO_4)_2 \cdot 12H_2O(s)$。

（四）实验内容

1. $[Cr(en)_3]Cl_3$ 的合成

称取 6.75g $CrCl_3 \cdot 6H_2O(s)$ 溶于 12.6mL 甲醇中，再加入 0.25g 锌粉，将此混合液转

入 50mL 烧瓶中，装上回流冷凝管在水浴中回流，同时缓慢加入 10mL 无水乙二胺，继续回流 1h，冷却，过滤，并用乙二胺-甲醇溶液（10%）洗涤黄色沉淀，最后用 5mL 乙醇洗涤沉淀，得黄色粉末状产物 $[Cr(en)_3]Cl_3$。将产物装在棕色瓶内。

2. $K_3[Cr(C_2O_4)_3] \cdot 3H_2O$ 的合成

称 3g 草酸钾和 7g 草酸溶于 100mL 去离子水中，再慢慢加入 25g 磨细了的 $K_2Cr_2O_7(s)$，并不断搅拌，待反应完毕后，蒸发至溶液近干，使晶体析出。冷却，过滤，并用丙酮洗涤，得深绿色 $K_3[Cr(C_2O_4)_3] \cdot 3H_2O$ 晶体，于 110℃下烘干。

3. $K_3[Cr(NCS)_6] \cdot 4H_2O$ 的合成

称取 6g KSCN(s) 和 5g $KCr(SO_4)_2 \cdot 12H_2O(s)$ 溶于 100mL 去离子水中，加热溶液近沸约 1h，然后加入 50mL 乙醇，稍冷却即有 K_2SO_4 晶体析出，过滤除去 $K_2SO_4(s)$，滤液进一步蒸发浓缩至有少量暗红色晶体开始析出。冷却，过滤，并在乙醇中重结晶，得紫红色 $K_3[Cr(NCS)_6] \cdot 4H_2O$ 晶体。产物在空气中干燥。

实验 20 硫酸铜的提纯

（一）实验目的
（1）了解用化学法提纯粗硫酸铜的方法。
（2）练习无机制备的基本操作。

（二）实验原理
粗硫酸铜中含有不溶性杂质和可溶性杂质 $FeSO_4$、$Fe_2(SO_4)_3$ 等。不溶性杂质可用过滤法除去。杂质 $FeSO_4$ 需用氧化剂 H_2O_2 或 Br_2 氧化为 Fe^{3+}，然后调节溶液的 pH 值（一般控制在 pH≈3.5），使 Fe^{3+} 水解成为 $Fe(OH)_3$ 沉淀而除去，其反应如下：

$$2FeSO_4 + H_2SO_4 + H_2O_2 = Fe(SO_4)_3 + 2H_2O$$

$$Fe^{3+} + 3H_2O \xrightarrow{pH≈3.5} Fe(OH)_3 \downarrow + 3H^+$$

除去铁离子后的滤液，用 KSCN 检验没有 Fe^{3+} 存在，即可蒸发结晶。其他微量可溶性杂质在硫酸铜结晶时，仍留在母液中，过滤时可与硫酸铜分离。

（三）药品与器材
1. 器材
台秤、研钵、漏斗和漏斗架、布氏漏斗和吸滤瓶、蒸发皿。
2. 药品
$HCl(2mol \cdot L^{-1})$、$H_2SO_4(1mol \cdot L^{-1})$、氨水($6mol \cdot L^{-1}$)、$NaOH(2mol \cdot L^{-1})$、粗硫酸铜、$KSCN(1mol \cdot L^{-1})$、$H_2O_2(3\%)$、精密 pH 试纸（pH 0.5～5.0）。

（四）实验步骤
1. 粗硫酸铜的提纯
（1）称取 16～17g 粗硫酸铜晶体，在研钵中研细后，再称取其中 15g 作提纯用，另称 1g，用以比较提纯前后硫酸铜中杂质铁离子含量的多少。
（2）将 15g 研细的粗硫酸铜放在 100mL 小烧杯中，加入 50mL 蒸馏水，加热，搅拌，促使溶解。滴加 2mL 3% H_2O_2，将溶液加热，同时逐滴加入 0.5～$1mol \cdot L^{-1}$ NaOH 溶液

（用 $2mol\cdot L^{-1}NaOH$ 自己稀释）直到 $pH\approx3.5$，再加热片刻，静置使水解生成的 $Fe(OH)_3$ 沉降。用倾泻法在普通漏斗上过滤，滤液收集到洁净的蒸发皿中。

（3）在提纯后的硫酸铜滤液中，滴加 $1mol\cdot L^{-1}H_2SO_4$ 酸化，调节 pH 值至 $1\sim2$，然后在石棉网上加热，蒸发，浓缩至液面出现一层结晶时，即停止加热。

（4）冷却至室温，结晶在布氏漏斗上过滤，尽量抽干，并用一干净的玻璃瓶塞挤压漏斗上的晶体，以除去其中少量的水分。

（5）停止抽滤，取出晶体，把它夹在两张滤纸中，吸干其表面的水分，抽滤瓶中的母液倒入回收瓶中。

（6）在台秤上称出产品质量，计算产率。

2. 硫酸铜纯度检定

（1）将 1g 粗硫酸铜晶体，放在小烧杯中，用 10mL 蒸馏水溶解，加入 1mL $1mol\cdot L^{-1}$ H_2SO_4 酸化，然后加入 2mL $3\%H_2O_2$，煮沸片刻，使其中 Fe^{2+} 氧化成 Fe^{3+}。

（2）待溶液冷却后，在搅动下，逐滴加入 $6mol\cdot L^{-1}$ 氨水，直至最初生成的蓝色沉淀完全溶解，溶液呈深蓝色为止，此时 Fe^{3+} 成为 $Fe(OH)_3$ 沉淀，而 Cu^{2+} 则生成 $[Cu(NH_3)_4]^{2+}$：

$$Fe^{3+}+3NH_3+3H_2O\Longrightarrow Fe(OH)_3\downarrow+3NH_4^+$$
$$2CuSO_4+2NH_3+2H_2O\Longrightarrow Cu_2(OH)_2SO_4\downarrow(蓝色)+(NH_4)_2SO_4$$
$$Cu_2(OH)_2SO_4+(NH_4)_2SO_4+6NH_3\Longrightarrow 2[Cu(NH_3)_4]SO_4+2H_2O$$

（3）用普通漏斗过滤，并用滴管将 $1mol\cdot L^{-1}$ 氨水滴到滤纸上，洗涤，直到蓝色洗去为止（滤液可弃去），此时 $Fe(OH)_3$ 黄色沉淀留在滤纸上。

（4）用滴管把 3mL 热的 $2mol\cdot L^{-1}$ HCl 滴在滤纸上，以溶解 $Fe(OH)_3$。如果一次不能完全溶解，可将滤下的滤液加热，再滴到滤纸上。

（5）在滤液中滴入 2 滴 $1mol\cdot L^{-1}$ KSCN，观察血红色的产生：

$$Fe^{3+}+nSCN^-\Longrightarrow[Fe(NCS)_n]^{3-n}$$

Fe^{3+} 愈多，血红色愈深，因此根据血红色的深浅可以比较 Fe^{3+} 的多少，保留此血红色的溶液与下面作比较。

（6）称取 1g 提纯过的硫酸铜，重复上面的操作，比较两种溶液血红色的深浅，评定产品的纯度。

（五）思考题

1. 粗硫酸铜中杂质 Fe^{2+} 为什么要氧化为 Fe^{3+} 除去？

2. 除 Fe^{3+} 时，为什么要调节到 $pH\approx3.5$ 左右？pH 值太小或太大有什么影响？

3. 怎样鉴定提纯后硫酸铜的纯度？

实验 21　分子筛的合成

（一）实验目的

（1）了解水热法合成分子筛的过程和分子筛的强烈吸水性能。

（2）熟悉分子筛合成过程中的成胶、晶化、洗涤、干燥、活化等基本操作。

（二）实验原理

分子筛是一种合成硅铝酸盐，具有突出的吸附性能、离子交换性能和催化性能，因此被广泛用作干燥剂、吸附剂、催化剂等。目前合成分子筛的型号已有好几十种。本实验采用水热法合成 4A 型分子筛原粉。4A 分子筛的晶胞可用以下的化学式表示：

$$Na_2(AlO_2)_{12}(SiO_2)_{12} \cdot 27H_2O$$

4A 分子筛是以水玻璃（Na_2SiO_3）、偏铝酸钠（$NaAlO_2$）和氢氧化钠为原料，按一定的比例，在剧烈搅拌下，使它们形成硅铝凝胶。然后在合适的温度下，使它们转化为晶体的硅铝酸盐。晶化是在 100℃ 的温度下进行，晶化时间需要 8h 以上。晶化程度可用显微镜观察，如果结晶是正方形，则表示晶化已完成。经过过滤、洗涤、干燥，即可得到 4A 分子筛原粉。

（三）药品与器材

1. 器材

1000mL 大烧杯或 600～1000mL 搪瓷杯 1 只、500mL 平底烧瓶 1 只、布氏漏斗和吸滤瓶 1 套、真空干燥器 1 只、电动搅拌器、1000 倍显微镜、马弗炉、电热恒温烘箱。

2. 药品

水玻璃（Na_2SiO_3）（规格要求：模数＞2，相对密度 1.38）、NaOH(s)、$Al(OH)_3$（工业品）、变色硅胶、混合指示剂（甲基红 0.2％乙醇溶液＋溴甲酚绿 0.2％乙醇溶液按 5：3 体积比混合）。

（四）实验内容

1. 4A 分子筛的合成

（1）配料

a. 实验准备室提供下列已知浓度（即物质的量浓度）的原料：

① 水玻璃溶液：Na_2O 的浓度为 c_1，SiO_2 的浓度为 c_2；

② 偏铝酸钠溶液：Na_2O 的浓度为 c_3，Al_2O_3 的浓度为 c_4；

③ NaOH 溶液：Na_2O 的浓度为 c_5。

b. 反应料浆的配比：

$$Al_2O_3 : SiO_2 : Na_2O = 1 : 2 : 4, \quad Al_2O_3 = 0.25 mol \cdot L^{-1}$$

$$反应物总量 = 400mL$$

c. 根据以上数据，计算下列原料用量：

水玻璃用量 $$V_1 = \frac{400 \times 0.50}{c_2}$$

偏铝酸钠用量 $$V_2 = \frac{400 \times 0.25}{c_4}$$

NaOH 用量 $$V_3 = \frac{400 \times 1 - c_1 V_1 - c_3 V_2}{c_5}$$

（2）成胶（硅铝胶的制备） 用量筒量取 V_1(mL) 的水玻璃，倒入一只 250mL 烧杯内，加入热水（60～70℃）至 200mL。用另一只量筒量取 V_2(mL) 的偏铝酸钠和 V_3(mL) 的氢氧化钠，倒入另一只 250mL 烧杯内，加入热水（60～70℃）至 200mL。

把第一只烧杯里的物料倒入一只 1000mL 大烧杯内，然后开动电动搅拌器，在剧烈搅拌下，迅速倒入第二只烧杯里的物料，并继续搅拌，直到不存在块状物，反应物变得稀薄为止（约需 10min）。

（3）晶化（形成结晶硅铝酸盐）　把成胶生成物倒入一只 500mL 烧瓶内，放到电热烘箱里 100℃左右进行晶化，使硅铝胶转化为硅铝酸盐结晶。在晶化过程中，为了防止水分蒸干，可在烧瓶上盖上塞子（不要塞紧，为了防止烧瓶内的物料冲出而损害烘箱，可以在烘箱底部放一只大搪瓷盘），晶化须进行到烧瓶内的硅铝胶变成明显的两层，下层为结晶，上层为澄清的母液，约需 8h 以上。

（4）洗涤、过滤、干燥（把晶体分离出来）　晶化完成后取出烧瓶，倾去上面的母液，然后采用倾析法反复用水洗涤沉淀，直至洗出液 pH＜9，然后用吸滤法把沉淀分离出来，放在蒸发皿中，在 110℃温度下烘干（约需 2h），即得 4A 分子筛原粉。

2. 分子筛某些性能的测定

（1）分子筛堆积体积的测定：用台秤称出干燥的 50mL 量筒的质量，加入分子筛原粉，墩实至 50mL 刻度处，再称出质量，计算每克分子筛的体积。

（2）分子筛晶形观察：取少许制得的 4A 分子筛原粉，放在 1000 倍的显微镜下，观察结晶的形状及大小。分子筛结晶应为立方晶系。

（3）分子筛的吸水性能：取约 0.5g 已活化并冷却的 4A 分子筛原粉（由教师预先在马弗炉内于 600℃活化 2h，取出放在真空干燥器内冷却到室温备用），放入一支小试管内，并加入 1～2 粒已吸水变色的变色硅胶，用橡皮滴头封口，观察变色硅胶的变色，比较分子筛和硅胶吸水性能的强弱。

附注：原料的配制和分析方法（供实验准备室参考）

（一）水玻璃的配制和分析方法

1. 配制

将工业用相对密度为 1.38 的水玻璃和蒸馏水（按 3:5 体积比）混合，搅拌均匀，静置3 天，使杂质自然沉降。将上层清液移到试剂瓶中，分析备用。

2. 分析

（1）分析提要：水玻璃中的游离碱和水解碱的总浓度可以直接用盐酸标准溶液滴定求出。由 Na_2SiO_3 水解而生成的硅酸，在 KF 的作用下，生成氟硅酸钾和氢氧化钾，加入过量盐酸标准溶液，然后用 KOH 标准溶液回滴过量的盐酸，即可求出 SiO_2 的浓度。其反应如下：

$$Na_2SiO_3 + 2H_2O \longrightarrow H_2SiO_3 + 2NaOH \tag{1}$$
$$NaOH + HCl \longrightarrow NaCl + H_2O \tag{2}$$
$$H_2SiO_3 + 6KF + H_2O \longrightarrow K_2SiF_6 + 4KOH \tag{3}$$
$$KOH + HCl \longrightarrow KCl + H_2O \tag{4}$$

（2）分析步骤：用移液管移取 10mL 样品到 500mL 容量瓶中，加蒸馏水至刻度，摇匀后，得到稀释 50 倍的样品溶液。

用移液管移取 25mL 稀释液于 250mL 锥形瓶内，加蒸馏水 50mL，加 13 滴混合指示剂（这种混合指示剂的碱色为翠绿色，酸色为鲜红色，其变色点的 pH 值为 5.1）。用 $0.5mol \cdot L^{-1}$ HCl标准溶液滴定至溶液由翠绿色突变为鲜红色，记下 HCl 的消耗体积 V_A。再用移液管加入 25mL 10％ KF-HCl 水溶液（100g 中含 KF、HCl 各 10g），这时溶液又重新变绿。再用 $0.5 mol \cdot L^{-1} HCl$ 标准溶液，滴定至变红后过量 $3 \sim 4 mL$，记下 HCl 的消耗体积 V_B，然后以 $0.25 mol \cdot L^{-1} KOH$ 标准溶液，回滴至溶液由鲜红色变为翠绿色。记下 KOH 的消耗体积 V_C。

（3）计算：

a. 水玻璃中 Na_2O 的浓度 c_1 的计算：根据等物质的量反应规则

$$c_A V_A = c_B V_B$$

$$c_{NaOH} = \frac{c_{HCl} \times V_A}{\frac{25}{500} \times 10} = 2 c_{HCl} \times V_A$$

因为

$$n_{Na_2O} = n_{2NaOH} \text{ 或 } n_{Na_2O} = \frac{1}{2} n_{NaOH}$$

所以 Na_2O 的浓度：

$$c_1 = \frac{1}{2} \times 2 M_{HCl} V_A$$

$$c_1 = c_{HCl} V_A$$

b. 水玻璃中 SiO_2 的浓度 c_2 的计算：根据反应式（3）中，$1 mol\ H_2SiO_3$ 生成 $4 mol\ KOH$ 的关系，可以得到水玻璃中 SiO_2 的浓度：

$$c_2 = \frac{1}{2} \times 2(c_{HCl} V_B - c_{KOH} V_C)$$

$$c_2 = \frac{1}{2}(c_{HCl} V_B - c_{KOH} V_C)$$

（二）偏铝酸钠的配制和分析方法

1. 配制

在一只 2000mL 大烧杯里，加入 500g 化学纯固体 NaOH 和 1250mL 蒸馏水，搅拌使 NaOH 溶解，然后边加热边慢慢加入 500g 工业用 $Al(OH)_3$，并不断搅动，保持温度在 95℃以上，直至溶液变清为止（约需 1h）。冷却、沉降，取上层清液，分析备用（必要时，可用 $3^\#$ 砂芯漏斗过滤）。

2. 分析

（1）分析提要：偏铝酸钠中的游离碱和水解碱的总浓度，可以用盐酸标准溶液进行滴定求出。由水解生成的铝酸，在氟化钠的作用下，按化学计量的置换出氢氧化钠，再以盐酸标准溶液滴定，求出铝酸浓度，即可换算为三氧化二铝的浓度，其反应如下：

$$NaAlO_2 + 2H_2O \Longrightarrow NaOH + H_3AlO_3 \tag{1}$$

$$NaOH + HCl \Longrightarrow NaCl + H_2O \tag{2}$$

$$H_3AlO_3 + 6NaF \Longrightarrow Na_3AlF_6 + 3NaOH \tag{3}$$

$$NaOH + HCl \Longrightarrow NaCl + H_2O \tag{4}$$

（2）分析步骤：用移液管移取 10mL 样品到 500mL 容量瓶中，加蒸馏水至刻度摇匀，得稀释 50 倍的样品溶液。用移液管移取 25mL 稀释液 250mL 锥形瓶内，加入 4 滴混合指示剂，然后用 $0.5 mol \cdot L^{-1} HCl$ 标准溶液滴定至溶液由绿色转变红色，记下 HCl 的消耗体积 V_D，加入 50mL 3.5% NaF，摇荡 2min 后，再用 $0.5 mol \cdot L^{-1} HCl$ 标准溶液滴定至再次变红，记下 V_E。

（3）计算

a. 铝酸钠中 Na_2O 的浓度 c_3 的计算：

$$c_3 = c_{HCl}V_D$$

b. 铝酸钠中 Al_2O_3 的浓度 c_4 的计算：根据上面反应式（3），可以知道：

$$n_{H_3AlO_3} = n_{3NaOH} = \frac{1}{3}n_{NaOH}$$

而

$$n_{Al_3O_2} = n_{2H_3AlO_3} = \frac{1}{2}n_{H_3AlO_3}$$

因此可得

$$c_4 = \frac{1}{3}c_{HCl}V_E$$

（三）NaOH 溶液的配制和分析方法

将化学纯固体 NaOH 和蒸馏水按 2∶3 的质量比混合，在搅动下，使 NaOH 全部溶解。冷却后用酸碱滴定法分析备用。在 NaOH 溶液中，Na_2O 的浓度为 c_5。

实验 22　铬黄颜料 $PbCrO_4$ 的制备

（一）实验目的

（1）通过 $PbCrO_4$ 的制备了解铬的低价和高价化合物的性质。

（2）熟练掌握称量、沉淀、过滤、洗涤等基本操作。

（二）实验原理

+3 价铬盐在碱性溶液中，容易被强氧化剂氧化为黄色的 +6 价铬酸盐，即

$$2CrO_2^- + 3H_2O_2 + 2OH^- \Longrightarrow 2CrO_4^{2-} + 4H_2O$$

铬酸盐和重铬酸盐在水溶液中存在下面的平衡：

$$2CrO_4^{2-} + 2H^+ \Longrightarrow Cr_2O_7^{2-} + H_2O$$

铬酸铅的溶度积很小，而重铬酸铅的溶解度却较大，因此在弱酸性条件下，往上述平衡中加入硝酸铅溶液，可以生成难溶的黄色铬酸铅 $PbCrO_4$ 沉淀。

黄色铬酸铅常用作颜料，称为铬黄。

（三）药品与器材

1. 器材

古氏坩埚、吸滤瓶、干燥器、坩埚钳、移液管等。

2. 药品

$Cr(NO_3)_3(10g \cdot L^{-1})$、$NaOH(6mol \cdot L^{-1})$、$HAc(6mol \cdot L^{-1})$、$H_2O_2(3\%)$、$Pb(NO_3)_2$ $(0.03mol \cdot L^{-1})$。

（四）实验步骤

在实验前，先将一只洁净的坩埚放入 120℃ 烘箱中烘干 1h，然后放入干燥器中冷却。

用移液管移取 25mL 浓度已标定的 $Cr(NO_3)_3$ 溶液于 150mL 烧杯中，逐滴加入 $6mol \cdot L^{-1}$ NaOH，使溶液刚产生混浊，再加入过量 20～25 滴 $6mol \cdot L^{-1}$ NaOH，直至溶液再次澄清（记录现象，并写出反应方程式）。在上述溶液中，逐滴加入 15mL 3% H_2O_2，盖上表面皿，小心加热（以防溶液爆沸溅出），当溶液变为亮黄色时，再继续煮沸 15～20min，以赶尽剩余 H_2O_2。在古氏坩埚中放入两张滤纸，滤纸的大小比坩埚底部的内径略小以恰好

盖住底部的瓷孔。将坩埚连同滤纸一起在分析天平上称其质量。

待上述溶液中 H_2O_2 分解完全后，逐滴加入 $6mol \cdot L^{-1}$ HAc，使溶液从亮黄色转变为橙色。再多加 $7 \sim 8$ 滴。在沸腾情况下，逐滴加入 50mL $0.03mol \cdot L^{-1}$ Pb$(NO_3)_2$。注意 Pb$(NO_3)_2$ 加入的速度，开始要慢一些，而且始终保持溶液微沸状态，否则会使 PbCrO$_4$ 沉淀颗粒太小而穿过滤纸，造成实验失败。加完 Pb$(NO_3)_2$ 溶液之后，继续煮沸 5min。

用倾泻法过滤，沉淀用热水洗涤数次，然后转移到古氏坩埚内，抽干后，将古氏坩埚放入 120℃烘箱干燥 1h，放入干燥器中冷却后称其质量。

根据实验结果，将所得 PbCrO$_4$ 的质量与理论值比较，计算产率并加以分析。

（五）思考题

1. ＋3 价铬离子在什么条件下，使它氧化成＋6 价铬酸盐？

2. 为什么必须将剩余氧化剂 H_2O_2 全部赶尽？

3. 如何选择 PbCrO$_4$ 沉淀的条件，使生成 PbCrO$_4$ 沉淀的颗粒比较大？

三　元素及其化合物性质实验

实验 23　主族元素及其化合物（一）

（一）实验目的

（1）了解碱金属和碱土金属的焰色反应。

（2）了解金属和非金属的化学性质。

（3）了解氢氧化物的溶解度和酸碱性。

（4）了解卤化物的水解反应和卤素的水解平衡。

（二）实验提要

1. 金属的化学性质

金属元素的原子易于失去电子，所以金属具有还原性。许多金属可和稀酸作用，放出氢气。铝、锡等两性金属还能与碱作用放出氢气和生成相应的含氧酸盐，即

$$2Al + 2NaOH + 2H_2O == 2NaAlO_2 + 3H_2 \uparrow$$

2. 非金属的化学性质

非金属易于得到电子。一般不与稀酸作用，但许多非金属能被硝酸氧化。硅、卤素等非金属元素还可与强碱作用，即

$$Si + 2NaOH + H_2O == Na_2SiO_3 + 2H_2 \uparrow$$

$$X_2 + 2NaOH == NaXO + NaX + H_2O$$

3. 氢氧化物的溶解度和酸碱性

除碱金属和钡等的氢氧化物外，低价金属氢氧化物一般都难溶于水，碱土金属的氢氧化物在水中的溶解度依 Ba—Sr—Ca—Mg—Be 的顺序减小。

元素氧化物的水化物（或称氢氧化物）一般可分为酸性、碱性和两性三类。一般说来，在同一周期中，从左到右各主族元素最高价的氢氧化物的酸性逐渐增强，碱性逐渐减弱；在

同一主族中，自上而下，元素的同一类型的氢氧化物的酸性逐渐减弱，相应碱性则逐渐增强。

在周期系中第 2 周期的 B 到第 6 周期的 At 画一条斜对角线，则与此线相邻的元素的氢氧化物如 $Al(OH)_3$、$Sn(OH)_2$ 等大都呈两性。

4. 水解反应

除钠、钾、钡等最活泼的金属外，一般金属的卤化物都能进行水解，而使溶液呈酸性。$SnCl_2$、$SbCl_3$、$BiCl_3$ 等水解后所产生的碱式盐，由于溶解度很小而以沉淀形式析出，因而水解较完全，例如：

$$SbCl_3 + H_2O \Longrightarrow SbOCl\downarrow + 2HCl$$
$$SnCl_2 + H_2O \Longrightarrow Sn(OH)Cl\downarrow + HCl$$

活泼的非金属和金属单质与水的作用，广义说来也是水解反应。如卤素（以 X_2 表示，除 F_2 外）的水溶液中存在下列水解平衡：

$$X_2 + H_2O \Longrightarrow HX + HXO$$

5. 焰色反应

钙、锶、钡及碱金属的挥发性化合物在高温火焰中，电子即被激发。当电子从较高的能级回到较低的能级时，便分别发射出一定波长的光来，使火焰呈现特征的颜色。钙使火焰呈橙红色，锶呈洋红色，钡呈绿色，锂呈红色，钠呈黄色，钾、铷和铯呈紫色。故分析化学中借以检验这些元素，并称之为焰色反应。

（三）药品与器材

1. 器材

离心机。

2. 药品

镍铬丝、KCl(s)、$BaCl_2$(s)、$SnCl_2$(s)、$SbCl_3$(s)、$BiCl_3$(s)、硅粉、HCl($2mol \cdot L^{-1}$，浓)、H_2SO_4($2mol \cdot L^{-1}$，浓)、HNO_3($2mol \cdot L^{-1}$，浓)、NaOH($6mol \cdot L^{-1}$，$2mol \cdot L^{-1}$)、KCl($1mol \cdot L^{-1}$)、NaCl($1mol \cdot L^{-1}$)、$BaCl_2$($1mol \cdot L$，$0.1mol \cdot L^{-1}$，$0.5mol \cdot L^{-1}$)、$CaCl_2$($1mol \cdot L^{-1}$，$0.5mol \cdot L^{-1}$)、$MgCl_2$($0.5mol \cdot L^{-1}$，$0.1mol \cdot L^{-1}$)、$SnCl_2$($0.1mol \cdot L^{-1}$)、$Al_2(SO_4)_3$($0.1mol \cdot L^{-1}$)、$Pb(NO_3)_2$($0.1mol \cdot L^{-1}$)、$AgNO_3$($0.1mol \cdot L^{-1}$)、铝屑、氨水、溴水、碘水、pH 试纸。

（四）实验内容

1. 碱金属和碱土金属的焰色反应

取一根镍铬丝，用砂纸擦净表面，将末端弯成小圈（直径约 3mm），再按下法清洁之：在试管或点滴板空穴中，加入少许浓盐酸，将镍铬丝浸入浓 HCl 中，取出后，在氧化焰中灼烧，如此灼烧数次，直至火焰不带有杂质所呈现的颜色为止。然后再用该镍铬丝醮以浓 NaCl 溶液（预先放在点滴板空穴中）灼烧之，观察火焰的颜色。

同上操作，分别观察挥发性钾、钙、钡等。每次改用另一个盐溶液作试验前，必须将镍铬丝用浓 HCl 处理，灼烧干净。也可用 5 根镍铬丝（公用）作好记号，分别试验这 5 种盐类。

试验钾盐时，即使有极微量的钠盐存在，钾所显示的紫色也将被钠的黄色所遮蔽，故最好通过蓝色玻璃片观察钾的火焰，因为蓝色玻璃能吸收钠的黄色光。由于钾、钡的颜色甚浅，如用固体代替溶液，则焰色较明显，但固体在灼烧时容易溅失。

2. 铝的性质

(1) 铝与酸的相互作用

a. 与稀酸作用：在三支试管中分别注入 $1 \sim 2mL$ $2mol \cdot L^{-1}$ 的盐酸、硫酸、硝酸。在每支试管中加入少许铝屑。观察在盐酸中反应猛烈地进行，和硫酸的反应则缓慢，铝和稀硝酸则无反应。

b. 与浓酸作用：在三支试管中分别注入 $1 \sim 2mL$ 浓的盐酸、硫酸、硝酸。在每支试管中加入少许铝屑。观察在盐酸中反应很快。在热的浓硫酸中反应产生 SO_2 气体。在硝酸中冷时无反应，加热时起初缓慢，但后来却进行得很猛烈。写出反应式。

(2) 铝和碱的作用：在一支试管中注入 $3 \sim 4mL$ 浓的 NaOH，并在其中放入少许铝屑，观察氢气的放出。写出反应式。

溶液保留供下面实验用。

3. 硅与碱的作用

取一些硅粉（米粒大小），放入盛 $2mL$ $2mol \cdot L^{-1}$ NaOH 溶液的试管中，微热，观察现象，并检验是否有氢气放出。

4. 氢氧化物的性质

(1) 氢氧化镁、氢氧化钙、氢氧化钡的溶解度：往三支洁净的离心管中分别加入 10 滴 $0.5mol \cdot L^{-1}$ $MgCl_2$、$0.5mol \cdot L^{-1}$ $CaCl_2$、$0.5mol \cdot L^{-1}$ $BaCl_2$ 溶液，然后各加入 6 滴新配制的 $2mol \cdot L^{-1}$ NaOH 溶液（为什么？），摇匀后，离心分离。比较生成沉淀的多少。

(2) $Al(OH)_3$ 的生成

a. 在前面实验制得的铝酸钠溶液中，一滴滴地加入稀盐酸，避免过量。观察白色无定形的 $Al(OH)_3$ 沉淀的析出。写出反应式。

b. 在 $Al_2(SO_4)_3$ 溶液中，一滴滴地加入氢氧化钠溶液直到有 $Al(OH)_3$ 沉淀生成。写出反应式。

c. $Al(OH)_3$ 的两性，检验从以上实验所得到的 $Al(OH)_3$ 沉淀在 $2mol \cdot L^{-1}$ HCl 以及 $6mol \cdot L^{-1}$ NaOH 中的溶解情况。

(3) 氢氧化亚锡和氢氧化亚铅的酸碱性：取约 $1mL$ 新配制的 $0.1mol \cdot L^{-1}$ $SnCl_2$ 溶液，小心滴加 $2mol \cdot L^{-1}$ NaOH 溶液，边滴边摇（数滴即可切勿过量）将所得沉淀分成 2 份，分别加入 $2mol \cdot L^{-1}$ HCl 和过量的 NaOH 溶液，观察现象。

用 $Pb(NO_3)_2$ 溶液代替 $SnCl_2$ 溶液，重做上述试验（注意：试验 $Pb(OH)_2$ 时需要用什么酸！）。

5. 水解反应

(1) 卤化物的水解反应 以碱土金属氯化物的水解为例，取两个坩埚，在一个坩埚中放入 $2mL$ $0.1mol \cdot L^{-1}$ $MgCl_2$ 溶液，在另一个坩埚中放入 $2mL$ $0.1mol \cdot L^{-1}$ $BaCl_2$ 溶液。分别加热，蒸发至干。在溶液蒸发近干时，将贴有 pH 试纸的玻璃棒置于坩埚上方，检查是否有 HCl 蒸气产生（检验的目的何在？）。

待坩埚冷却后，加入 $2mL$ 水，观察两坩埚中所残留的固体在水中的溶解情况，残留物的溶解情况说明什么问题？

(2) 二氯化锡的水解 在一支试管中加入少许 $SnCl_2$ 晶体（约一米粒大的量），加水，有何现象发生？先用石蕊试纸检验溶液的酸碱性，再加入数滴浓 HCl（纯），观察发生的现象。

　　(3) 三氯化锑和三氯化铋的水解　分别用 $SbCl_3$ 和 $BiCl_3$ 代替 $SnCl_2$ 重做上述试验。最后再加水稀释，观察发生的现象。

　　(4) 卤素的水解平衡

　　a. 取两支试管，在一支试管中加入约 1mL 饱和溴水，在另一支试管中加入约 1mL 饱和碘水。各加入数滴 $2mol \cdot L^{-1}$ NaOH 溶液，观察现象，再各加入数滴 $2mol \cdot L^{-1}$ HCl 溶液，观察现象。

　　b. 在三支试管中，分别加入 1mL 饱和氯水、溴水、碘水，再各滴加 $0.1mol \cdot L^{-1}$ $AgNO_3$ 溶液，观察现象。

(五) 思考题

　　1. 焰色反应为什么能应用在分析化学上？在操作时应注意哪些事项？

　　2. 铝盐、氢氧化铝和偏铝酸盐之间的相互转化条件是什么？

　　3. 在本实验中，哪些氢氧化物具有明显的两性？它们在水溶液中主要以哪种形式存在？

　　4. $SbCl_3$ 的水解情况与 $AlCl_3$ 的水解情况有什么不同？怎样用 $SbCl_3$ 固体配制澄清的 $SbCl_3$ 溶液？

实验 24　主族元素及其化合物（二）
——卤素和氮

(一) 实验目的

　　(1) 了解卤素、卤化物和氯酸钾的性质。

　　(2) 了解硝酸及其盐、亚硝酸及其盐的性质。

　　(3) 了解 NH_4^+、NO_3^- 和 NO_2^- 的鉴定。

(二) 实验提要

　　1. 卤素

　　卤素——氟、氯、溴、碘是ⅦA族元素，价电子结构为 ns^2np^5，除氟只能形成 -1 价化合物外，本族其他元素的主要氧化数有 -1，0，+1，+3，+5，+7。

　　卤素都是强氧化剂，例如 I_2 可与 $Na_2S_2O_3$ 和 H_2S 水溶液发生如下反应：

$$2S_2O_3^{2-} + I_2 = S_4O_6^{2-} + 2I^-$$

$$H_2S + I_2 = 2HI + S \downarrow$$

　　卤素氧化性的强弱按下列顺序变化：

$$F_2 > Cl_2 > Br_2 > I_2$$

　　卤素离子具有还原性，还原性大小顺序为

$$I^- > Br^- > Cl^- > F^-$$

例如：NaI 可将浓 H_2SO_4 还原为 H_2S；NaBr 可将浓 H_2SO_4 还原为 SO_2；而 NaCl 只能与浓 H_2SO_4 起复分解反应释放 HCl，其反应如下：

$$NaCl + H_2SO_4 = NaHSO_4 + HCl$$

$$2NaBr + 3H_2SO_4 = 2NaHSO_4 + SO_2 \uparrow + Br_2(l) + 2H_2O$$

$$8NaI + 9H_2SO_4 = 8NaHSO_4 + H_2S \uparrow + 4I_2 \downarrow + 4H_2O$$

　　氯酸盐在水溶液中，没有明显的氧化性，但在酸性介质中，它的氧化性大大增强，成为一种较强的氧化剂。例如：

$$ClO_3^- + 6I^- + 6H^+ == Cl^- + 3I_2\downarrow + 3H_2O_2$$

2. 氮

氮是 VA 族元素，价电子结构为 $2s^2 2p^3$。主要氧化数有 -3，0，$+1$，$+2$，$+3$，$+4$，$+5$。

(1) 亚硝酸及其盐　亚硝酸是氮的 $+3$ 价化合物，可由稀 H_2SO_4 和亚硝酸盐作用而得。亚硝酸不稳定，易分解：

$$2HNO_2 \xrightarrow{热} H_2O + N_2O_3 \xrightarrow{热} H_2O + NO\uparrow + NO_2\uparrow$$
$$\text{（蓝色）}\qquad\qquad\text{（棕色）}$$

亚硝酸既有氧化性也有还原性。当与还原性物质（KI）作用时，它表现出氧化性。当与强氧化性物质（$KMnO_4$）作用时，它表现出还原性，即

$$2I^- + 2NO_2^- + 4H^+ == 2NO\uparrow + I_2\downarrow + 2H_2O$$
$$2MnO_4^- + 5NO_2^- + 6H^+ == 2Mn^{2+} + 5NO_3^- + 3H_2O$$

(2) 硝酸及其盐　硝酸是强酸，具有强氧化性。与非金属作用时，常被还原为 NO。与金属作用时，其还原产物决定于硝酸的浓度和金属的活泼性。浓硝酸一般被还原为 NO_2，稀硝酸常被还原为 NO，当与活泼的金属（如 Fe，Zn，Mg 等）作用时，主要被还原为 N_2O，若硝酸很稀，则可被还原为氨，后者与过量硝酸作用形成铵盐。

硝酸盐的热稳定性较差，加热易分解。分解产物因金属的活泼性不同而分三类：活泼性大于 Mg 的金属的盐，加热时分解为氧和亚硝酸盐；活泼性 Mg 和 Cu 之间的金属的盐，可分解为氧、二氧化氮和金属氧化物；金属活泼性小于 Cu 时，则分解为金属、氧和二氧化氮，即

$$2KNO_3 \xrightarrow{\triangle} 2KNO_2 + O_2\uparrow$$
$$2Cu(NO_3)_2 \xrightarrow{\triangle} 2CuO + 4NO_2\uparrow + O_2\uparrow$$
$$2AgNO_3 \xrightarrow{\triangle} 2Ag + 2NO_2\uparrow + O_2\uparrow$$

(3) NO_3^-，NO_2^- 和 NH_4^+ 的鉴定　NO_3^- 可用棕色环法鉴定，其反应如下：

$$3Fe^{2+} + NO_3^- + 4H^+ == 3Fe^{3+} + 2H_2O + NO\uparrow$$
$$NO + FeSO_4 == [Fe(NO)SO_4]$$
$$\text{（棕色）}$$

NO_2^- 也能产生同样的反应，因此当有 NO_2^- 存在时，需先将其除去。除去的方法，可与 NH_4Cl 一起加热，反应如下：

$$NH_4^+ + NO_2^- == N_2\uparrow + 2H_2O$$

NO_2^- 和 $FeSO_4$ 在 HAc 溶液中能生成棕色 $[Fe(NO)SO_4]$，利用这个反应可以鉴定 NO_2^- 的存在（检验 NO_3^- 时，必须用浓 H_2SO_4）：

$$NO_2^- + Fe^{2+} + 2HAc \longrightarrow NO + Fe^{3+} + H_2O + 2Ac^-$$
$$Fe^{2+} + NO == Fe(NO)^{2+}\text{（棕色）}$$

NH_4^+ 常用两种方法鉴定：

a. 用 NaOH 和 NH_4^+ 反应生成 NH_3，使 pH 试纸变蓝。

b. 用奈斯勒试剂（K_2HgI_4 的碱性溶液）与 NH_4^+ 按以下反应生成红棕色沉淀：

$$NH_4^+ + 2K_2HgI_4 + 4KOH = \left[O \begin{matrix} Hg \\ \\ Hg \end{matrix} NH_2 \right] I\downarrow + 8K^+ + 7I^- + 3H_2O$$

(三) 药品

KCl(s)、KBr(s)、KI(s)、$AgNO_3$(s)、$Cu(NO_3)_2$(s)、KNO_3(s)、铁屑、$FeSO_4$(s)、H_2SO_4($3mol \cdot L^{-1}$，浓)、HNO_3($6mol \cdot L^{-1}$，浓)、HAc($2mol \cdot L^{-1}$)、NaOH($2mol \cdot L^{-1}$)、氨水、KBr($0.1mol \cdot L^{-1}$)、NH_4Cl($0.1mol \cdot L^{-1}$)、$FeSO_4$(饱和)、$NaNO_2$($0.1mol \cdot L^{-1}$)、苯、氯水、溴水、碘水、H_2S(饱和水溶液)、奈斯勒试剂、$PbAc_2$试纸、淀粉碘化钾试纸、pH试纸、$Na_2S_2O_3$($0.1mol \cdot L^{-1}$)、$KClO_3$($0.1mol \cdot L^{-1}$)、$KMnO_4$($0.01mol \cdot L^{-1}$)、硫黄粉、铜屑、KI($0.1mol \cdot L^{-1}$)、$NaNO_2$(饱和)。

(四) 实验内容

1. 卤素氧化性的比较

(1) 在试管中加入 1 滴 $0.1mol \cdot L^{-1}$ KI 溶液与 10 滴苯或 CCl_4，然后滴加饱和氯水，边加边摇，观察苯或 CCl_4 层颜色的变化（I_2 将主要转移到苯层中去。I_2 的苯溶液呈紫红色）。

(2) 在试管中加入 1 滴 $0.1mol \cdot L^{-1}$ KBr 溶液及 10 滴苯，然后滴加饱和氯水，边滴边摇，观察苯层颜色的变化（Br_2 在苯中的溶解度比在水中大。Br_2 的苯溶液为橙黄色）。

(3) 往 $0.1mol \cdot L^{-1}$ KI 溶液中滴加 Br_2 水及 5 滴苯，观察苯层颜色的变化。

(4) 氯水对溴、碘离子混合溶液的作用　在试管中加入 1mL $0.1mol \cdot L^{-1}$ KBr、1 滴 $0.1mol \cdot L^{-1}$ KI 溶液和 1mL 苯，逐滴加入氯水，同时振荡试管，仔细观察苯层先后出现不同的颜色。

(5) 碘的氧化性　取两支试管，各加入碘水数滴，再分别滴加 $0.1mol \cdot L^{-1}$ $Na_2S_2O_3$ 和 H_2S 水，观察每一试管发生的现象。写出反应式。

综合以上实验结果说明 Cl_2、Br_2、I_2 的氧化性及其变化规律。

2. 卤素离子还原性的比较

在三支试管中，分别加放少量固体 KCl、KBr、KI，再加数滴浓 H_2SO_4。微热，观察每一支试管颜色的变化。用玻璃棒蘸一些浓氨水移近管口，以及用 $Pb(Ac)_2$ 试纸、KI-淀粉试纸试验各试管中产生的气体，写出反应式，并根据实验结果比较 Cl^-、Br^-、I^- 还原性的大小。

3. 氯酸钾的氧化性

在试管中加入约 1mL $0.1mol \cdot L^{-1}$ $KClO_3$ 溶液及数滴 $0.1mol \cdot L^{-1}$ KI 溶液加热，观察现象。趁热再加入数滴 $3mol \cdot L^{-1}$ H_2SO_4，观察现象。

4. 亚硝酸的生成和性质

(1) 亚硝酸的生成和分解　把盛有 1mL 饱和亚硝酸钠溶液的试管置于冰水中，再加入 1mL $3mol \cdot L^{-1}$ H_2SO_4 溶液，混合均匀，观察现象。写出反应式。

(2) 亚硝酸的氧化还原性　在两支试管中，分别加入几滴 $0.1mol \cdot L^{-1}$ KI 或者 $0.1mol \cdot L^{-1}$ $KMnO_4$，用 H_2SO_4 酸化后，再分别滴加 $0.1mol \cdot L^{-1}$ $NaNO_2$ 溶液，观察现象，写出反应式。

5. 硝酸的氧化性

(1) 在试管中加入少量硫黄粉，再加入 1mL 浓 HNO_3，加热煮沸（应在通风橱中进行）

后，检验是否有 SO_4^{2-} 生成？

（2）在试管中加入 1mL 浓 HNO_3 及 1~2 粒铜屑，观察现象（在通风橱中进行）。

（3）在试管中加入 1mL 稀 HNO_3（6mol·L^{-1}）及 1~2 粒铜屑，观察现象（与上一实验比较）。

6. 硝酸盐的热分解

在三支干燥的试管中分别加入少许的 $AgNO_3$、$Cu(NO_3)_2$ 和 KNO_3 固体加热之，观察反应物颜色和状态的变化，并比较它们之间分解的难易，写出反应式。

7. NH_4^+、NO_3^- 和 NO_2^- 的鉴定

（1）NH_4^+ 的鉴定

a. 在试管中加入 10 滴 0.1mol·L^{-1} NH_4Cl，再加入 10 滴 2mol·L^{-1} NaOH 溶液，加热至沸，用湿的 pH 试纸检验逸出的气体，观察现象。

b. 重复上面实验：在滤纸上滴奈斯勒试剂代替 pH 试纸，观察现象。

（2）NO_3^- 的鉴定　在一小试管内滴加饱和的 $FeSO_4$ 溶液 10 滴、$NaNO_3$ 试液 2~3 滴，然后将试管微斜，沿管壁慢慢滴加浓 H_2SO_4 约 0.5mL，此时两溶液界面处有一棕色环［配合物 $Fe(NO)SO_4$ 的颜色］生成，即说明有 NO_3^- 存在。

（3）NO_2^- 的鉴定　取 10 滴 0.1mol·L^{-1} $NaNO_2$ 于试管中，加入数滴 2mol·L^{-1} HAc，再加入 1~2 小粒 $FeSO_4$ 晶体，如有棕色出现，说明有 NO_2^- 存在。

（五）思考题

1. 卤素的氧化性和卤素离子的还原性的变化规律如何？在实验中怎样验证。

2. 在水溶液中氯酸盐的氧化性与介质有何关系？

3. 为什么 HNO_2 既有氧化性，又有还原性？哪种情况下它是还原剂？

4. 用 HNO_3 作氧化剂时，其还原程度决定于什么？举例说明。

5. 怎样鉴定 NH_4^+、NO_2^- 和 NO_3^-？

实验 25　主族元素及其化合物（三）
——过氧化氢与硫的化合物

（一）实验目的

（1）了解过氧化氢的氧化还原性。

（2）了解硫化氢、硫代硫酸盐、二氧化硫及过二硫酸盐的性质。

（3）了解重金属硫化物的溶解性。

（4）了解 S^{2-}、$S_2O_3^{2-}$ 的鉴定。

（二）实验提要

氧和硫是ⅥA族元素，价电子结构为 ns^2np^4。氧的化合价一般为 -2 价，在过氧化物中氧的氧化数是 -1，硫和硫族其他元素的主要氧化数是 -2，0，+4，+6。

1. 过氧化氢的氧化还原性

过氧化氢（H_2O_2）常被用作氧化剂，在反应中被还原为 H_2O 或 OH^-。但遇到强氧化剂时，则表现出还原性，在反应中被氧化放出氧，例如：

$$PbS + 4H_2O_2 = PbSO_4\downarrow + 4H_2O$$

$$2MnO_4^- + 5H_2O_2 + 6H^+ = 2Mn^{2+} + 5O_2\uparrow + 8H_2O$$

2. 硫的化合物

(1) 硫化氢与硫化物　H_2S 的水溶液是氢硫酸，是一个酸性很弱的二元酸。

$$H_2S \rightleftharpoons H^+ + HS^- \qquad K_1 = 1.3\times10^{-7}$$

$$HS^- \rightleftharpoons H^+ + S^{2-} \qquad K_2 = 1.1\times10^{-13}$$

H_2S 的水溶液在空气中，特别是在光线下放置时，会被空气中的氧氧化而析出硫。所以，H_2S 水溶液常出现浑浊现象。

$$2H_2S + O_2 = 2H_2O + 2S\downarrow$$

H_2S 是很强的还原剂，在酸性溶液中可被 $KMnO_4$ 和 $K_2Cr_2O_7$ 等氧化，即

$$5H_2S + 2MnO_4^- + 6H^+ = 2Mn^{2+} + 5S\downarrow + 8H_2O$$

$$3H_2S + Cr_2O_7^{2-} + 8H^+ = 2Cr^{3+} + 3S\downarrow + 7H_2O$$

H_2S 可与多种金属离子生成不同颜色的金属硫化物沉淀，例如，ZnS(白色)、CdS(黄色)、CuS(黑色)、HgS(黑色)。金属硫化物在水中的溶解度是不同的。碱金属硫化物可溶于水。碱土金属的硫化物（除 BeS 外）微溶于水，但与水接触后，慢慢水解变为可溶性的硫氢化物。铝、铬和镁的硫化物在水中完全水解，生成氢氧化物沉淀。铁、锰和锌等金属的硫化物难溶于水，但易溶于稀盐酸。铅、镉、锑和锡等的硫化物不溶于水和稀酸，但溶于浓盐酸。CuS 不溶于盐酸，需用硝酸溶解，即

$$3CuS + 8HNO_3 = 3Cu(NO_3)_2 + 2NO\uparrow + 3S\downarrow + 4H_2O$$

而 HgS 仅能溶于王水：

$$3HgS + 2NO_3^- + 12Cl^- + 8H^+ = 3HgCl_4^{2-} + 2NO\uparrow + 3S\downarrow + 4H_2O$$

根据金属硫化物的溶解度和颜色不同，可用来分离鉴定金属离子。

S^{2-} 能和稀酸作用生成 H_2S 气体，可根据 H_2S 特有的腐蛋臭味或使 $Pb(Ac)_2$ 试纸变黑（由于生成 PbS）的现象而检验出硫离子。

(2) 二氧化硫的性质　SO_2 的水溶液是亚硫酸，亚硫酸及其盐具有还原性，例如：

$$5SO_2 + 2KMnO_4 + 2H_2O = 2MnSO_4 + K_2SO_4 + 2H_2SO_4$$

但遇到 H_2S 之类的强还原剂时，却表现出氧化性：

$$H_2SO_3 + 2H_2S = 3S\downarrow + 3H_2O$$

SO_2 可和某些有机染料生成无色化合物，所以具有漂白性。

(3) 硫代硫酸和硫代硫酸钠：$Na_2S_2O_3$ 是硫代硫酸的盐，可由 Na_2SO_3 溶液和硫磺粉共煮制得，其反应如下：

$$S + Na_2SO_3 + 5H_2O = Na_2S_2O_3 \cdot 5H_2O$$

$Na_2S_2O_3$ 与酸作用可生成 $H_2S_2O_3$，但很不稳定，可立即分解为 SO_2 和 S，即

$$Na_2S_2O_3 + H_2SO_4 = Na_2SO_4 + H_2S_2O_3$$

$$H_2S_2O_3 = SO_2\uparrow + S\downarrow + H_2O$$

$S_2O_3^{2-}$ 与 Ag^+ 生成白色硫代硫酸银沉淀，但能迅速变为黄色，棕色，最后变为黑色的硫化银沉淀。这是 $S_2O_3^{2-}$ 最特殊的反应之一，可用来鉴定 $S_2O_3^{2-}$ 的存在：

$$S_2O_3^{2-} + 2Ag^+ = Ag_2S_2O_3\downarrow$$

$$Ag_2S_2O_3 + H_2O = Ag_2S\downarrow + SO_4^{2-} + 2H^+$$

（4）过二硫酸钾的氧化性：$K_2S_2O_8$ 是常见的过二硫酸盐，它和 $(NH_4)_2S_2O_8$ 在分析化学上应用很广。具有强的氧化性，在适当的条件下，可使许多物质氧化。例如，当银盐存在时，可将二价锰氧化为七价锰，它也可将卤化物氧化为游离卤素或卤酸盐（有银盐存在）：

$$2MnSO_4 + 5K_2S_2O_8 + 8H_2O \Longrightarrow 2KMnO_4 + 4K_2SO_4 + 8H_2SO_4$$

$$2KI + K_2S_2O_8 \Longrightarrow I_2\downarrow + 2K_2SO_4$$

（三）药品

品红溶液（0.1%）、HCl（1mol·L^{-1}，6mol·L^{-1}，浓）、H_2SO_4（1mol·L^{-1}）、HNO_3（2mol·L^{-1}，浓）、H_2S（饱和水溶液）、$K_2S_2O_8$（s）、二氧化硫水溶液、碘水、NH_3·H_2O（2mol·L^{-1}）、$KMnO_4$（0.01mol·L^{-1}）、$PbAc_2$ 试纸、$K_2Cr_2O_7$（0.1mol·L^{-1}）、KI（0.1mol·L^{-1}）、Na_2S（0.1mol·L^{-1}）、$Na_2S_2O_3$（0.1mol·L^{-1}）、$ZnSO_4$（0.2mol·L^{-1}）、$CdSO_4$（0.2mol·L^{-1}）、H_2O_2（3%）、$CuSO_4$（0.2mol·L^{-1}）、$Hg(NO_3)_2$（0.2mol·L^{-1}）、$MnSO_4$（0.002mol·L^{-1}）、$AgNO_3$（0.1mol·L^{-1}）、$Pb(NO_3)_2$（0.1mol·L^{-1}）。

（四）实验内容

1. 过氧化氢的氧化还原性

（1）过氧化氢的氧化性：在试管中加入 0.1mol·L^{-1} $Pb(NO_3)_2$ 溶液和 0.1mol·L^{-1} Na_2S 溶液各 2 滴，观察现象，然后再加入数滴 3% 的 H_2O_2 溶液，振荡试管，观察沉淀有何变化。

（2）过氧化氢的还原性：在试管中加入约 1mL 0.01mol·L^{-1} $KMnO_4$ 溶液，用数滴稀 H_2SO_4 溶液酸化，然后再滴加 3% 的 H_2O_2 溶液，观察现象。如有气体产生，应设法检验此气体。

2. 硫化氢和硫化物

（1）硫化氢的性质

a. 用 pH 试纸试验硫化氢水溶液的酸碱性。

b. 在两支试管中，分别盛放 0.01mol·L^{-1} $KMnO_4$ 和 $K_2Cr_2O_7$ 溶液，用稀硫酸酸化，各加几滴 H_2S，观察现象，写出反应式。

（2）难溶硫化物的生成和性质

a. 往 4 支分别盛有 1mL 0.2mol·L^{-1} $ZnSO_4$、$CuSO_4$、$CdSO_4$ 和 $Hg(NO_3)_2$ 溶液的离心管中各加入等量的 H_2S 水溶液，观察产物的颜色和状态，写出反应式。将沉淀离心分离，弃去溶液。

b. 往 ZnS 沉淀中加入 1mL 1mol·L^{-1} HCl，观察沉淀是否溶解？再加入 1mL 2mol·L^{-1} NH_3·H_2O 以中和盐酸，又有什么变化？写出反应式。

c. 往 CdS 沉淀中加入 1mol·L^{-1} HCl，沉淀是否溶解？离心分离，弃去溶液。再往沉淀中加入浓 6mol·L^{-1} HCl，并在水浴中加热，又有什么变化？写出反应式。

d. 往 CuS 沉淀中加入 6mol·L^{-1} HCl，沉淀是否溶解？离心分离，弃去溶液。再往沉淀中加入浓 HNO_3，并在水浴中加热，又有什么变化？写出反应式。

e. 用蒸馏水把 HgS 沉淀洗净，加入 1mL 浓 HNO_3，沉淀是否溶解？再加入三倍于浓 HNO_3 体积的浓 HCl，并搅拌之，观察有何变化？写出反应式。

比较这 4 种金属硫化物与酸作用的情况，讨论这些金属硫化物的沉淀和溶解的条件。

（3）S^{2-} 的鉴定：在试管中加入 5 滴 0.1mol·L^{-1} Na_2S，再加入 5 滴 6mol·L^{-1} HCl，在试管口上盖以 $Pb(Ac)_2$ 试纸，微热，试纸变黑（为什么？）表示有 S^{2-} 存在。

3. 二氧化硫的氧化还原性

（1）二氧化硫的氧化性：往 1mL H_2S 溶液中滴加 SO_2 溶液。观察发生的实验现象，写出反应式。

（2）二氧化硫的还原性：给试管中加入 1mL $KMnO_4$ 溶液，并加入几滴稀 H_2SO_4 酸化，然后滴加 SO_2 溶液。观察现象，写出反应式。

（3）二氧化硫的漂白作用（加合性）：给试管中加入 1 滴品红溶液，然后加入约 2mL SO_2 溶液，观察现象（可给另一试管中加入 1 滴品红溶液，然后再加入 2mL 水和实验进行比较）。

4. 硫代硫酸钠的性质

（1）硫代硫酸钠的还原性：给试管中加入 $0.1mol\cdot L^{-1}$ $Na_2S_2O_3$ 溶液，然后滴加碘水。观察现象，写出反应式。

（2）硫代硫酸的生成和分解：往试管中加入 1mL $0.1mol\cdot L^{-1}$ $Na_2S_2O_3$ 溶液，然后加入 $1mol\cdot L^{-1}$ HCl，观察现象，并小心闻一下逸出的气体。写出反应式。

（3）$S_2O_3^{2-}$ 的鉴定：在点滴板上滴 2 滴 $0.1mol\cdot L^{-1}$ $Na_2S_2O_3$，加入 $0.1mol\cdot L^{-1}$ $AgNO_3$ 直至产生白色沉淀，观察沉淀颜色的变化（白色→黄→棕→黑）。利用 $Ag_2S_2O_3$ 分解时颜色的变化可以鉴定 $S_2O_3^{2-}$ 的存在。

5. 过二硫酸钾的氧化性

（1）把 5mL $1mol\cdot L^{-1}$ H_2SO_4，5mL 蒸馏水，2 滴稀 HNO_3 和 3~4 滴 $0.002mol\cdot L^{-1}$ $MnSO_4$ 溶液混合均匀，分成两份：

a. 往一份中加入 1 滴 $0.1mol\cdot L^{-1}$ $AgNO_3$ 溶液和一些过二硫酸钾固体，微热之。观察溶液的颜色有何变化，写出反应式。

b. 往另一份中只加一些过二硫酸钾固体，微热之。观察溶液的颜色有何变化，比较实验 a、b 的反应情况有何不同，为什么？

（2）往盛有 0.5mL $0.1mol\cdot L^{-1}$ KI 溶液和 0.5mL $2mol\cdot L^{-1}$ H_2SO_4 的试管中，加入过二硫酸钾固体，观察反应产物的颜色和状态。稍微加热，观察产物有什么变化？写出反应式。

（五）思考题

1. 举例说明 H_2O_2 的氧化还原性。

2. 本实验中怎样试验 H_2S 的还原性？

3. 金属硫化物的溶解情况可以分为几类？试根据实验内容加以分类。

4. 亚硫酸有哪些主要性质？怎样用实验加以验证？

5. 在实验中硫代硫酸及其盐的主要性质是怎样试验的？

实验 26　主族元素及其化合物（四）
——碳和硅

（一）实验目的

（1）试验并了解活性炭的吸附作用。

（2）试验并掌握二氧化碳（碳酸）、碳酸氢根在溶液中相互转化的条件。

（3）试验并掌握碳酸盐的水解性。

（4）试验并了解硅酸易成凝胶的特性。

（二）实验提要

碳和硅是周期表ⅣA族元素，价电子结构为 ns^2np^2，碳的主要氧化数有＋2，＋4；硅的主要氧化数是＋4。

活性炭是一种多孔性的物质，它的表面积（包括外表面和孔的内表面）很大。其表面对某些气体或溶质的分子或离子有较大的吸附作用。因而，活性炭是常用的吸附剂。

CO_2 是酸性氧化物，其水溶液为碳酸，碳酸很不稳定，只能存在于溶液中，而且有以下平衡存在：

$$H_2O+CO_2 \rightleftharpoons H_2CO_3$$

碳酸是一种很弱的二元酸，仅有少许离解，即

$$H_2CO_3 \rightleftharpoons H^+ + HCO_3^- \qquad K_1=4.2\times10^{-7}$$

$$HCO_3^- \rightleftharpoons H^+ + CO_3^{2-} \qquad K_2=6.5\times10^{-11}$$

碳酸盐分正盐和酸式盐两大类。在大多数情况下，碳酸盐可由碱液中通 CO_2 或以可溶的碳酸盐和其他酸的盐置换反应制得，如：

$$Ca(OH)_2+CO_2 \longrightarrow CaCO_3 \downarrow + H_2O$$

$$BaCl_2+Na_2CO_3 \longrightarrow BaCO_3 \downarrow + 2NaCl$$

有些金属的盐与 Na_2CO_3 作用仅能生成碱式盐，如：

$$2CuSO_4+2Na_2CO_3+H_2O \longrightarrow Cu_2(OH)_2CO_3 \downarrow + 2Na_2SO_4 + CO_2 \uparrow$$

许多碳酸盐特别是碱土金属的碳酸盐溶于过量的碳酸而形成酸式碳酸盐。酸式碳酸盐很不稳定，煮沸或在空气中放置过久，则分解放出 CO_2 并生成正碳酸盐，即

$$CaCO_3+CO_2+H_2O \rightleftharpoons Ca(HCO_3)_2$$

$$Ca(HCO_3)_2 \rightleftharpoons CaCO_3+CO_2+H_2O$$

钠、钾等碱金属的碳酸盐（除 Li_2CO_3）易溶于水，其他则不溶，而酸式盐除了碱金属的碳酸盐溶于水外，碱土金属和少数其他金属的酸式盐也溶于水。碳酸盐易水解，故其溶液呈碱性：

$$CO_3^{2-}+H_2O \rightleftharpoons HCO_3^- + OH^-$$

硅酸包含硅酸（H_2SiO_3）和原硅酸（H_4SiO_4），可溶于水，在水溶液中的单个的硅酸分子会逐渐脱水生成多硅酸，同时形成胶体溶液，叫做硅酸溶胶。

在硅酸盐中，只有碱金属的硅酸盐溶于水，而其他硅酸盐不溶于水，碱金属的硅酸盐与其他金属的可溶盐溶液作用，生成微溶或难溶硅酸盐。

可溶性硅酸盐易水解，水溶液呈碱性，它们可被无机酸分解生成游离的硅酸。

（三）药品与器材

1. 器材

活性炭吸附装置、启普发生器、氯气发生装置、pH试纸。

2. 药品

$CaCl_2$（s）、$CuSO_4$（s）、$NiSO_4$（s）、$MnSO_4$（s）、$ZnSO_4$（s）、$FeSO_4$（s）、$Ca(NO_3)_2$（s）、$FeCl_3$（s）、大理石、活性炭、$KMnO_4$（s）、HCl（6mol·L^{-1}，浓）、NaOH（2mol·L^{-1}）、石灰水、K_2CrO_4（0.5mol·L^{-1}）、$Pb(NO_3)_2$（0.001mol·L^{-1}）、Na_2CO_3（0.1mol·L^{-1}，1mol·L^{-1}）、Na_2CO_3（1mol·L^{-1}）、NH_4Cl（饱和）、石蕊试纸、$CuSO_4$（0.1mol·L^{-1}）、Na_2SiO_3（20%）。

（四）实验内容

1. 炭对氯气的吸附

装置如图 4-15 所示。在烧杯内装满带颜色的水，在广口瓶中充满氯气，然后往广口瓶中加入 0.5g 活性炭，塞紧橡皮塞。振荡广口瓶，使氯气和活性炭充分接触。观察瓶中气体颜色的变化和量气管内液面位置的变化，解释上述现象。

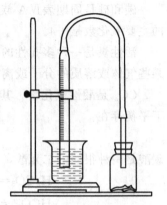

图 4-15　炭对气体的吸附

往盛有 2mL 0.001mol·L⁻¹ 硝酸铅溶液的试管中加入一小勺活性炭。振荡试管，然后滤去活性炭。往清液中加入几滴 0.5mol·L⁻¹ 铬酸钾溶液，观察有何变化。与未加活性炭的实验相比，有何不同？试解释之。

综合比较上述实验的结果，说明活性炭的吸附作用。

2. 二氧化碳、碳酸氢盐之间的转化

（1）二氧化碳在水中和碱中的溶解：从启普发生器中收集一试管二氧化碳，用塞子塞住。倒置此试管，在一个盛有水的烧杯中，紧贴水面拔去塞子，迅速放入水中，观察水面略有上升。用装有少量碱液的滴管伸入试管口下，慢慢放出碱液，观察水面急剧上升。解释现象，并写出反应式。

（2）碳酸盐和碳酸氢盐之间的转化

a. 在新配制的透明石灰水中通入二氧化碳，观察沉淀的生成（什么化合物？）。再继续通入二氧化碳，观察有何变化？把溶液分成两份，再进行下述实验。

b. 在上述一份溶液中加入稀盐酸，有何现象发生？

c. 加热上述另一份溶液，观察有何变化？

根据实验结果，总结它们之间相互转化的关系。

3. 碳酸盐和硅酸盐的水解作用

（1）试验 1mol·L⁻¹ Na_2CO_3 溶液和 1mol·L⁻¹ $NaHCO_3$ 溶液的 pH 值。

（2）在氯化钡溶液中加入碳酸钠溶液，观察现象。倾去溶液，洗涤沉淀，试验沉淀物在氯化铵饱和溶液中的溶解情况。

（3）在硫酸铜溶液中加入碳酸钠溶液，观察产物碱式碳酸铜 $Cu_2(OH)_2CO_3$ 的颜色和状态。

（4）硅酸盐的水解：先用 pH 试纸检验 20% 硅酸钠溶液的酸碱性，然后将 1mL 该溶液与 2mL 饱和 NH_4Cl 溶液混合，微热之，有何气体产生？把湿的 pH 试纸移至管口，检验气体的酸碱性，写出反应式。

4. 硅酸水凝胶的生成

（1）硅酸钠与二氧化碳作用：于盛有 3mL 20% 的水玻璃溶液中通入二氧化碳气体，并不断搅拌。观察反应物的颜色与状态，写出反应式。

（2）水玻璃与盐酸作用：于 2mL 20% 水玻璃里滴加 6mol·L⁻¹ HCl 溶液，摇匀，若不生成凝胶，可微微加热，观察反应物的颜色和状态。

5. 微溶性硅酸盐的生成——"水中花园"

在一只小烧杯中加入大约 2/3 体积的 20% 水玻璃溶液，然后把氯化钙、硫酸铜、硝酸钴、硫酸镍、硫酸锰、硫酸锌、硫酸亚铁和三氯化铁固体各一小粒投入烧杯中（注意不要把不同的固体混在一起），并记住它们的位置。放置 1~2h 后，观察到什么现象？

实验完毕，必须立即洗净烧杯，因为硅酸钠对玻璃有侵蚀作用。

（五）思考题

1. 试用最简单的方法来区分氮气和二氧化碳气。

2. 在实验室中，为什么不准用磨口玻璃器皿来贮盛碱液？

实验 27　胶 体 溶 液

（一）实验目的

（1）试验胶体的制备和破坏的方法。

（2）试验胶体的光学、电学性质。

（二）实验提要

固体以胶体分散程度分散在液体介质中即组成胶体溶液。从物质分散度的大小来看，胶体物质是处于粗分散物系和分子分散物系之间的一种中间状态。因此胶体物质的制备也有两种方法。一种是将粗分散状态的物质进行粉碎的所谓分散法，这种方法是通过机械、超声波以及其他方法将粗的颗粒分散到胶粒大小与分散剂混合形成胶体溶液；或者是将新聚沉的胶体沉淀在一定条件下重新胶溶。另一种方法是使细小的质点——分子或原子聚合成胶粒大小的所谓凝聚法，它可以借助一定的化学反应，在适宜条件（如反应物的浓度、溶剂、温度、pH 值、搅拌等）下，使反应产物由分子分散状态，逐步凝聚达到胶体状态即行停止，而不致生成沉淀；也可以利用某些物理过程，使物质聚集为胶体状态，将被分散的物质化为蒸气，然后骤然冷却，使凝结成胶体颗粒；或更换溶剂，以减小溶质的溶解度，使其分离出来，转变为胶体状态。这些都是物理凝聚法的例子。

胶体溶液的基本性质有三点：

（1）它是多相分散体系，相界面很大；

（2）胶粒大小在几个纳米至 100nm 之间；

（3）它是热力学不稳定体系，要依靠稳定剂使其形成带电粒子和溶剂化才能得到暂时的稳定性。

由于胶体溶液具有这些特性，才使它们具有丁达尔效应、布朗运动、吸附作用、电泳和电渗等特性。

根据吸附原理和扩散双电层理论，可以设想溶胶的粒子结构。例如：As_2S_3 溶胶的胶团结构为

粒子

$$[(As_2S_3)_m \cdot nHS(n-x)]^{x-} \cdot xH^+$$

胶团

$Fe(OH)_3$ 溶胶的胶团结构为

粒子

$$\{[Fe(OH)_3]_m \cdot nFeO^+ \cdot (n-x)Cl^-\}^{x+} \cdot xCl^-$$

胶团

胶体颗粒合并变大，即分散程度降低的过程叫做胶体的聚沉作用，引起胶体聚沉的因素很多，胶体溶液由于长久放置"陈化"会引起聚沉作用的发生。加热、光照也可引起胶体聚

沉。对憎液胶体来说，由于它的稳定性主要决定于胶粒表面电荷的多少，因而加入电解质可引起明显的聚沉效果。而起聚沉作用的主要是与胶粒电荷相反的反离子。一般说来，反离子的聚沉能力是

$$三价 > 二价 > 一价$$

其聚沉值的比例大约为 $\left(\dfrac{1}{3}\right)^6 : \left(\dfrac{1}{2}\right)^6 : \left(\dfrac{1}{1}\right)^6$

即不成简单比例。同样原因，两种电性相反憎液溶胶相互混合，也能产生聚沉作用。

亲液胶体的稳定性主要决定于胶粒表面的溶剂化，因此，加入少量的盐类不会引起明显的聚沉。而只有加入多量的电解质，才能使它发生聚沉，人们把高分子溶液的这种聚沉现象称为盐析。

由于胶体溶液的浓度不同、胶粒大小不同、所带的电荷不同以及其他因素，胶体的聚沉会表现为颜色加深、浑浊出现和沉淀生成等现象。

给易聚沉的憎液溶胶中加入足够量（因所加量少于保护憎液溶胶必需的数量时，会出现敏化作用）的高分子物质，可使憎液胶体的稳定性大大增加，这种现象叫做亲液胶体对憎液胶体的保护作用。

（三）药品与器材

1. 器材

试验丁达尔效应的装置、电泳装置。

2. 药品

硫的酒精饱和溶液、$AgNO_3$（$0.001mol \cdot L^{-1}$）、Na_2CO_3（$0.1mol \cdot L^{-1}$）、单宁酸（0.1%）、H_3AsO_3（饱和）、H_2S（饱和）、酒石酸锑钾（0.4%）、$FeCl_3$（2%）、$AlCl_3$（1%）、氨水（5%）、HCl（$0.1mol \cdot L^{-1}$）、$K_4[Fe(CN)_6]$（$0.02mol \cdot L^{-1}$）、$AlCl_3$（$0.05mol \cdot L^{-1}$）、稀蛋白溶液、$BaCl_2$（$0.05mol \cdot L^{-1}$）、$NaCl$（$0.05mol \cdot L^{-1}$）、$(NH_4)_2SO_4$（饱和）、琼脂溶胶（0.5%）、$NaCl$（5%）。

（四）实验内容

1. 胶体的制备

（1）凝聚法

a. 改变溶剂法制备硫溶胶：往 3mL 水中滴加硫的酒精饱和溶液（约 3～4 滴），摇动试管。观察硫溶胶的生成，试加以解释。保留溶液供后面实验使用。

b. 用单宁酸还原法制备银溶胶：在 5mL $0.001mol \cdot L^{-1}$ $AgNO_3$ 溶液中，加入 3～5 滴 $0.1mol \cdot L^{-1}Na_2CO_3$ 溶液，加热至沸腾，逐滴注入 0.1% 的单宁酸溶液。短时间后，即生成红棕色的银溶胶。

c. 利用复分解反应制备硫化亚砷水溶胶：一面搅拌，一面往 20mL 饱和亚砷酸溶液中滴加硫化氢水溶液，直到溶液变为柠檬黄色为止。写出反应式。保留溶液，供后面实验使用。

硫化亚锑水溶胶亦用同法制取。往 20mL 0.4% 酒石酸锑钾溶液中滴加硫化氢水溶液，直到溶液变为橙红色为止。保留溶液，供后面实验使用。

注意亚砷酸有毒！操作时要特别小心，实验后，应及时洗手。

d. 利用水解反应制备氢氧化铁水溶胶：往 25mL 沸水中逐滴加入 2% $FeCl_3$ 溶液 4mL，并搅拌之，继续煮沸 1～2min，观察颜色变化，写出反应式。保留溶液，供后面实验使用。

（2）分散法-胶溶法制溶胶

a. 往离心试管中加入 4mL 1% $AlCl_3$ 溶液，然后滴加 5% 氨水，待有沉淀析出，离心分离沉淀，弃去清液，将沉淀用水洗涤几次后转入 50mL 蒸馏水中，加热煮沸半小时（中间可加几滴 $0.1mol \cdot L^{-1} HCl$），即有不少沉淀胶溶。取上面清液，观察丁达尔效应。

b. 取 3mL 2% $FeCl_3$ 于试管中，加入 $0.02mol \cdot L^{-1} K_4[Fe(CN)_6]$ 溶液 1mL，用滤纸过滤，并以水洗沉淀多次，滤过的滤液为普鲁士蓝溶胶，观察并解释结果。

2. 胶体溶液的光学性质和电学性质

（1）胶体溶液的光学性质　利用图 4-16 装置观察上面制得溶液的丁达尔效应（也可用手电筒在暗处观察）。

（2）胶体的电学性质——电泳现象（图 4-17）　将 U 形管用铬酸洗液及蒸馏水洗净，烘干（或用小量胶体溶液洗几次），注入本实验制得的硫化亚砷溶胶，并分别插入铜电极。接直流电源，电压调至 110V。20min 后，即见溶胶和水之间的界面向一极移动。由界面移动的方向断定溶胶硫化亚砷所带的电荷是正还是负，试写出硫化亚砷溶胶的胶粒和胶团结构，并解释观察到的现象。

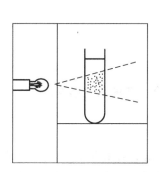

图 4-16　试验丁达尔效应的装置

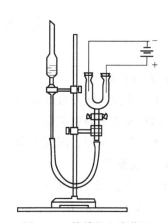

图 4-17　简单的电泳装置

（3）同法观察氢氧化铁（Ⅲ）溶胶的电泳现象。但电压不宜过高，电压调到 30～40V，即可观察到清晰的电泳现象。写出溶胶的胶粒和胶团的结构。

为了提高实验效果，如采用渗析过的氢氧化铁溶胶更好。

3. 溶胶的聚沉

（1）取硫化亚砷（或硫化亚锑）溶胶 3mL，均等地分装在三支试管中。边振荡边分别往各个试管中滴入不同的电解质溶液，依次为 $0.05mol \cdot L^{-1} AlCl_3$、$BaCl_2$、$NaCl$，直到聚沉现象出现为止。准确地记下每种电解质溶液引起溶胶聚沉所含的量，试解释使溶胶开始聚沉所需的电解质溶液数量与其阳离子电荷的关系。

（2）将 2mL 氢氧化铁溶胶和 2mL 硫化亚锑溶胶混在一起，振荡试管，观察到什么现象？试加以解释。

（3）取 2mL 硫化亚锑水溶胶加热至沸，观察有何变化？试加以解释。

（4）蛋白溶液的聚沉作用，在 0.5mL 蛋白稀溶液中加入饱和硫酸铵溶液，当二者的量大约相等时，有何现象发生？

4. 亲液溶胶对憎液溶胶的保护

将 2 滴、10 滴、20 滴（或 1mL）的 0.5% 琼脂溶胶分别注入三支试管中。在第一、第二支试管中加水直到其中液体的体积为 1mL 为止。再在每支试管中加入 5mL Sb_2S_3 溶胶，并小心地摇动试管，3min 后在每支试管中逐滴加入 1mL 15% 的 NaCl 溶液，观察聚沉作用的快慢。

（五）思考题

1. 如果改变条件：

（1）把三氯化铁溶液加到冷水中；

（2）往酒石酸锑钾溶液中加入 $1mol \cdot L^{-1}$ 硫化钠溶液。

这时能否制得氢氧化铁水溶胶和硫化亚锑水溶胶？为什么？

2. 胶体体系与其他分散系相比占据什么样的地位？为了制备胶体体系是否只增加分散相物质的分散度就够了？

3. 在日常生活中是否见到过丁达尔现象？试举两例说明。

4. 从自然现象和日常生活中举出两个胶体聚沉的例子。

实验 28　配　合　物

（一）实验目的

（1）了解几种不同类型的配离子的形成。

（2）比较配离子的稳定性。

（3）试验酸碱平衡、沉淀平衡、氧化还原平衡与配合平衡的相互影响。

（二）实验提要

1. 配合物和配离子的形成

一个 A 离子（或原子）同几个 B 离子（或分子）或几个 B 离子和 C 离子（或分子）以配位键的方式结合起来，形成具有一定特性的复杂化学质点，一般称为配离子或配分子。在任何状态中，凡是由配离子或配分子所组成的化合物，称为配合物。

例如：Cu^{2+}、Ag^+ 和某些中性分子（如 NH_3）配位形成正配离子 $[Cu(NH_3)_4]^{2+}$、$[Ag(NH_3)_2]^+$。又如：Hg^{2+}、Fe^{3+} 和某些负离子（如 I^-、F^-）配位时，则形成负配离子 $[HgI_4]^{2-}$、$[FeF_6]^{3-}$。

2. 配离子的离解平衡

配离子在溶液中也能或多或少地离解成简单离子。例如：$[Cu(NH_3)_4]^{2+}$ 配离子在溶液中存在下列平衡：

$$[Cu(NH_3)_4]^{2+} \rightleftharpoons Cu^{2+} + 4NH_3$$

$$\frac{[Cu^{2+}] \cdot [NH_3]^4}{[Cu(NH_3)_4^{2+}]} = K_{不稳}$$

平衡常数 $K_{不稳}$ 的大小，表示该配离子离解成简单离子的趋势的大小，也就是表示该配离子的不稳定程度，因此称为不稳定常数。

除了可以用不稳定常数表示配离子的不稳定性外，在有的书或文献中，也常用稳定常数。如配离子 $[Cu(NH_3)_4]^{2+}$ 的生成反应为

$$Cu^{2+} + 4NH_3 \rightleftharpoons [Cu(NH_3)_4]^{2+}$$

其平衡常数为

$$K_稳 = \frac{[Cu(NH_3)_4^{2+}]}{[Cu^{2+}] \cdot [NH_3]^4}$$

这个平衡常数越大，则表示 $[Cu(NH_3)_4]^{2+}$ 越稳定。

很明显，稳定常数 $K_稳$ 和不稳定常数 $K_{不稳}$ 之间存在如下关系：

$$K_稳 = \frac{1}{K_{不稳}}$$

使用时应注意，不可混淆。

3. 配合平衡的移动

我们知道，金属离子 M^{n+} 和配位体离子 A^- 生成的配离子 $MA_x^{(n-x)}$ 在水溶液中存在如下平衡：

$$M^{n+} + xA^- \Longrightarrow MA_x^{(n-x)}$$

根据平衡移动原理，改变 M^{n+} 或 A^- 的浓度，会使上述平衡发生移动。例如，向上述溶液中，加入某种试剂使 M^{n+} 生成难溶化合物，或改变 M^{n+} 的氧化态，都会使平衡向左移动。再如，改变溶液的酸度使 A^- 生成难电离的弱电解质，同样也可以使平衡向左移动。此外，如加入某种能与 M^{n+} 生成更稳定配离子的试剂，也会改变上述平衡，使 $MA_x^{(n-x)}$ 遭到破坏。

由此可见，配合平衡与酸碱平衡、沉淀平衡、氧化还原平衡等有密切的关系。

4. 内配合物（螯合物）

内配合物是具有环状结构的配合物，很多金属的内配合物具有特征颜色，并且难溶于水而易溶于有机溶剂中，例如，丁二肟能与 Ni^{2+} 生成鲜红色难溶于水的内配合物，可用作检验 Ni^{2+} 的特征反应。

（三）药品

$CuSO_4$（$0.1mol \cdot L^{-1}$）、氨水（$2mol \cdot L^{-1}$）、丁二酮肟（1%）、$AgNO_3$（$0.1mol \cdot L^{-1}$）、$HgCl_2$（$0.1mol \cdot L^{-1}$）、KI（$0.1mol \cdot L^{-1}$）、$FeCl_3$（$0.2mol \cdot L^{-1}$）、NH_4F（$1mol \cdot L^{-1}$）、酒精、$Fe_2(SO_4)_3$（$0.5mol \cdot L^{-1}$）、HCl（$6mol \cdot L^{-1}$）、NH_4SCN（1%）、NH_4F（10%）、$(NH_4)_2C_2O_4$（饱和）、H_2SO_4（$1mol \cdot L^{-1}$）、$Fe_2(SO_4)_3$（$0.1mol \cdot L^{-1}$）、$NaOH$（$6mol \cdot L^{-1}$）、H_2S（饱和水溶液）、$NaCl$（$0.1mol \cdot L^{-1}$）、KBr（$0.1mol \cdot L^{-1}$）、$Na_2S_2O_3$（$0.5mol \cdot L^{-1}$）、$NiCl_2$（$0.1mol \cdot L^{-1}$）、氨水（$6mol \cdot L^{-1}$）。

（四）实验内容

1. 配离子的形成

（1）正配离子

a. 取约 1mL $0.1mol \cdot L^{-1}$ $CuSO_4$ 溶液，逐滴加入 $2mol \cdot L^{-1}$ 氨水直到最初生成的沉淀溶

解为止。然后加入约 2mL 酒精（为什么?），振荡试管，观察现象，过滤，所得晶体为何物？在漏斗颈下端换放 1 支试管，直接在过滤纸上倒入约 1mL 2mol·L^{-1} 氨水，使晶体溶解，保留此溶液，供下面的实验使用。

b. 在数滴 0.1mol·L^{-1} AgNO$_3$ 溶液中，逐滴加入 2mol·L^{-1} 氨水，注意最初有沉淀生成，后来成为配合物而溶解。

（2）负配离子

a. 取约 0.5mL 0.1mol·L^{-1} HgCl$_2$（有毒!）溶液，逐滴加入 0.1mol·L^{-1} KI 溶液，注意最初有 HgI$_2$ 沉淀生成，后变为配合物而溶解，保留此溶液，供下面的实验使用。

b. 取 3 滴 0.2mol·L^{-1} Fe$_2$(SO$_4$)$_3$ 溶液，然后逐滴加入 6mol·L^{-1} HCl 溶液，观察溶液颜色的变化。再往溶液中加 1 滴 1% NH$_4$SCN 溶液，溶液颜色有何变化？再往溶液中滴加 10% NH$_4$F 溶液，观察溶液颜色能否完全退去？最后往溶液中加几滴饱和 (NH$_4$)$_2$C$_2$O$_4$ 溶液，溶液颜色又有何变化？从溶液的颜色变化，比较这 4 种 Fe(Ⅲ) 配离子的稳定性，并说明这些配离子的转化条件。

[注]：[FeCl$_6$]$^{3-}$，黄色；[FeNCS]$^{2+}$，血红色；[FeF$_6$]$^{3-}$，无色；[Fe(C$_2$O$_4$)$_2$]$^{3+}$，黄色。

2. 酸碱平衡与配合平衡

（1）往试管中加入 1mL 本实验 1(1) a 中所制得的 [Cu(NH$_3$)$_4$]SO$_4$ 溶液，然后逐滴加入 1mol·L^{-1} H$_2$SO$_4$，溶液的颜色有什么变化？是否有沉淀产生？继续加入 H$_2$SO$_4$ 至溶液显酸性，又有什么变化？写出铜氨配离子离解的反应式。

（2）在试管中滴入 0.1mol·L^{-1} Fe$_2$(SO$_4$)$_3$ 溶液，加入 10 滴饱和 (NH$_4$)$_2$C$_2$O$_4$ 溶液，溶液颜色有何变化？生成了什么？加入 2 滴 1% NH$_4$SCN 溶液，溶液颜色有何变化，再向溶液中逐滴加入 6mol·L^{-1} HCl，溶液的颜色有何变化？写出有关的反应式。

（3）取本实验中制得 K$_2$HgI$_4$ 的溶液一半于试管中，逐滴加入 6mol·L^{-1} NaOH 溶液，并振荡试管，观察 [HgI$_4$]$^{2-}$ 被破坏和 HgO 沉淀的生成。

由以上试验，说明酸碱平衡对配合平衡的影响。

3. 沉淀平衡与配合平衡

（1）往本实验 1(1) a 制得的 [Cu(NH$_3$)$_4$]SO$_4$ 溶液中逐滴加入饱和 H$_2$S 溶液，是否有沉淀生成？写出反应式。

（2）往本实验 1(2) a 制得的另一半 K$_2$HgI$_4$ 溶液中，逐滴加入饱和 H$_2$S 溶液，是否有沉淀生成？写出反应式。

（3）在离心试管内加入 0.5mL 0.1mol·L^{-1} AgNO$_3$ 溶液和 0.5mL 0.1mol·L^{-1} NaCl 溶液离心分离，弃去清液，并用少量蒸馏水洗涤沉淀两次，弃去洗涤液，然后加入 2mol·L^{-1} NH$_3$·H$_2$O 至沉淀刚好溶解为止。

往以上实验中加入 1 滴 0.1mol·L^{-1} NaCl 溶液，是否有 AgCl 沉淀生成？再加入 1 滴 0.1mol·L^{-1} KBr 溶液，有无 AgBr 沉淀生成？沉淀是什么颜色？继续加入 KBr 溶液，直至不再产生 AgBr 沉淀为止。离心分离，弃去清液，并用少量蒸馏水洗涤沉淀两次，弃去洗涤液，然后加入 0.5mol·L^{-1} Na$_2$S$_2$O$_3$ 溶液直到沉淀刚好溶解为止。

往以上溶液中加入 1 滴 KBr 溶液，观察是否有 AgBr 沉淀生成？再加入 1 滴 0.1mol·L^{-1} KI 溶液，有没有 AgI 沉淀生成？

由以上实验，讨论沉淀平衡与配合平衡的相互影响。并比较 AgCl、AgBr、AgI 的 K_{sp}

的大小和 $[Ag(NH_3)_2]^+$、$[Ag(S_2O_3)_2]^{3-}$ 的 $K_稳$ 的大小。

4. 氧化还原平衡与配合平衡

在试管中加入 5 滴 0.1mol·L⁻¹KI 溶液和 5 滴 0.1mol·L⁻¹FeCl₃ 溶液，振荡试管，观察溶液颜色的变化，发生了什么反应？再往溶液中逐滴加入饱和 $(NH_4)_2C_2O_4$ 溶液，溶液颜色又有什么变化？又发生了什么反应？写出反应式，并讨论配合平衡对氧化还原平衡的影响。

5. 内配合物的形成

在试管中加入 2 滴 0.1mol·L⁻¹NiCl₂ 溶液及约 1mL 水，再加入数滴 6mol·L⁻¹氨水，使成碱性溶液，然后加入 2～3 滴 1%丁二肟溶液，观察现象。

（五）思考题

1. NH₄SCN 溶液检查不出 K₃[Fe(CN)₆] 溶液中的 Fe³⁺；Na₂S 溶液不能与 K₄[Fe(CN)₆] 溶液的 Fe²⁺ 反应生成 FeS 沉淀，这是否表明这两个配合物的溶液中不存在 Fe³⁺ 和 Fe²⁺？为什么 Na₂S 溶液不能使 K₄[Fe(CN)₆] 溶液产生 FeS 沉淀，而饱和 H₂S 溶液能使铜氨配合物的溶液产生 CuS 沉淀？

2. 已知 $[Ag(S_2O_3)_2]^{3-}$ 比 $[Ag(NH_3)_2]^+$ 稳定，如果把 Na₂S₂O₃ 溶液加到 $[Ag(NH_3)_2]^+$ 溶液中会发生什么变化？

3. 在检出卤素离子混合物中的 Cl⁻ 时，用 2mol·L⁻¹ NH₃·H₂O 处理卤化银沉淀。处理后所得的氨溶液用 HNO₃ 酸化得白色沉淀，或加入 KBr 溶液得黄色沉淀，这两种现象都可以证明 Cl⁻ 的存在，为什么？

实验 29　钛　和　钒

（一）实验目的

（1）了解钛和钒的氧化物、含氧酸的生成和性质。

（2）了解低价钛和钒化合物的生成和性质。

（3）了解钒的各种氧化态化合物的颜色和稳定性。

（二）实验提要

钛是周期系ⅣB族元素。钛的价层电子结构是 3d²4s²，钛的最高氧化数是+4，但也有+3 和+2。

TiO₂ 呈白色，是一种白色颜料，它既不溶于水，也不溶于稀酸和稀碱溶液；与浓硫酸共热时只能缓慢地溶解；与碱共熔形成偏钛酸盐（如 Na₂TiO₂）。

+4 价钛能与过氧化氢在微酸性溶液中，生成橘红色过氧钛酸根离子，即

$$TiO^{2+} + H_2O_2 === TiO_2^{2+} + H_2O$$

+3 价钛可用锌将钛氧酰离子 TiO²⁺ 还原而制得

$$2TiO^{2+} + Zn + 4H^+ === 2Ti^{3+} + Zn^{2+} + 2H_2O$$

水合的+3 价钛离子 $[Ti(H_2O)_6]^{3+}$ 呈紫色，很不稳定，+3 价钛具有较强的还原性，例如+3 价钛能将+2 价铜还原为+1 价：

$$2Ti^{3+} + 2Cu^{2+} + 2Cl^- + 2H_2O === Cu_2Cl_2 \downarrow + 2TiO^{2+} + 4H^+$$

钒是周期系ⅤB族元素。钒原子的价层电子结构是 3d³4s²。钒的最高氧化数是+5，也

有氧化数为＋4、＋3、＋2的化合物。

V_2O_5 是橙黄色或红棕色的晶体，微溶于水，具有两性，能溶于强酸中形成钒酰离子 VO_2^+（黄色），也能溶于强碱溶液中形成偏钒酸盐：

$$V_2O_5 + H_2SO_4 = (VO_2)_2SO_4 + H_2O$$
$$V_2O_5 + 2NaOH = 2NaVO_3 + H_2O$$

VO_2^+ 有较强的氧化性，在强酸性溶液中能将 Cl^- 氧化为 Cl_2 而本身被还原为蓝色 VO^{2+}，即

$$2VO_2^+ + 4H^+ + 2Cl^- = 2VO^{2+} + Cl_2\uparrow + 2H_2O$$

钒能生成许多低价化合物，例如＋5价的氯化钒酰 VO_2Cl 在酸性溶液中，可以被锌逐步还原为＋4、＋3、＋2价的化合物，而使溶液发生蓝到紫的变化过程，即

$$2VO_2Cl + 4HCl + Zn = 2VOCl_2 + ZnCl_2 + 2H_2O（蓝）$$
$$2VOCl_2 + 4HCl + Zn = 2VCl_3 + ZnCl_2 + 2H_2O（暗绿）$$
$$2VCl_3 + Zn = 2VCl_2 + ZnCl_2（紫）$$

偏钒酸盐也能与过氧化氢在酸性溶液中生成棕红色的过氧钒阳离子 $[V(O_2)]^{3+}$ 的化合物：

$$NH_4VO_3 + H_2O_2 + 4HCl = [V(O_2)]Cl_3 + NH_4Cl + 3H_2O$$

(三) 药品

TiO_2(s)、NH_4VO_3(s)、NaOH（40%，$6mol \cdot L^{-1}$）、$CuCl_2$（$0.2mol \cdot L^{-1}$）、H_2SO_4（浓）、锌粒、HCl（$6mol \cdot L^{-1}$，$2mol \cdot L^{-1}$）、$KMnO_4$（$0.1mol \cdot L^{-1}$）、H_2O_2（3%）。

(四) 实验内容

1. 钛

(1) 二氧化钛的性质

a. 取少量二氧化钛固体，加入 2mL 浓硫酸，加热（注意防止浓硫酸溅出），固体是否溶解？

b. 另取少量二氧化钛固体加入 2mL 40% 氢氧化钠溶液，加热，观察二氧化钛是否溶解？

(2) ＋3价钛的化合物的生成和还原性　1mL 硫酸氧钛溶液中加入一粒锌，观察溶液颜色的变化，把溶液放置几分钟后，倾入少量 $0.2mol \cdot L^{-1}$ 氯化铜溶液中，观察有什么物质生成。根据上述现象，说明＋3价钛离子的还原性。

(3) 过氧钛酸的生成　在 0.5mL 硫酸氧钛溶液中，滴加 3% 过氧化氢溶液，观察反应物的颜色和状态。

2. 钒

(1) 五氧化二钒的生成和性质　取少量偏钒酸铵固体放在坩埚中，用小火加热，并不断搅拌，观察反应过程中，固体颜色的变化以及产物的颜色和状态。然后把分解产物分成四份：在第一份固体中加浓硫酸，加热，观察固体是否溶解？然后把所得的溶液稀释（稀释时，应把含浓硫酸的溶液加入水中），其颜色有什么变化？在第二份固体中，加入 $6mol \cdot L^{-1}$ 氢氧化钠溶液，加热，有何变化？在第三份固体中加入少量蒸馏水，煮沸，待溶液冷却以后，再用 pH 试纸确定溶液的 pH 值。在第四份固体溶液中加入浓盐酸，观察有何变化，煮沸，说明有氯放出，并观察溶液的颜色。再用水稀释溶液，其颜色有什么变化。

(2) 钒的各种氧化态的颜色　在 4mL 氯化氧钒的溶液中加入两粒锌，把溶液放置片刻，

观察反应过程中，溶液的颜色有何变化。将上面得到的紫色溶液分成四份。

在第一份溶液中，仔细滴加 $0.1mol \cdot L^{-1}$ KMnO$_4$，并摇匀，观察颜色的变化（如果溶液酸性不够，可加数滴 $6mol \cdot L^{-1}$ HCl），待生成暗绿色 V^{3+} 时，停止加入 KMnO$_4$。保留溶液以作比较。

在第二份溶液中，同样滴加 $0.1mol \cdot L^{-1}$ KMnO$_4$，待暗绿色出现后，再继续加入 KMnO$_4$ 至生成蓝色的 VO^{2+} 为止，保留溶液以作比较。

在第三份溶液中，滴加 $0.1mol \cdot L^{-1}$ KMnO$_4$ 溶液至出现黄色 VO_2^+ 为止，保留溶液以作比较。将上面三份溶液和第四份溶液作比较，总结钒的各种氧化态颜色。

（3）过氧钒酸的生成　在 0.5mL 饱和钒酸铵溶液中，加入 0.5mL $2mol \cdot L^{-1}$ 盐酸和两滴 3% 过氧化氢溶液，观察反应产物的颜色和状态。

（五）思考题

1. 二氧化钛是否能溶于酸或碱？
2. 过氧钛酸根离子在本实验中是怎样生成的？
3. +3 价钛盐怎样得到？怎样试验它的还原性？
4. 将偏钒酸铵加热可得什么钒化合物？这种钒化合物有哪些主要的性质？
5. 钒的各种氧化态有哪几种颜色？怎样试验？

实验 30　铬　和　锰

（一）实验目的

（1）试验并掌握主要价态铬化合物的性质及相互转化的条件。
（2）试验并掌握主要价态锰化合物的性质及相互转化的条件。
（3）了解铬和锰化合物的氧化还原性与介质的关系。

（二）实验提要

铬和锰分别为周期系 ⅥB、ⅦB 族元素，它们的外层电子结构分别为 3d^{5}4s^1 和 3d^{5}4s^2，它们都有可变的氧化态。主要氧化态：铬有 +2、+3、+6，锰有 +2、+3、+4、+5、+6、+7。

1. 铬

（1）二价铬的化合物　金属铬能溶于热盐酸生成相应的 +2 价铬盐，但很不稳定，迅速被空气中的氧氧化为 +3 价铬盐。

（2）三价铬的化合物　+3 价铬的化合物呈绿色或紫色。氢氧化铬为淡灰绿色。其性质和氢氧化铝非常相近，也是两性化合物，即

$$Cr^{3+}+3OH^- \Longleftrightarrow Cr(OH)_3 \Longleftrightarrow H_2O+HCrO_2 \Longleftrightarrow H^++CrO_2^-+H_2O$$
　（蓝紫色）　　　　　（灰蓝色）　　　　　　　　　（绿色）

+3 价铬盐易水解。在碱性溶液中，+3 价铬盐易被强氧化剂如 Na_2O_2、H_2O_2 等氧化为黄色铬酸盐：

$$2CrO_2^-+3H_2O_2+2OH^-=2CrO_4^{2-}+4H_2O$$

这一反应，常被用来鉴定 Cr^{3+}。

（3）六价铬的化合物

a. 铬酐 CrO_3 是红色针状晶体。可由浓硫酸和 $K_2Cr_2O_7$ 作用制得，CrO_3 是强氧化剂，遇有机物如酒精时，猛烈反应以至着火。

$$4CrO_3 + C_2H_5OH =\!=\!= 2Cr_2O_3 + 3H_2O + 2CO_2\uparrow$$

b. 铬酸盐与重铬酸盐：CrO_3 与水作用生成铬酸 H_2CrO_4 和重铬酸 $H_2Cr_2O_7$，铬酸和铬酸盐呈黄色，重铬酸和重铬酸盐为橙色。它们的盐大部分不溶于水。

在可溶的铬酸盐（K_2CrO_4）和重铬酸盐（$K_2Cr_2O_7$）的溶液中有下列平衡存在：

$$2CrO_4^{2-} + 2H^+ \Longleftrightarrow Cr_2O_7^{2-} + H_2O$$
$$\text{（黄色）} \qquad\qquad \text{（橙色）}$$

+6 价铬的含氧酸盐在酸性溶液中具有强的氧化能力，其中 $K_2Cr_2O_7$ 是常用的氧化剂。饱和 $K_2Cr_2O_7$ 溶液与浓硫酸的混合液（铬酸洗液）常用来洗涤玻璃器皿。

c. 过氧化铬：在酸性溶液中，$Cr_2O_7^{2-}$ 与 H_2O_2 作用生成蓝色过氧化铬 CrO_5，即

$$Cr_2O_7^{2-} + 4H_2O_2 + 2H^+ =\!=\!= 2CrO_5 + 5H_2O$$

这个反应常被用来鉴定 $Cr_2O_7^{2-}$ 或 Cr^{3+}。

2. 锰

锰的各种氧化态化合物有不同的颜色：

氧化数	+2	+3	+4	+5	+6	+7
水合离子	Mn^{2+}	Mn^{3+}	—	MnO_3^-	MnO_4^{2-}	MnO_4^-
颜色	浅粉红	红	—	蓝	绿	紫

+2 价锰的氢氧化物呈白色，显碱性，极易被氧化，在空气中逐渐变为棕色 MnO_2 的水合物，即

$$2Mn(OH)_2 + O_2 =\!=\!= 2[MnO(OH)_2]\downarrow =\!=\!= 2MnO_2\cdot H_2O\downarrow$$

Mn^{2+} 在硝酸溶液中可被 $NaBiO_3$ 等强氧化剂氧化为紫红色的 MnO_4^-。通常利用这个反应来鉴定 Mn^{2+}，即

$$2Mn^{2+} + 14H^+ + 5NaBiO_3 =\!=\!= 2MnO_4^- + 5Na^+ + 5Bi^{3+} + 7H_2O$$

MnO_2 是常用的氧化剂，与浓硫酸作用可分解出氧气：

$$2MnO_2 + 2H_2SO_4 =\!=\!= 2MnSO_4 + 2H_2O + O_2\uparrow \text{（140℃以上）}$$
$$2MnO_2 + 3H_2SO_4 =\!=\!= Mn_2(SO_4)_3 + 3H_2O + 1/2\,O_2\uparrow \text{（140℃以下）}$$

锰酸盐在中性或酸性溶液中很不稳定，发生歧化反应而变成 MnO_4^- 与 MnO_2：

$$3K_2MnO_4 + 2H_2O =\!=\!= 2KMnO_4 + MnO_2\downarrow + 4KOH$$

它只是在强碱性介质中才是稳定的。

$KMnO_4$ 是强氧化剂，它的还原产物随介质不同而不同。例如，MnO_4^- 在酸性介质中，被还原为 Mn^{2+}；在中性介质中，被还原为 MnO_2；而在强碱性介质中和少量还原剂作用时，则仅被还原为 MnO_4^{2-}。

（三）药品

$NaNO_2(s)$、$Na_2SO_3(s)$、$NaBiO_3(s)$、$MnO_2(s)$、$KMnO_4(s)$、$HCl(2mol\cdot L^{-1})$、H_2S（饱和）、$H_2SO_4(1mol\cdot L^{-1}，3mol\cdot L^{-1}，浓)$、$HNO_3(2mol\cdot L^{-1}，6mol\cdot L^{-1})$、酒精、乙醚 $NaOH(0.5mol\cdot L^{-1}，2mol\cdot L^{-1}，6mol\cdot L^{-1})$、$CrCl_3(0.1mol\cdot L^{-1})$、$Na_2S(0.1mol\cdot L^{-1})$、$Na_2SO_3(0.1mol\cdot L^{-1})$、$KMnO_4(0.01mol\cdot L^{-1})$、$MnSO_4(0.05mol\cdot L^{-1}，0.1mol\cdot L^{-1})$、

$AgNO_3$（$0.1mol \cdot L^{-1}$）、$BaCl_2$（$0.1mol \cdot L^{-1}$）、$Pb(NO_3)_2$（$0.1mol \cdot L^{-1}$）、H_2O_2（3%）、$K_2Cr_2O_7$（$0.1mol \cdot L^{-1}$）。

（四）实验内容

1. 三价铬化合物的生成和性质

（1）氢氧化铬（Ⅲ）的生成和性质　往分别盛有 1mL $0.1mol \cdot L^{-1}$ $CrCl_3$ 溶液的两支离心试管中逐滴加入 $2mol \cdot L^{-1}$ NaOH 溶液至沉淀完全。

观察产物的颜色。离心分离，弃去清液，得两份沉淀。在一份沉淀上加入 $2mol \cdot L^{-1}$ HCl，有何变化？往另一份沉淀上加入 $2mol \cdot L^{-1}$ NaOH 溶液，沉淀是否溶解？把所得到的溶液煮沸，又有什么变化？写出反应式，解释上述现象。

（2）三价铬盐的水解　使 $0.1mol \cdot L^{-1}$ Na_2S 溶液与 $0.1mol \cdot L^{-1}$ $CrCl_3$ 溶液作用，证明得到的产物是 $Cr(OH)_3$，而不是 Cr_2S_3，并解释之。

（3）Cr^{3+} 的鉴定　取 $1 \sim 2$ 滴含有 Cr^{3+}（$0.1mol \cdot L^{-1}$ $CrCl_3$）的溶液，加入 $6mol \cdot L^{-1}$ NaOH 使 Cr^{3+} 转化为 CrO_2^- 后，再过量 2 滴，然后加入 3 滴 3% H_2O_2，微热至溶液呈浅黄色，待试管冷却后，加入 0.5mL 乙醚，然后慢慢滴加 $6mol \cdot L^{-1}$ HNO_3 酸化，摇动试管，在乙醚层出现深蓝色（CrO_5），表示有 Cr^{3+} 存在。

2. 六价铬化合物的性质

（1）三氧化铬的生成和性质　在离心试管中加入 2mL 饱和重铬酸钾溶液，放在冷水中冷却，再慢慢加入用水冷却过的浓硫酸，观察反应产物的颜色和状态。分离，弃去溶液，把晶体载至蒸发皿中，往晶体上滴酒精，观察现象，写出反应式。

（2）重铬酸钾的氧化性　将 $0.1mol \cdot L^{-1}$ $K_2Cr_2O_7$ 溶液用 $1mol \cdot L^{-1}$ H_2SO_4 酸化之。分两份：一份加入少量固体 $NaNO_2$；一份加入少量固体 Na_2SO_3。观察各有何变化，写出反应式。

（3）CrO_4^{2-} 和 $Cr_2O_7^{2-}$ 在水溶液中的平衡　往 $K_2Cr_2O_7$ 溶液中加入稀 NaOH 使呈碱性。观察颜色变化，再用稀 H_2SO_4 酸化之，观察变化，写出方程式。

（4）难溶性铬酸盐　在三支试管中各加入 0.5mL $0.1mol \cdot L^{-1}$ $K_2Cr_2O_7$ 溶液，再分别加入 $0.1mol \cdot L^{-1}$ $AgNO_3$ 溶液，$0.1mol \cdot L^{-1}$ $BaCl_2$ 溶液，$0.1mol \cdot L^{-1}$ $Pb(NO_3)_2$ 溶液。观察产物的颜色和状态，写出反应式。

3. 二价锰化合物的性质

（1）氢氧化锰（Ⅱ）的生成和性质　取三支试管，各加几滴 $0.1mol \cdot L^{-1}$ $MnSO_4$ 溶液和 $2mol \cdot L^{-1}$ NaOH 溶液，观察反应物的颜色和状态，写出反应式。然后，将一支试管振荡，使沉淀物与空气接触，观察有何变化？在另一支试管中加入 $2mol \cdot L^{-1}$ HCl 溶液，观察有什么变化？在第三支试管中加入 $2mol \cdot L^{-1}$ NaOH 溶液，观察有什么变化？

（2）硫化锰的生成　往硫酸锰溶液中加入数滴 H_2S 水，观察有何现象？接着再逐滴加入稀碱溶液。观察产物的颜色和状态，写出反应式，并解释之。

（3）二价锰氧化为七价锰　往 3mL $2mol \cdot L^{-1}$ HNO_3 中加入 1 滴 $0.05mol \cdot L^{-1}$ $MnSO_4$ 溶液，再加入少量的 $NaBiO_3$ 固体，稍微加热，观察溶液的颜色有何变化，写出反应式。

4. 四价锰化合物的生成和性质

（1）往 0.5mL $0.1mol \cdot L^{-1}$ 高锰酸钾溶液中加入 $0.1mol \cdot L^{-1}$ 硫酸锰溶液，观察反应的颜色和状态，其反应式为

$$2KMnO_4 + 3MnSO_4 + (n+2)H_2O \rule{1cm}{0.4pt} K_2SO_4 + 5MnO_2 \cdot nH_2O \downarrow + 2H_2SO_4$$

（2）往 1mL 浓 H_2SO_4 中加入少量二氧化锰固体，加热之，观察反应产物的颜色和状态，并用火柴余烬检验气体产物。继续加热至无气体放出。冷却后加入少量水，观察溶液颜色及状态，反应式为

$$2MnO_2(s) + 2H_2SO_4 \xrightarrow{\triangle} 2MnSO_4 + O_2\uparrow + 2H_2O$$

5. 七价锰化合物的性质

（1）高锰酸钾的热分解　在一支试管中加入少量 $KMnO_4$ 固体，加热，观察反应现象，并用火柴余烬检验气体产物。继续加热至无气体放出，冷却后加入少量水，观察溶液的颜色。反应式是

$$2KMnO_4 \xrightarrow{200℃以上} MnO_2 + K_2MnO_4 + O_2\uparrow$$

（2）高锰酸钾在不同介质中的氧化性

a. 往 0.5mL 0.1mol·L^{-1} Na_2SO_3 溶液中加入 0.5mL 1mol·L^{-1} H_2SO_4，再加入几滴 0.01mol·L^{-1} $KMnO_4$ 溶液，观察反应物的颜色和状态，写出反应式。

b. 用 0.5mL 蒸馏水代替 1mol·L^{-1} H_2SO_4 溶液，进行同样的试验和观察，并写出反应式。

c. 用 0.5mL 6mol·L^{-1} NaOH 溶液代替 H_2SO_4 溶液，进行同样的试验和观察，写出反应式。

根据以上三个实验的结果，比较它们的产物有何不同。

（五）思考题

1. 怎样从实验中确定 $Cr(OH)_3$ 是两性氢氧化物？

2. 在本实验中，如何实现 $Cr^{3+} \rightarrow Cr^{6+} \rightarrow Cr^{3+}$ 的转化？

3. 怎样用生成过氧化铬的方法来鉴定 Cr^{3+} 的存在？

4. 本实验中 Mn^{2+}、MnO_2、MnO_4^- 是在怎样的条件下生成的？

5. $KMnO_4$ 的还原产物与介质有什么关系？

实验 31　铁、钴、镍

（一）实验目的

（1）试验铁、钴、镍氢氧化物的生成和性质。

（2）试验 +2 价铁盐的还原性与 +3 价铁盐的氧化性。

（3）试验铁、钴、镍配合物的生成与性质。

（4）试验 Fe^{2+} 与 Fe^{3+} 的鉴定反应。

（二）实验提要

铁、钴、镍是周期系第Ⅷ族元素次外层电子尚未填满，因此显示出可变的氧化态。它们的性质彼此相似。

$Fe(OH)_2$、$Co(OH)_2$ 和 $Ni(OH)_2$ 均为碱性氢氧化物。它们都有不同的颜色：$Fe(OH)_2$（白色）；$Co(OH)_2$（粉红色）；$Ni(OH)_2$（苹果绿色）。这些化合物可用强碱作用于相应的 +2 价盐溶液而制得。但 $Fe(OH)_2$ 从溶液中析出时，往往得不到纯的 $Fe(OH)_2$，因为 $Fe(OH)_2$ 强烈地吸收空气中的氧，迅速被氧化为绿色到暗棕色的中间产物（即有部分

+2价铁被氧化为+3)，当有足够的氧存在时，会被全部氧化为 $Fe(OH)_3$。$Co(OH)_2$ 则比较慢地被氧化为褐色的 $Co(OH)_3$，$Ni(OH)_2$ 在空气中很稳定，只有强氧化剂如 Cl_2 存在时才能把它氧化为 $Ni(OH)_3$。铁、钴和镍+3价的氢氧化物都不溶于水。与酸作用显示不同的性质，例如：

$Fe(OH)_3$ 和盐酸作用仅发生中和反应：

$$Fe(OH)_3 + 3HCl \Longrightarrow FeCl_3 + 3H_2O$$

而 $Co(OH)_3$ 与盐酸作用，能把 Cl^- 氧化为 Cl_2，即

$$2Co(OH)_3 + 6HCl \Longrightarrow 2CoCl_2 + Cl_2\uparrow + 6H_2O$$

$Ni(OH)_3$ 和 $Co(OH)_3$ 有同样的反应。

由上述可以看出，+2价铁、钴和镍的氢氧化物具有还原性，而且以 $Fe(OH)_2$、$Co(OH)_2$ 和 $Ni(OH)_2$ 的顺序减弱。+3价氢氧化物具有氧化性，而以 $Fe(OH)_3$、$Co(OH)_3$ 和 $Ni(OH)_3$ 的顺序增强。

铁、钴、镍的盐，+2价具有还原性，+3价具有氧化性。其氧化还原性的强弱顺序与相应的氢氧化物相同。Fe^{2+} 可还原 Cl_2、Br_2 为 Cl^-、Br^-。而 Co^{2+} 和 Ni^{2+} 在一般情况下很稳定。Fe^{3+} 可氧化 I^- 为 I_2，而不能氧化 Cl^- 和 Br^-。Co^{3+} 可氧化 Cl^-，因而 Co^{3+} 的氧化性比 Fe^{3+} 强得多，它在通常情况下只能以固体存在，溶于水即转变为 Co^{2+}。可想而知，+3价镍盐是更不稳定的。

铁、钴和镍都是很好的配合物形成体，可以和许多配合剂形成配合物，而且所形成的配合物多有特殊的颜色，有的反应用来作为鉴定这些元素的特征反应。

+2价钴的配合物很不稳定，易被氧化为+3价钴的配合物，而镍的配合物则以+3价为稳定。

(三) 药品

硫酸亚铁铵(s)、KCl(s)、H_2SO_4(1mol·L^{-1})、HCl(浓)、HAc(6mol·L^{-1})、溴水、正戊醇、$KMnO_4$(0.01mol·L^{-1})、淀粉碘化钾试纸、NaOH(6mol·L^{-1}，2mol·L^{-1})、CCl_4、NH_4Ac(3mol·L^{-1})、$CoCl_2$(0.1mol·L^{-1}，0.5mol·L^{-1})、$NiSO_4$(0.1mol·L^{-1})、$K_4[Fe(CN)_6]$(0.1mol·L^{-1})、$K_3[Fe(CN)_6]$(0.1mol·L^{-1})、$FeSO_4$(0.1mol·L^{-1})、丁二酮肟(酒精溶液)、$FeCl_3$(0.1mol·L^{-1})、NH_4Cl(1mol·L^{-1})、KSCN(0.1mol·L^{-1}，饱和)、KI(0.1mol·L^{-1})、$NaNO_2$(0.1mol·L^{-1})、氨水(浓)。

(四) 实验内容

1. 铁、钴、镍氢氧化物的制备和性质

(1) +2价铁、钴、镍氢氧化物的制备和性质

a. $Fe(OH)_2$ 的制备和性质：在试管中加入 2mL 水，加入 1～2 滴 1mol·L^{-1} H_2SO_4 酸化。煮沸以赶尽溶于其中的空气，然后加入少量的硫酸亚铁铵晶体，并使其溶解。在另一试管中加入 1mL 6mol·L^{-1} NaOH 溶液，煮沸，以赶尽空气，冷却后，用滴管吸取 0.5mL 该 NaOH 溶液，插入硫酸亚铁铵溶液（直至试管底部）内，慢慢放入 NaOH 溶液（整个操作要避免将空气带进溶液中），观察产物颜色和状态。然后摇匀，静置片刻，观察有何变化。写出反应式。

b. $Co(OH)_2$ 的制备和性质：往少量 0.1mol·L^{-1} $CoCl_2$ 溶液中滴加 2mol·L^{-1} NaOH，观察发生的现象。将试管不断振荡并微热，观察沉淀颜色的变化。将沉淀分为三份：两份试验 $Co(OH)_2$ 的酸碱性；一份静置一段时间，观察有何变化。解释现象，并写出反应式。

c. Ni(OH)₂ 的制备和性质：往少量 0.1mol·L⁻¹ NiSO₄ 溶液中，滴加 2mol·L⁻¹ NaOH。
观察现象，检验 Ni(OH)₂ 的酸碱性，并观察 Ni(OH)₂ 在空气中放置时颜色是否发生变化。

根据以上实验结果，作出＋2 价铁、钴、镍的氢氧化物的酸碱性和还原性的结论。

（2）＋3 价铁、钴、镍氢氧化物的制备和性质

a. Fe(OH)₃ 的制备：在 0.1mol·L⁻¹ FeCl₃ 溶液中，滴加 2mol·L⁻¹ NaOH，观察沉淀的颜色和状态，离心分离，保留沉淀。

b. Co(OH)₃ 的制备：往 0.1mol·L⁻¹ CoCl₂ 溶液中，加入几滴溴水和 2mol·L⁻¹ NaOH 溶液，观察沉淀的颜色，离心分离，保留沉淀。

同样方法用 NiSO₄ 溶液制备 Ni(OH)₃。

c. ＋3 价铁、钴、镍氢氧化物的氧化性：往上面制得的 Fe(OH)₃、Co(OH)₃ 和 Ni(OH)₃ 沉淀上加入浓盐酸，观察有何变化？用淀粉碘化钾试纸，检验放出的气体。写出反应式。根据以上实验结果，对＋3 价铁、钴、镍氢氧化物的氧化性作结论。

2. 铁盐的性质

（1）往试管中加入少许 0.1mol·L⁻¹ FeSO₄ 溶液，H₂SO₄ 酸化后，再滴加 0.01mol·L⁻¹ KMnO₄ 溶液，观察并解释现象，写出反应式。

（2）往 0.1mol·L⁻¹ KI 溶液中加入 0.1mol·L⁻¹ FeCl₃ 溶液和 CCl₄，观察并解释现象，写出反应式。

3. 配合物的生成和性质

（1）分别取铁盐、亚铁盐溶液少许，各加入碱溶液，观察现象，并与下述实验比较，写出反应式。

（2）分别试验 0.1mol·L⁻¹ K₄[Fe(CN)₆]（亚铁氰化钾）和 0.01mol·L⁻¹ K₃[Fe(CN)₆]（铁氰化钾）同稀氢氧化钠溶液的作用。

（3）试验

a. 亚铁氰化钾溶液和三氯化铁溶液的作用。

b. 铁氰化钾溶液同硫酸亚铁溶液的作用。

前者是鉴定 Fe³⁺ 的反应，后者是鉴定 Fe²⁺ 的反应。

c. 往三氯化铁溶液中加入硫氰化钾溶液，观察现象，写出反应式。这也是鉴定 Fe³⁺ 的一种常用的方法。

（4）钴的配合物

a. 在少量氯化钴（Ⅱ）溶液中加入 0.5mL 正戊醇，再滴加饱和的 KSCN 溶液，振荡，观察水相和有机相的颜色变化。这个反应可用来鉴定 Co²⁺。

b. 往试管中加入少量 CoCl₂ 溶液，用 6mol·L⁻¹ HAc 酸化后，再加入少许氯化钾固体和少量 NaNO₂ 溶液，微热之，观察黄色晶体的形成。该反应既可用来查出 Co²⁺，也可用来查出 K⁺。

c. 在 0.5mol·L⁻¹ CoCl₂ 溶液中，加入几滴 1mol·L⁻¹ NH₄Cl 溶液和过量的氨水，观察二氯化六氨合钴 [Co(NH₃)₆]Cl₂ 溶液的颜色。静置片刻观察颜色的改变。

$$Co^{2+}+6NH_3 = [Co(NH_3)_6]^{2+}$$
$$4[Co(NH_3)_6]^{2+}+O_2+2H_2O = 4[Co(NH_3)_6]^{3+}+4OH^-$$

（5）镍的配合物

a. 往少量硫酸镍溶液中逐滴加入浓氨水至生成的沉淀刚好溶解为止。观察反应产物的

颜色。然后把溶液分成四份。往两份溶液中分别加入 $2mol \cdot L^{-1}$ NaOH 溶液和 $1mol \cdot L^{-1}$ H_2SO_4 溶液，观察有何变化。把另一份溶液加水稀释，是否有沉淀生成？最后一份溶液煮沸，观察有何变化。综合实验结果，说明镍氨配合物的稳定性。

$$2NiSO_4 + 2NH_3 + 2H_2O \Longrightarrow Ni_2(OH)_2SO_4 \downarrow + (NH_4)_2SO_4$$

$$Ni_2(OH)_2SO_4 + (NH_4)_2SO_4 + 10NH_3 \cdot H_2O \Longrightarrow 2[Ni(NH_3)_6]SO_4 + 12H_2O$$

$$[Ni(NH_3)_6]SO_4 + 3H_2SO_4 \Longrightarrow NiSO_4 + 3(NH_4)_2SO_4$$

$$[Ni(NH_3)_6]SO_4 + 2NaOH \Longrightarrow Ni(OH)_2 \downarrow + Na_2SO_4 + 6NH_3 \uparrow$$

$$2[Ni(NH_3)_6]SO_4 + 2H_2O \Longrightarrow Ni_2(OH)_2SO_4 \downarrow + 10NH_3 \uparrow + (NH_4)_2SO_4$$

$$2[Ni(NH_3)_6]SO_4 + 2H_2O \overset{\triangle}{\Longrightarrow} Ni_2(OH)_2SO_4 \downarrow + 10NH_3 \uparrow + (NH_4)_2SO_4$$

b. 在试管中加入几滴 $NiSO_4$ 溶液和两滴 $3mol \cdot L^{-1}$ NH_4Ac 溶液，混匀后，再加入两滴丁二酮肟（双名二乙酰二肟）的酒精溶液，即生成鲜红色沉淀。此反应用于鉴定 Ni^{2+} 的存在。

（五）思考题

1. 如何制备 +2 价和 +3 价铁、钴、镍的氢氧化物？本实验中试验它们的哪些性质？

2. 怎样试验 +2 价铁盐的还原性和 +3 价铁盐的氧化性？

3. 在碱性介质中氯水能把二价钴氧化成三价钴，而在酸性介质中，三价钴又能把氯离子氧化成氯气，二者有无矛盾？为什么？

4. 如何鉴定 Fe^{2+}、Fe^{3+}、Co^{2+}、Ni^{2+}？

实验 32　锌、镉、汞

（一）实验目的

(1) 了解锌、镉、汞氢氧化物和氧化物的生成和性质。

(2) 了解锌、镉、汞硫化物的生成和性质。

(3) 了解锌、镉、汞配合物的生成和性质。

(4) 了解汞的难溶化合物的生成及 +2 价汞和 +1 价汞的平衡。

(5) 了解 Zn^{2+}、Cd^{2+}、Hg^{2+} 的鉴定方法。

（二）实验提要

锌、镉、汞是 ⅡB 族元素，在化合物中锌和镉的氧化数一般是 +2，汞的氧化数除 +2 外还有 +1。

氢氧化锌呈两性，氢氧化镉呈碱性。汞（Ⅱ）的氢氧化物易脱水，转变为黄色 HgO。汞（Ⅰ）的氢氧化物易脱水，转变为黑色的 Hg_2O，但 Hg_2O 不稳定，易分解为 HgO 和 Hg。

Zn^{2+}、Cd^{2+} 和 Hg^{2+} 与 S^{2-} 作用生成难溶的硫化物沉淀。ZnS 可溶于稀酸，CdS 则溶于较浓的酸中，HgS 仅能溶于王水。

$$3HgS + 2NO_3^- + 6Cl^- + 8H^+ \Longrightarrow 3HgCl_2 + 2NO \uparrow + 3S \downarrow + 4H_2O$$

形成配合物是 Zn^{2+}、Cd^{2+} 和 Hg^{2+} 的特性，Zn^{2+}、Cd^{2+} 与过量的氨水反应时分别生成配位离子 $[Zn(NH_3)_4]^{2+}$ 和 $[Cd(NH_3)_6]^{2+}$。Hg^{2+} 与 KI 溶液作用，先生成红色 HgI_2 沉

淀，加入过量 KI 溶液则转变为 $[HgI_4]^{2-}$，与 KSCN 溶液作用生成白色 $Hg(SCN)_2$ 沉淀，若 KSCN 过量，则生成 $[Hg(SCN)_4]^{2-}$。

Hg_2^{2+} 与 NaCl 作用，生成白色的 Hg_2Cl_2 沉淀，称为甘汞。

Hg^{2+} 和过量氨水作用，在没有大量 NH_4^+ 存在时，不生成配位离子，而生成白色沉淀，即

$$HgCl_2 + 2NH_3 \Longrightarrow HgNH_2Cl\downarrow + NH_4Cl$$
$$（白色）$$
$$2Hg(NO_3)_2 + 4NH_3 + H_2O \Longrightarrow HgO \cdot HgNH_2NO_3\downarrow + 3NH_4NO_3$$
$$（白色）$$

给汞（+2）盐溶液中加入金属汞和 NaCl 溶液，则有白色的 Hg_2Cl_2（甘汞）沉淀生成，即

$$Hg^{2+} + Hg + 2Cl^- \Longrightarrow Hg_2Cl_2\downarrow$$

一价汞，在一定条件下会发生歧化反应，转为二价汞和金属汞：

$$Hg_2I_2 + 2I^- \Longrightarrow [HgI_4]^{2-} + Hg\downarrow$$
$$Hg_2Cl_2 + 2NH_3 \Longrightarrow HgNH_2Cl\downarrow + Hg\downarrow + NH_4Cl$$
$$（白色）　　　（黑色）$$
$$2Hg_2(NO_3)_2 + 4NH_3 + H_2O \Longrightarrow HgO \cdot HgNH_2NO_3 + 2Hg\downarrow + 3NH_4NO_3$$
$$（白色）　　　　（黑色）$$

Zn^{2+} 可借与二苯硫腙反应生成粉红色螯合物来鉴定。

Cd^{2+} 与 H_2S 饱和溶液反应生成黄色 CdS，这个反应可用来鉴定 Cd^{2+} 的存在。

Hg^{2+} 可借与 $SnCl_2$ 反应来鉴定，反应先生成白色沉淀，加入过量 $SnCl_2$ 生成灰黑色的金属汞。

（三）药品

Hg_2Cl_2(s)、HCl（2mol·L^{-1}，6mol·L^{-1}，浓）、HNO$_3$（浓）、$(NH_4)_2S$（0.2mol·L^{-1}）、NaOH（2mol·L^{-1}，6mol·L^{-1}）、氨水（2mol·L^{-1}，6mol·L^{-1}）、$SnCl_2$（0.1mol·L^{-1}）、KI（0.1mol·L^{-1}）、$Hg_2(NO_3)_2$（0.1mol·L^{-1}）、KSCN（0.1mol·L^{-1}）、H_2S 饱和溶液、NH_4Cl（2mol·L^{-1}）、HAc（2mol·L^{-1}）、NaAc（0.2mol·L^{-1}）、NaCl（0.1mol·L^{-1}）、$Zn(NO_3)_2$（0.1mol·L^{-1}）、$Cd(NO_3)_2$（0.1mol·L^{-1}）、$Hg(NO_3)_2$（0.1mol·L^{-1}）、二苯硫腙溶液、$HgCl_2$（0.1mol·L^{-1}）、$AgNO_3$（0.1mol·L^{-1}）、$CoCl_2$（0.1mol·L^{-1}）、汞。

（四）实验内容

1. 锌、镉、汞氢氧化物的生成和性质

（1）往 4～5mL 0.1mol·L^{-1} $Zn(NO_3)_2$ 溶液中，注入 2mol·L^{-1} NaOH 溶液，将所得白色 $Zn(OH)_2$ 沉淀分成四份，分别与 NH_4Cl 溶液、稀 HCl 和过量的 NaOH 作用；最后一份加热至干，分解成浅黄色的 ZnO（冷时为白色）。观察各反应结果并加以解释。

（2）往 4～5mL 0.1mol·L^{-1} $Cd(NO_3)_2$ 溶液中加入 2mol·L^{-1} NaOH 溶液，有 $Cd(OH)_2$ 白色沉淀生成，将此沉淀分成三份，其中两份分别与稀 HCl、过量的 NaOH 作用，最后一份加热至干，分解为棕黄色的 CdO。观察各反应结果并加以解释。

（3）往少量 0.1mol·L^{-1} $Hg(NO_3)_2$ 溶液中，加入 NaOH 溶液，立即生成黄色 HgO 沉淀。分别试验 HgO 与稀 HCl 及 NaOH 溶液的反应。

根据以上实验结果比较锌、镉、汞氢氧化物的稳定性及酸碱性的强弱。

2. 硫化物

(1) 于 3～4mL $Zn(NO_3)_2$ 溶液中，加入 $(NH_4)_2S$ 水溶液，有白色 ZnS 沉淀生成。离心分离，弃去清液。将此沉淀分为三份，分别试验其与 $2mol \cdot L^{-1}$ HCl、HAc 及 NaOH 溶液的作用。

以 H_2S 水溶液代替 $(NH_4)_2S$ 进行上次实验，若有沉淀生成将其过滤。于滤液中加入 NaAc 溶液，观察所发生的现象。

根据此实验结果，说明 ZnS 在何种介质中沉淀得较完全？

(2) 于 3～4mL $Cd(NO_3)_2$ 溶液中，加入 H_2S 水溶液，将生成的黄色沉淀分成三份，分别试验其与浓 HCl、$2mol \cdot L^{-1}$ HCl 及 HAc 的作用。解释所发生的现象。

(3) 于 $Hg(NO_3)_2$ 溶液中加入 H_2S 水溶液。最先生成白色沉淀，继续加入 H_2S 水，沉淀由白色变为棕色，最后生成黑色 HgS 沉淀。将此沉淀分为三份，分别试验其与浓 HCl、浓 HNO_3 及王水（王水为 3 体积浓 HCl 与 1 体积浓 HNO_3 的混合溶液）的反应。

3. 锌、镉、汞的配合物

(1) 于 2～3mL $Zn(NO_3)_2$ 溶液中，逐滴加入浓氨水，最先生成白色 $Zn(OH)_2$ 沉淀。继续加入氨水，此沉淀溶解并生成 $[Zn(NH_3)_4]^{2+}$。将所得溶液分成两份：于一份中逐滴加入稀 HCl，观察 $Zn(OH)_2$ 重新沉淀，继续加 HCl，$Zn(OH)_2$ 又溶解为 Zn^{2+}；另一份溶液加热，析出 $Zn(OH)_2$ 沉淀。解释所发生的现象。

(2) 以镉盐代替锌盐溶液，重复上述实验，并与之比较。

(3) 于少量 $0.1mol \cdot L^{-1}$ $HgCl_2$ 溶液中，逐滴加入 KI 溶液，直到最初生成的红色 HgI_2 沉淀溶解为止，然后加入 $AgNO_3$ 溶液，即有黄色 $Ag_2[HgI_4]$ 配合物生成。

(4) 于 $HgCl_2$ 溶液中，加入 KSCN 溶液，先有白色 $Hg(NCS)_2$ 沉淀生成，再加入过量的 KSCN，沉淀即溶解生成无色的 $[Hg(NCS)_4]^{2-}$。于此溶液中分别加入锌盐及钴盐，可得白色的 $Zn[Hg(NCS)_4]$ 及蓝色的 $Co[(NCS)_4]$ 沉淀。此反应可鉴定 Zn^{2+} 和 Co^{2+} 的存在。

4. 难溶汞盐的生成

(1) 于 $Hg_2(NO_3)_2$ 溶液中，加入 NaCl 溶液，立即有白色 Hg_2Cl_2 沉淀生成。

(2) 于 $HgCl_2$ 溶液中，加入 $2mol \cdot L^{-1}$ 氨水，即有白色 $HgNH_2Cl$ 沉淀生成，加入过量的氨水，沉淀是否溶解？

(3) 于 $Hg(NO_2)_2$ 溶液中，加入 $6mol \cdot L^{-1}$ 氨水，即有白色 $HgO \cdot HgNH_2NO_3$ 沉淀生成，加入过量氨水，沉淀是否溶解？

5. 溶液中 +2 价汞与 +1 价汞的平衡

(1) 于 $Hg_2(NO_3)_2$ 溶液中，注入 KI 溶液，先生成黄绿色 Hg_2I_2 沉淀。加入过量 KI，此沉淀即溶解，同时发生自身氧化还原反应，即有 $[HgI_4]^{2-}$ 与金属汞生成。

(2) 使少量固体 Hg_2Cl_2 与稀氨水作用，观察现象写出反应式。

(3) 往两支试管中，分别注入少量 $Hg(NO_3)_2$ 溶液。一支中滴入少量 Hg，再加入 NaCl 溶液，直到白色 Hg_2Cl_2 沉淀生成为止；另一支中直接加入 NaCl 溶液，则得不到沉淀。解释此现象。

6. Zn^{2+}、Cd^{2+}、Hg^{2+} 的鉴定

(1) Zn^{2+} 的鉴定：往 5 滴 $0.1mol \cdot L^{-1}$ $Zn(NO_3)_2$ 溶液中加入 5 滴 $6mol \cdot L^{-1}$ NaOH，再加入 10 滴二苯硫腙，搅拌，并在水浴上加热。水溶液呈红色表示有 Zn^{2+} 存在。CCl_4 层由

绿色变为棕色。

（2）往 10 滴 $0.1mol\cdot L^{-1}$ $Cd(NO_3)_2$ 溶液中，加入 H_2S 饱和溶液，若有黄色 CdS 沉淀生成，表示有 Cd^{2+} 存在。

（3）往 10 滴 $HgCl_2$ 溶液中，滴加 $0.1mol\cdot L^{-1}$ $SnCl_2$ 溶液，先有白色 Hg_2Cl_2 沉淀生成，再加入过量的 $SnCl_2$，则转变为灰黑色的汞沉淀，表示有 Hg^{2+} 存在。写出反应式。

（五）思考题

1. $Zn(OH)_2$ 和 $Cd(OH)_2$ 是否都能溶于酸和碱中？将 NaOH 加到汞盐溶液中，会得到什么？

2. 往 $Zn(NO_3)_2$ 和 $Cd(NO_3)_2$ 溶液中，各加入少量氨水和过量氨水，各产生什么？往 $Hg(NO_3)_2$ 溶液中加入氨水，是否能得到氨的配位化合物？

3. 往 $Hg(NO_3)_2$ 和 $Hg_2(NO_3)_2$ 溶液中各加入少量 KI 溶液和过量 KI 溶液，将分别产生什么？

4. 怎样鉴定 Zn^{2+}、Cd^{2+} 和 Hg^{2+}？

实验 33　铜　和　银

（一）实验目的

（1）了解铜、银氢氧化物的生成和性质。

（2）了解铜、银配合物的生成和性质。

（3）了解硫化物的生成和性质。

（4）了解 Cu^{2+} 和 Ag^+ 的氧化性。

（5）了解 Cu^{2+} 和 Ag^+ 的鉴定方法。

（二）实验提要

铜、银周期系ⅠB族元素。在化合物中，铜的氧化数通常是 +2，但也有 +1，银的氧化数一般是 +1。

淡蓝色的 $Cu(OH)_2$ 微显两性，在加热时容易脱水分解为黑色 CuO。黄橙色 CuOH 沉淀，加热时转变为橙红色的 Cu_2O 沉淀。AgOH 极易脱水，在常温下，制得的 AgOH 很不稳定，立即脱水转变为棕色 Ag_2O。

形成配合物是 Cu^{2+}、Cu^+ 与 Ag^+ 的特性。Cu^{2+} 与过量的氨水作用时生成深蓝色的 $[Cu(NH_3)_4]^{2+}$，Ag^+ 与过量的氨水作用形成 $[Ag(NH_3)_2]^+$。

Cu^{2+} 具有氧化性，与 I^- 反应时生成 CuI 沉淀：

$$2Cu^{2+} + 4I^- \Longrightarrow Cu_2I_2\downarrow + I_2\downarrow$$

Cu_2I_2 能溶于过量的 KI 中，生成 CuI_2^- 配离子。Cu_2I_2 也能溶于 KSCN，生成 $[Cu(NCS)_2]^-$ 配离子。这两种配离子溶液稀释时，又分别沉淀为 Cu_2I_2 和 $Cu_2(NCS)_2$。

将 $CuCl_2$ 溶液和铜屑加入到浓 HCl 中，加热可得到深棕色配离子 $CuCl_2^-$ 的溶液，稀释后，有 CuCl 沉淀生成：

$$Cu^{2+} + Cu + 2HCl \Longrightarrow 2[CuCl_2]^- + 2H^+$$

$$CuCl_2^- \Longrightarrow CuCl\downarrow + Cl^-$$

由于银是不活泼金属，因此 Ag^+ 是氧化剂，如果在 $AgNO_3$ 的氨水溶液中加入葡萄糖或甲醛，则葡萄糖和甲醛被氧化，而 Ag^+ 被还原为 Ag。这个方法可用来制备银镜：

$$2[Ag(NH_3)_2]^+ + C_6H_{12}O_6 + 2OH^- =\!=\!= 2Ag\downarrow + C_6H_{12}O_7 + 4NH_3\uparrow + H_2O$$
$$\text{（葡萄糖）} \qquad\qquad \text{（葡萄糖酸）}$$

卤化银难溶于水，但可通过形成配合物使之溶解：

$$AgCl + 2NH_3 =\!=\!= [Ag(NH_3)_2]^+ + Cl^-$$
$$AgBr + 2S_2O_3^{2-} =\!=\!= [Ag(S_2O_3)_2]^{3-} + Br^-$$

Cu^{2+}、Ag^+ 与 S^{2-} 均能生成黑色难溶硫化物沉淀，不溶于浓盐酸中，能溶于浓硝酸中，即

$$3CuS + 8HNO_3 =\!=\!= 3Cu(NO_3)_2 + 4H_2O + 2NO\uparrow + 3S\downarrow$$
$$3Ag_2S + 8HNO_3 =\!=\!= 6AgNO_3 + 2NO\uparrow + 4H_2O + 3S\downarrow$$

在硫酸铜溶液中，加入硫代硫酸钠溶液，加热，能生成黑色 Cu_2S 沉淀：

$$2Cu^{2+} + 2S_2O_3^{2-} + 2H_2O =\!=\!= Cu_2S\downarrow + S\downarrow + 2SO_4^{2-} + 4H^+$$

在分析化学中常用此反应除去铜。

Cu^{2+} 能与 $K_4[Fe(CN)_6]$ 反应生成红棕色沉淀，这个反应可用来鉴定 Cu^{2+}。Fe^{3+} 的存在能与 $K_4[Fe(CN)_6]$ 反应生成蓝色沉淀，它干扰 Cu^{2+} 的鉴定。因而要加氨水与 NH_4Cl 溶液使 $Fe(OH)_3$ 沉淀而除去，Cu^{2+} 与 NH_3 作用形成可溶性的配离子而留在溶液中。

（三）药品

HCl（$2mol\cdot L^{-1}$，浓）、HNO_3（$2mol\cdot L^{-1}$）、H_2S（饱和）、KI（$0.1mol\cdot L^{-1}$，饱和）、$NaOH$（$2mol\cdot L^{-1}$，$6mol\cdot L^{-1}$）、$K_4[Fe(CN)_6]$（$0.1mol\cdot L^{-1}$）、$CuSO_4$（$0.1mol\cdot L^{-1}$）、氨水（$2mol\cdot L^{-1}$，$6mol\cdot L^{-1}$）、$CuCl_2$（$1mol\cdot L^{-1}$）、$AgNO_3$（$0.1mol\cdot L^{-1}$）、铜屑、$KSCN$（饱和）、KBr（$0.1mol\cdot L^{-1}$）、$Na_2S_2O_3$（$0.1mol\cdot L^{-1}$）、$NaCl$（$0.1mol\cdot L^{-1}$）、葡萄糖（10%）。

（四）实验内容

1. 铜、银氢氧化物的生成与性质

（1）往试管中加入少许 $0.1mol\cdot L^{-1}CuCl_2$ 溶液与 $2mol\cdot L^{-1}NaOH$ 溶液，观察沉淀的颜色与状态。将沉淀分为三份，分别试验对稀酸、浓碱及热的稳定性。

（2）往试管中加入少许 $0.1mol\cdot L^{-1}AgNO_3$ 溶液与 $2mol\cdot L^{-1}NaOH$ 溶液，观察沉淀的颜色和状态，保留沉淀。

（3）往试管中加入 $1\sim2mL$ $0.1mol\cdot L^{-1}CuSO_4$ 溶液，再加入过量的 $3mol\cdot L^{-1}NaOH$ 溶液与少量固体葡萄糖。放置，观察橙黄色 $CuOH$ 沉淀的生成，而后转变成橙红色的 Cu_2O 沉淀。将沉淀用水洗净分为两份，分别试验其对浓氨水、浓盐酸的作用，则生成铜（+1）的无色配合物：$[Cu(NH_3)_4]OH$ 和 $HCuCl_2$（H_2CuCl_3，H_3CuCl_4）。主要化学反应方程式是：

$$2CuSO_4 + C_6H_{12}O_6 + 4NaOH =\!=\!= 2CuOH\downarrow + C_6H_{12}O_7 + H_2O + 2Na_2SO_4$$
$$\text{（葡萄糖）} \qquad\qquad \text{（葡萄糖酸）}$$

$$2CuOH =\!=\!= Cu_2O + H_2O$$

2. 铜、银硫化物的生成和性质

（1）在 5 滴 $0.1mol\cdot L^{-1}CuSO_4$ 溶液中，加入 H_2S 水，即有黑色 CuS 沉淀生成。试验 CuS 在浓盐酸、浓硝酸中的溶解作用，并解释。

（2）在 5 滴 $0.1mol\cdot L^{-1}AgNO_3$ 溶液中，加入 H_2S 水，即析出黑色 Ag_2S 沉淀，试验在

浓盐酸、热浓硝酸中的溶解作用，并解释。

3. 铜、银配合物

(1) 用上述实验方法制备少量 $Cu(OH)_2$ 沉淀，离心沉降，弃去清液，再加入少许 $2mol \cdot L^{-1}$ 氨水，观察沉淀是否溶解，写出反应式。

(2) 将上述实验制得的 Ag_2O 沉淀离心沉降，弃去清液，试验沉淀是否能溶于 $2mol \cdot L^{-1}$ 氨水中。写出反应式。

(3) 往试管中加入几滴 $0.1mol \cdot L^{-1}$ $AgNO_3$ 溶液和 $0.1mol \cdot L^{-1}$ $NaCl$ 溶液，将生成的 $AgCl$ 沉淀离心沉降，弃去清液，试验沉淀是否溶于 $2mol \cdot L^{-1}$ 氨水中，并写出反应方程式。

(4) 往试管中加入几滴 $0.1mol \cdot L^{-1}$ $AgNO_3$ 溶液和 $0.1mol \cdot L^{-1}$ KBr 溶液，观察沉淀的颜色。离心沉降，弃去清液，在沉淀中加入 $0.1mol \cdot L^{-1}$ $Na_2S_2O_3$ 溶液，观察沉淀是否溶解。

4. 铜、银化合物的氧化还原性

(1) +1 价铜的化合物生成和性质

a. 在 10 滴 $1mol \cdot L^{-1}$ $CuCl_2$ 溶液中，加入 10 滴浓盐酸，再加入少许铜屑，加热至沸，待溶液至深棕色时，停止加热，用滴管吸出少量溶液，加入盛有半杯水的小烧杯中，观察是否有白色沉淀生成？解释现象，写出反应方程式。

b. 在 5 滴 $0.1mol \cdot L^{-1}$ $CuSO_4$ 溶液中加入 20 滴 $0.1mol \cdot L^{-1}$ KI 溶液，离心，分离清液和沉淀。检查清液中是否有 I_2 存在。把沉淀洗涤两次，观察沉淀的颜色和状态。

把洗净的沉淀分成两份：一份加入饱和的 KI 溶液至沉淀刚好溶解，取此清液数滴，加水稀释，观察又有沉淀生成；另一份沉淀加入饱和的 $KSCN$ 溶液，至沉淀刚好溶解，然后再用水稀释，观察沉淀的生成。解释以上实验现象，写出每步的反应方程式。

(2) 银镜反应：在一支洁净的试管中加入 2mL $0.1mol \cdot L^{-1}$ $AgNO_3$ 溶液，滴入 1 滴 $NaOH$ 溶液，再逐滴加入 $2mol \cdot L^{-1}$ 氨水直到生成的沉淀刚好溶解为止。然后，再往溶液中加入几滴 10% 葡萄糖溶液，并把试管放在水浴中加热，观察试管壁上生成的银镜（试管壁上的银镜可用 $2mol \cdot L^{-1}$ HNO_3 加热溶解后回收）。写出反应式。

5. Cu^{2+} 与 Ag^+ 的鉴定

(1) Cu^{2+} 的鉴定：Cu^{2+} 可用生成 $[Cu(NH_3)_4]^{2+}$ 的方法来鉴定。但当 Cu^{2+} 的量较少时，可用更灵敏的亚铁氰化钾法鉴定。取 2 滴 $0.1mol \cdot L^{-1}$ $CuSO_4$ 溶液，加入 2 滴 $0.1mol \cdot L^{-1}$ $K_4[Fe(CN)_6]$ 溶液，有红棕色沉淀生成，表示有 Cu^{2+} 存在。

(2) 在试管中加入 5 滴 $0.1mol \cdot L^{-1}$ $AgNO_3$ 溶液，滴加 $2mol \cdot L^{-1}$ HCl 至沉淀完全。离心沉降，弃去清液。沉淀用蒸馏水洗涤一次。然后在沉淀内加过量的氨水，待沉淀溶解后，加 2 滴 $0.1mol \cdot L^{-1}$ KI 溶液，有淡黄色 AgI 沉淀生成，写出反应式。这个实验说明什么问题。

(五) 思考题

1. 将 $Cu(OH)_2$ 加热，将发生什么变化？将 $NaOH$ 溶液加入 $AgNO_3$ 溶液中，是否能得到 $AgOH$？

2. 将氨水分别加入 $CuSO_4$ 和 $AgNO_3$ 溶液中，将产生什么现象？

3. 将 KI 加到 $CuSO_4$ 溶液中，是否会得到 CuI_2？Cu_2I_2 沉淀是否可溶于浓的 KI 溶液中或浓的 $KSCN$ 溶液中？为什么？$CuCl$ 沉淀是否能溶于浓 HCl 中？

4. 怎样鉴定 Cu^{2+} 和 Ag^+？

四 综合实验与设计性实验

此部分实验供已学过并掌握化学基本原理、化学基础知识和实验方法的学生进行综合练习。旨在使学生有更多的独立实验的机会，提高学生综合运用所学知识解决实际问题的能力。本书共安排了 4 个综合性实验和 7 个设计性实验。

实验 34　三草酸合铁（Ⅲ）酸钾的合成、配阴离子组成及电荷数测定

（一）实验目的

（1）了解无机合成中氧化、还原、配位反应等有关原理。

（2）进一步掌握溶解、加热、沉淀、过滤等基本操作。

（3）掌握测定配阴离子组成的原理与方法。

（4）学习标准溶液的配制、标定与计算。

（5）学习离子交换原理与实验技术。

（6）学习用离子选择性电极测定微量氯的原理与方法。

（二）实验原理

三草酸合铁（Ⅲ）酸钾 $K_3[Fe(C_2O_4)_3]\cdot 3H_2O$ 是翠绿色晶体，溶于水而难溶于酒精，是制备负载型活性铁催化剂的主要原料。本实验是以 $Fe(Ⅱ)$ 盐为原料，通过沉淀、氧化还原、配位反应多步转化，最后制得 $K_3[Fe(C_2O_4)_3]\cdot 3H_2O$。主要反应为：

$$FeSO_4 + H_2C_2O_4 + 2H_2O \Longrightarrow FeC_2O_4\cdot 2H_2O + H_2SO_4$$

$$6FeC_2O_4\cdot 2H_2O + 3H_2O_2 + 6K_2C_2O_4 \Longrightarrow 4K_3[Fe(C_2O_4)_3] + 2Fe(OH)_3 + 12H_2O$$

$$2Fe(OH)_3 + 3H_2C_2O_4 + 3K_2C_2O_4 \Longrightarrow 2K_3[Fe(C_2O_4)_3] + 3H_2O$$

$K_3[Fe(C_2O_4)_3]\cdot 3H_2O$ 对光敏感，见光易分解。配阴离子组成可通过化学分析方法进行测定。其中 $C_2O_4^{2-}$ 含量可直接用 $KMnO_4$ 标准溶液在酸性介质中滴定：

$$5C_2O_4^{2-} + 2MnO_4^- + 16H^+ \Longrightarrow 10CO_2 + 2Mn^{2+} + 8H_2O$$

Fe^{3+} 含量可用还原剂 $SnCl_2$ 将它还原为 Fe^{2+}，再用 $KMnO_4$ 标准溶液滴定：

$$2Fe^{3+} + Sn^{2+} \Longrightarrow 2Fe^{2+} + Sn^{4+}$$

为了将 Fe^{3+} 全部还原为 Fe^{2+}，本实验先用 $SnCl_2$ 将大部分 Fe^{3+} 还原，然后用 Na_2WO_4 作指示剂，用 $TiCl_3$ 将剩余的 Fe^{3+} 还原为 Fe^{2+}：

$$Fe^{3+} + Ti^{3+} + H_2O \Longrightarrow Fe^{2+} + TiO^{2+} + 2H^+$$

Fe^{3+} 定量还原为 Fe^{2+} 后，过量一滴 $TiCl_3$ 溶液即可使无色 Na_2WO_4 还原为"钨蓝"（钨的五价化合物），同时过量的 Ti^{3+} 被氧化为 TiO^{2+}。为了消除溶液的蓝色，加入微量 Cu^{2+} 作催化剂，利用水中的溶解氧将"钨蓝"氧化，蓝色消失。然后用 $KMnO_4$ 标准溶液滴定 Fe^{2+}：

$$MnO_4^- + 5Fe^{2+} + 8H^+ \Longrightarrow Mn^{2+} + 5Fe^{3+} + 4H_2O$$

为了避免 Cl^- 存在下发生诱导反应和便于终点颜色的判断，需加入由一定量的 $MnSO_4$、

H_3PO_4 和浓 H_2SO_4 组成的 $MnSO_4$ 溶液，其中 $MnSO_4$ 可防止 Cl^- 对 MnO_4^- 的还原作用，H_3PO_4 可将滴定过程中产生的 Fe^{3+} 配位掩蔽生成无色的 $[Fe(PO_4)_2]^{3-}$ 配阴离子，从而消除 Fe^{3+} 对滴定终点颜色的干扰。

本实验用离子交换法测定配阴离子的电荷数。将一定量的三草酸合铁（Ⅲ）酸钾晶体溶于水，使溶液通过氯型阴离子交换树脂，使三草酸合铁（Ⅲ）酸钾中的配阴离子 X^{z-} 与阴离子树脂上的 Cl^- 进行交换：

$$zRN^+Cl^- + X^{z-} \Longrightarrow (RN^+)_zX + zCl^-$$

将收集交换出来的含 Cl^- 试液，用氯离子选择性电极或滴定法（银量法）测定 Cl^- 的含量，根据下式确定配阴离子的电荷数 z：

$$z = \frac{Cl^- \text{物质的量}}{\text{配合物的物质的量}}$$

（三）器材与试剂

1. 器材

台称、吸滤瓶、布氏漏斗、微孔玻璃漏斗、干燥器、称量瓶、酸式滴定管（50mL）、移液管（10mL）、吸量管（10mL）、容量瓶（100mL、250mL）、分析天平、磁力搅拌器、离子交换柱（φ10～12mm，长 25～30cm 玻璃管）、氯离子选择性电极。

2. 药品

$FeSO_4 \cdot 7H_2O(s)$、H_2SO_4（$3mol \cdot L^{-1}$）、$H_2C_2O_4$（$1mol \cdot L^{-1}$）、$K_2C_2O_4$（饱和）、H_2O_2（3%）、$Na_2C_2O_4$（基准）、$KMnO_4(s)$、HCl（$6mol \cdot L^{-1}$）、$SnCl_2$（5%）、$NaCl$（$1mol \cdot L^{-1}$）、$TiCl_3$（6%）、$CuSO_4$（0.4%）、Na_2WO_4（2.5%）、国产 717 型强碱性阴离子交换树脂。

$MnSO_4$ 溶液：称取 $45g$ $MnSO_4$ 溶于 $500mL$ 水中，缓慢加入 $130mL$ 浓 H_2SO_4，再加入 $300mL$ 85% H_3PO_4，稀释到 1L。

离子强度调节缓冲液（TISAB，$1mol \cdot L^{-1} NaNO_3$ 溶液滴加 HNO_3 调节到 pH＝2～3 而成）。

（四）实验步骤

1. $K_3[Fe(C_2O_4)_3] \cdot 3H_2O$ 的合成

（1）称取 $4g$ $FeSO_4 \cdot 7H_2O$ 晶体于烧杯中，加入 $15mL$ 去离子水和数滴 $3mol \cdot L^{-1} H_2SO_4$ 酸化，加热使其溶解。然后加入 $20mL$ $1mol \cdot L^{-1} H_2C_2O_4$，加热至沸腾，且不断进行搅拌，静置，待黄色 $FeC_2O_4 \cdot 2H_2O$ 晶体沉淀后，倾析弃去上层清液，晶体用少量去离子水洗涤 2～3 次。

（2）在盛有黄色晶体 $FeC_2O_4 \cdot 2H_2O$ 的烧杯中，加入 $10mL$ 饱和 $K_2C_2O_4$ 溶液，加热 40℃左右，慢慢滴加 $20mL$ 3% H_2O_2，并不断搅拌。此时沉淀转化为黄褐色（何物？），将溶液加热至沸腾以去除过量 H_2O_2（为什么要去除？），并分两次加入 8～9mL $1mol \cdot L^{-1}$ $H_2C_2O_4$，第一次加入 $7mL$，然后将剩余的 $H_2C_2O_4$ 慢慢滴入至沉淀溶解。此时溶液呈翠绿色，pH 值约为 4～5（为什么要加 $H_2C_2O_4$，又为什么要分两次加入，$H_2C_2O_4$ 过量后有何影响？），加热浓缩至溶液体积为 25～30mL，冷却，即有翠绿色晶体析出。抽滤，称量，计算收率，将产物避光保存。

若 $K_3[Fe(C_2O_4)_3]$ 溶液未达饱和，冷却时不析出晶体，可以继续加热浓缩或加 95% 乙醇 5mL，即可析出晶体。

a. 记录实验条件、过程与各试剂用量及产品三草酸合铁（Ⅲ）酸钾的质量。

b. 计算三草酸合铁（Ⅲ）酸钾的理论产量和实际得率，并评价其表观质量。

2. 配阴离子组成测定

（1）高锰酸钾标准溶液的配制和标定 高锰酸钾溶液的标定常采用 $Na_2C_2O_4$ 作基准物，因为 $Na_2C_2O_4$ 不含结晶水，容易精制，操作简便。$KMnO_4$ 与 $Na_2C_2O_4$ 反应如下：

$$5C_2O_4^{2-}+2MnO_4^-+16H^+===10CO_2+2Mn^{2+}+8H_2O$$

滴定温度控制在 $70\sim80℃$，不应低于 $60℃$，否则反应太慢，但温度太高，草酸又将分解。高锰酸钾是强氧化剂，易和水中的有机物、空气中的尘埃等还原性物质作用；$KMnO_4$ 溶液还能自行分解，见光时分解更快。因此 $KMnO_4$ 标准溶液的浓度容易改变，必须正确地配制和保存。

a. $0.1mol\cdot L^{-1}$ $KMnO_4$ 标准溶液的配制：称取 $1.6g$ $KMnO_4$ 固体，置于 $1000mL$ 烧杯中，加去离子水 $1000mL$，盖上表面皿，加热煮沸 $20\sim30min$，并随时加水补充蒸发损失。冷却后，在暗处放置 $7\sim10$ 天，然后用微孔玻璃漏斗或玻璃棉过滤除 MnO_2 沉淀。滤液贮存在棕色瓶中，摇匀。若溶液煮沸后在水浴上保持 $1h$，冷却，经过滤可立即标定其浓度。

b. $KMnO_4$ 标准溶液的标定：准确称取 $Na_2C_2O_4$ $0.1\sim0.12g$（称准至四位有效数字），置于 $250mL$ 锥形瓶中，加入去离子水 $20\sim30mL$ 及 $10mL$ $3mol\cdot L^{-1}$ H_2SO_4，加热至 $75\sim80℃$（瓶中开始冒气，不可煮沸），立即用待标定的 $KMnO_4$ 溶液滴定至溶液呈粉红色，并且在 $30s$ 内不褪色，即为终点。标定过程中要注意滴定速度，必须待前一滴溶液褪色后再加第二滴。此外还应使溶液保持适当的温度。根据称取的 $Na_2C_2O_4$ 质量和耗用的 $KMnO_4$ 溶液的体积，计算 $KMnO_4$ 标准溶液的准确浓度。

（2）试液的配制：准确称取 $K_3[Fe(C_2O_3)_3]\cdot3H_2O$ $1.0\sim1.2g$（称准至四位有效数字）于烧杯中，加水溶解，定量转移到 $250mL$ 容量瓶中，稀释至刻度，摇匀。

（3）$C_2O_4^{2-}$ 的测定：准确吸取 $K_3[Fe(C_2O)_3]$ 试液 $25mL$ 于 $250mL$ 锥形瓶中，加入 $MnSO_4$ 溶液 $5mL$ 及 $1mol\cdot L^{-1}$ H_2SO_4 $5mL$，加热至 $75\sim80℃$，立即用 $KMnO_4$ 标准溶液滴定至溶液呈浅红色并保持 $30s$ 内不褪色，即达终点。由 $KMnO_4$ 消耗的体积 V_1，计算 $C_2O_4^{2-}$ 的含量。试分析实验误差产生的原因。

（4）Fe^{3+} 的测定：准确吸取 $K_3[Fe(C_2O)_3]$ 试液 $25mL$ 置于 $250mL$ 锥形瓶中，加入 $10mL$ $6mol\cdot L^{-1}$ HCl，加热至 $75\sim80℃$，逐滴加入 $SnCl_2$ 至溶液呈浅黄色，使大部分 Fe^{3+} 还原为 Fe^{2+}，加入 $1mL$ Na_2WO_4，滴加 $TiCl_3$ 至溶液呈蓝色，并过量 1 滴，加入 $CuSO_4$ 溶液 2 滴，去离子水 $20mL$，在冷水中冷却并振荡至蓝色褪尽。隔 $1\sim2min$ 后，再加入 $10mL$ $MnSO_4$ 溶液，然后用 $KMnO_4$ 标准溶液滴定至溶液呈浅红色，并保持 $30s$ 不褪色，即达终点。记下 $KMnO_4$ 体积 V_2，用差减法计算 Fe^{3+} 的含量。试分析实验误差产生的原因。

3. 阴离子电荷数测定

（1）离子交换 离子交换是指离子交换剂与溶液中某些离子发生交换的过程。离子交换树脂是最常用的一种离子交换剂，它是人工合成的具有网状结构的高分子化合物，通常为颗粒状，性质稳定，不溶于酸、碱及一般有机溶剂。本实验所用的氯型阴离子交换树脂（以 RN^+Cl^- 表示），它的网状结构上的 Cl^- 可与溶液中其他阴离子发生交换。当 $K_3[Fe(C_2O_4)_3]$ 溶液通过氯型阴离子交换柱时，$[Fe(C_2O_4)_3]^{3-}$ 配阴离子被交换到树脂上，而树脂上 Cl^- 就进入到流出液中。测定流出液中 Cl^- 物质的量，从而确定 $[Fe(C_2O_4)_3]^{3-}$

配阴离子的电荷 z。离子交换的操作过程如下所述。

a. 装柱　在交换柱底部填入少量玻璃棉，将 5mL 左右的氯型阴离子交换树脂和适量水的"糊状"物注入交换柱内，用塑料通条赶尽树脂间的气泡。在树脂上面放入少量玻璃棉，以防注入溶液时将树脂冲起，并保持液面略高于树脂层。

b. 洗涤　用去离子水淋洗树脂，直至流出液中不含 Cl^- 为止，用螺旋夹夹紧交换柱的出口管。在洗涤过程中，注意始终保持液面略高于树脂层。

c. 交换　准确称取 0.5g $K_3[Fe(C_2O_3)_3] \cdot 3H_2O$（称准至小数点后第 3 位）于小烧杯中，加入 10～15mL 去离子水溶解，将溶液转入交换柱中，松开螺旋夹，控制每分钟 1mL 的速度流出，用 100mL 容量瓶收集流出液。当液面下降到略高于树脂层时，用少量去离子水（约 5mL）洗涤小烧杯，并转入交换柱，如此重复 2～3 次，然后用去离子水继续洗涤，流速可逐渐适当加快。待收集的溶液达 60～70mL 时，即可检验流出液，直至不含 Cl^- 为止（与洗涤树脂时比较），夹紧螺旋夹。用去离子水稀释至容量瓶刻度，摇匀。

d. 再生：用 20mL 1mol·L^{-1}NaCl 溶液以每分钟 1mL 的流速淋洗交换树脂，直至流出液酸化后检不出 Fe^{3+}。

(2) 用氯离子选择性电极测定氯离子浓度

a. 氯离子选择性电极　离子选择性电极是一种电化学传感器，它将溶液特定离子的活度转换成相应的电位。用氯离子选择性电极为指示电极，双液接甘汞电极为参比电极，插入试液中组成工作电池。当氯离子活度在 1～10^{-4} 范围内，在一定条件下，电池的电动势 E 与溶液中氯离子活度 a_{Cl^-} 的对数值成线性关系：

$$E = K - \frac{2.303RT}{nF} \lg a_{Cl^-}$$

分析工作中需测定的往往是离子的浓度 c_{Cl^-}，根据 $a_{Cl^-} = \gamma_{Cl^-} c_{Cl^-}$ 的关系，可在标准溶液和被测溶液中加入总离子强度调节缓冲液（TISAB），使溶液的离子强度固定，从而使活度系数 γ_{Cl^-} 为一常数，可并入 K 项以 k_1 表示，则上式变为：

$$E = k_1 - \frac{2.303RT}{nF} \lg c_{Cl^-}$$

即电池电动势与被测离子浓度的对数值成线性关系。

一般的离子选择性电极都有其特定的 pH 值使用范围，本实验所用的 301 型氯离子选择性电极的最佳使用范围是 pH＝2～7。此 pH 值范围可由加入的 TISAB 来控制。

b. 氯标准溶液系列的配制　吸取 1.00mol·L^{-1} 氯标准溶液 10mL，置于 100mL 容量瓶中，加入 TISAB 100mL，用去离子水稀释至刻度，摇匀，得 $pCl_{(1)}$＝1。

吸取 $pCl_{(1)}$＝1 的溶液 10mL，置于 100mL 容量瓶中，加入 TISAB 10.0mL，用去离子水稀释至刻度，摇匀，得 $pCl_{(2)}$＝2。

用同样方法依次配制 $pCl_{(3)}$＝3、$pCl_{(4)}$＝4 等的溶液。

c. 标准曲线的绘制　将氯标准溶液系列转入小烧杯中，将准备好的指示电极和参比电极（双液接甘汞电极）浸入被测溶液中，加入搅拌磁子，在 pH 计上由稀到浓依测定各标准溶液的电位（mV）。在标准曲线上找出与 E_x 值相应的 pCl，求出试液中 Cl^- 物质的量。

d. 试液中氯含量的测定　准确吸取上述试液 10mL，移入 100mL 容量瓶中，加入 10mL TISAB 溶液，加去离子水稀释至刻度，摇匀。按标准溶液的测定步骤测定其电位 E_x。

e. 配阴离子电荷 z 的计算。

（五）思考题

1. 请你设计一实验，验证 $K_3[Fe(C_2O_4)_3] \cdot 3H_2O$ 是光敏物质，这一性质有何实用意义？制得的 $K_3[Fe(C_2O_4)_3] \cdot 3H_2O$ 应如何保存？

2. 用 $Na_2C_2O_4$ 标定 $KMnO_4$ 溶液浓度时，H_2SO_4 加入量的多少对标定有何影响？可否用盐酸或硝酸来代替？

3. 用 $Na_2C_2O_4$ 标定 $KMnO_4$ 时，为什么要加热？温度是否越高越好？为什么？滴定速度应如何掌握为宜？为什么？

4. 为什么还原试样中的 Fe^{3+} 要用 $SnCl_2$、$TiCl_3$ 两个还原剂？如果 $SnCl_2$ 加入量太少，而 $TiCl_3$ 加得多，加水稀释后可能会产生什么现象？

5. 结合标准曲线，试分析 $K_3[Fe(C_2O_4)_3] \cdot H_2O$ 的称量范围是如何确定的？

6. 离子交换中，为什么必须控制流出液的流速？过快或过慢有何影响？

7. 在用直接电位法测定 Cl^- 浓度中，为什么要用双液接甘汞电极作参比电极而不用一般甘汞电极？

8. 影响 z 值偏大、偏小的因素有哪些？$K_3[Fe(C_2O_4)_3] \cdot H_2O$ 未经干燥，见光分解或含杂质 $H_2C_2O_4$、$K_2C_2O_4$ 对 z 值的测定有何影响？

实验 35 葡萄糖酸锌的制备与分析

（一）实验目的

（1）了解锌的生物意义和葡萄糖酸锌的制备方法。

（2）熟练掌握蒸发、浓缩、过滤、重结晶、滴定等操作。

（3）了解葡萄糖酸锌的质量分析方法。

（二）实验原理

锌存在于众多的酶系中，如碳酸酐酶、呼吸酶、乳酸脱氢酶、超氧化物歧化酶、碱性磷酸酶、DNA 和 RNA 聚合酶等中，为核酸、蛋白质、碳水化合物的合成和维生素 A 的利用所必需。锌具有促进生长发育，改善味觉的作用。锌缺乏时出现味觉差、嗅觉差、厌食、生长与智力发育低于正常等现象。

葡萄糖酸锌为补锌药，具有见效快、吸收率高、副作用小等优点，主要用于儿童及老年、妊娠妇女因缺锌引起的生长发育迟缓、营养不良、厌食症、复发性口腔溃疡、皮肤痤疮等症。

葡萄糖酸锌由葡萄糖酸直接与锌的氧化物或盐反应制得。本实验采用葡萄糖酸钙与硫酸锌直接反应：

$$[CH_2OH(CHOH)_4COO]_2Ca + ZnSO_4 = [CH_2OH(CHOH)_4COO]_2Zn + CaSO_4 \downarrow$$

过滤除去 $CaSO_4$ 沉淀，经浓缩溶液可得无色或白色葡萄糖酸锌晶体。该晶体无味，易溶于水，极难溶于乙醇。

葡萄糖酸锌在制作药物前，要经过多个项目的检测。本次实验只是对产品质量进行初步分析，分别用 EDTA 配位滴定和比浊法检测所制产物的锌和硫酸根含量。《中华人民共和国药典》（2005 年版）规定葡萄糖酸锌含量应为 $97.0\% \sim 102\%$。

（三）器材和药品

1. 器材

烧杯、蒸发皿、减压过滤装置、酸式滴定管（50mL）、锥形瓶（250mL）、移液管（25mL）、吸量管（2mL）、容量瓶（250mL）、量筒（1.0mL）、比色管（25mL）、分析天平、恒温水浴锅。

2. 药品

葡萄糖酸钙（分析纯）、$ZnSO_4$ 晶体（分析纯）、乙醇（95%）、铬黑T（0.2%）、$NH_4Cl-NH_3 \cdot H_2O(pH=10)$、HCl（$3mol \cdot L^{-1}$）、EDTA 标准溶液（$0.02000mol \cdot L^{-1}$）、硫酸钾标准溶液（$SO_4^{2-}$ 含量 $100mg \cdot L^{-1}$）、$BaCl_2$（25%）。

（四）实验内容

1. 葡萄糖酸锌的制备

称取 6.7g $ZnSO_4 \cdot 7H_2O$ 于 100mL 烧杯，加入 40mL 蒸馏水，将烧杯放在 90℃ 的恒温水浴中加热、搅拌使其完全溶解，再逐渐加入 10g 葡萄糖酸钙，并不断搅拌。在 90℃ 水浴上保温 20min 后趁热抽滤（滤渣为 $CaSO_4$，弃去），滤液移至蒸发皿中并在沸水浴上浓缩至黏稠状（体积约为 20mL，如浓缩液有沉淀，需过滤掉）。滤液冷至室温，加 20mL 95% 的乙醇并不断搅拌，此时有大量的胶状葡萄糖酸锌析出。充分搅拌后，用倾析法去除乙醇，即得粗品。再将粗品加 15mL 水，加热至溶解，并在沸水浴上浓缩至黏稠状为止，滤液冷至室温，加 20mL 95% 的乙醇充分搅拌，结晶后，吸滤至干，即得精品，在 50℃ 烘干，称重并计算产率。

2. 硫酸盐的检查

取本品 0.5g，加水溶解至约 20mL（溶液如显碱性，可滴加盐酸使成中性；溶液如不澄清，应过滤），置 25mL 比色管中，加 2mL $3mol \cdot L^{-1}$ 的 HCl 溶液，摇匀，即得供试溶液。

另取 2.5mL 硫酸钾标准溶液，置 25mL 比色管中，加水至约 20mL，加 2mL $3mol \cdot L^{-1}$ 的 HCl 溶液，摇匀，即得对照溶液。在供试溶液与对照溶液中，分别加入 2mL 25% 的 $BaCl_2$ 溶液，用水稀释至 25mL，充分摇匀，放置 10min，同置黑色背景上，从比色管上方向下观察、比较，如发生浑浊，供试溶液与硫酸钾标准溶液制成的对照溶液比较，确定硫酸盐含量相对高低。

3. 锌含量的测定

准确称取本品 2.5g（准确到 0.0001g），加水微热使其溶解，冷却后定容至 250mL 容量瓶。移取 25.00mL 至 250mL 锥形瓶中，加入 5mL $NH_4Cl-NH_3 \cdot H_2O$ 缓冲溶液（pH=10）与 2~3 滴铬黑 T 指示剂，加水稀释至 100mL，用 $0.02mol \cdot L^{-1}$ 的 EDTA 标准溶液（需标定）滴定至溶液由紫红色转变为纯蓝色，平行测定三次，计算锌的含量。

（五）注意事项

（1）葡萄糖酸钙与硫酸锌反应时间不可过短，应保证充分生成硫酸钙沉淀。

（2）吸滤除去硫酸钙后的滤液如果无色，可以不用脱色处理。如果脱色处理，需加活性炭趁热过滤，防止产物过早冷却而析出。

（3）在硫酸根检查实验中，要注意比色管对照管和样品管的配对；两管的操作要平行进行，受光照的程度要一致，光线应从正面照入，置白色背景（黑色浑浊）或黑色背景（白色浑浊）上，自上而下地观察。

实验 36 废银盐溶液中银的回收

(一) 实验目的

(1) 学会从含 AgX、$AgNO_3$ 及其他银盐废液中回收金属银的方法。

(2) 熟悉马弗炉的使用。

(3) 熟练沉淀的洗涤和过滤。

(二) 实验原理

实验室的废银盐溶液中，一般含有 AgX 和 $AgNO_3$；照相业的定影过程中，感光材料乳剂膜中约有 75% 的 $AgBr$ 溶于定影液中而成为配合物 $Na_3[Ag(S_2O_3)_2]$。其反应为

$$AgBr + 2Na_2S_2O_3 \longrightarrow Na_3[Ag(S_2O_3)_2] + NaBr$$

将这些含有银的废液进行回收，可用 Na_2S 将其中的 Ag^+ 沉淀出来。其反应为

$$2AgX + Na_2S \longrightarrow Ag_2S \downarrow + 2NaX$$

$$2AgNO_3 + Na_2S \longrightarrow Ag_2S \downarrow + 2NaNO_3$$

$$2Na_3[Ag(S_2O_3)_2] + Na_2S \longrightarrow Ag_2S \downarrow + 4Na_2S_2O_3$$

再将产生的 Ag_2S 进行高温火法提炼，即可将金属银回收。其反应为：

$$Ag_2S + O_2 =\!=\!= 2Ag + SO_2$$

(三) 器材和药品

1. 仪器

布氏漏斗、吸滤瓶、研钵、瓷坩埚、马弗炉、真空泵。

2. 药品

Na_2S(固体或饱和溶液)、$Na_2B_4O_7 \cdot 10H_2O$(固)、Na_2CO_3(固)、$NaOH(6mol \cdot L^{-1})$、醋酸铅试纸、pH 试纸、废银盐实验液或废定影液。

(四) 实验步骤

1. 沉淀银离子

将 150mL 含银盐的实验液或 300mL 废定影液置于 500mL 烧杯中，用 pH 试纸测其 pH 值，若 pH<8，则用 $6mol \cdot L^{-1} NaOH$ 溶液中和至 pH=8(以防止加入 Na_2S 后产生 H_2S 气体)。在不断搅拌的情况下慢慢加入约 3g Na_2S 晶体或滴加 Na_2S 饱和溶液，使其中 Ag^+ 以 Ag_2S 沉淀析出，至上层清液使醋酸铅试纸变黑为止，静置。

2. 沉淀的洗涤和抽滤

倾去上层清液，将 Ag_2S 沉淀转移至 250mL 烧杯中，用热水洗涤沉淀至无 S^{2-} (上层清液不再使醋酸铅试纸改变颜色)，抽滤。将 Ag_2S 沉淀转移至蒸发皿中，炒干，冷却，称重。

3. 高温提炼银

按质量 $m(Ag_2S):m(Na_2CO_3):m(Na_2B_4O_7) = 3:2:1$ 的比例加入无水 Na_2CO_3 和硼砂，于研钵中研细混匀后，移入瓷坩埚中。将坩埚放入马弗炉内，控制 1000℃ 的温度，灼烧 1h。小心取出坩埚，迅速将熔体倒入预先制好的砂型中。冷却，水洗，称重。计算废液中银的含量 $(g \cdot L^{-1})$。

将回收的产品交指导教师由实验室统一保存，严禁私自带出实验室。

(五) 思考题

1. 实验室从含银废液中回收银的原理是什么?
2. 如何洗涤沉淀?

实验 37 单质碘的提取与 KI 的制备

(一) 实验目的

(1) 了解单质碘提取的方法。
(2) 学习应用平衡原理解决实际问题、巩固基本操作技能。

(二) 实验原理

碘是人体必需的微量元素,可维持人体甲状腺的正常功能。碘化物可防止和治疗甲状腺肿大;碘酒可作消毒剂,碘仿可作防腐剂。碘化银用于制造照相软片和人工降雨时造云的"晶体"。碘是制备碘化物原料。

实验室有多种化学反应后的含碘废液,但回收碘的方法通常是将含碘废液转化为 I^- 后,用沉淀法富集后再选择适当的氧化剂,使 I_2 析出,以升华法提纯 I_2。实验室中是用 Na_2SO_3 将废液中碘还原为 I^-,再用 $CuSO_4$ 与 I^- 反应形成 CuI 沉淀。反应如下:

$$I_2 + SO_3^{2-} + H_2O \Longrightarrow 2I^- + SO_4^{2-} + 2H^+$$
$$4I^- + 2Cu^{2+} \Longrightarrow 2CuI \downarrow + I_2$$

然后用浓 HNO_3 氧化 CuI,使 I_2 析出。反应如下:

$$2CuI + 8HNO_3 \Longrightarrow 2Cu(NO_3)_2 + 4NO_2 + 4H_2O + I_2$$

制取 KI 时,是将 I_2 与铁粉反应生成 Fe_3I_8,再与 K_2CO_3 反应,经过滤、蒸发、浓缩、结晶后制得 KI 晶体。反应如下:

$$3Fe + 4I_2 \Longrightarrow Fe_3I_8$$
$$Fe_3I_8 + 4K_2CO_3 \Longrightarrow 8KI + 4CO_2 + Fe_3O_4$$

(三) 药品与器材

1. 器材

碱式滴定管、移液管、烧杯。

2. 药品

$Na_2SO_3(s)$、$CuSO_4 \cdot 5H_2O(s)$、$K_2CO_3(s)$、$HCl(2mol \cdot L^{-1})$、$KI(0.1mol \cdot L^{-1})$、Fe 粉、$NaOH(6mol \cdot L^{-1})$、$HNO_3(1:1,浓)$、$Na_2S_2O_3$ 标准溶液($0.1000mol \cdot L^{-1}$)、KIO_3 标准溶液($0.2000mol \cdot L^{-1}$)、1%淀粉溶液、pH 试纸。

(四) 实验方法

1. 含碘废液中碘含量的测定

取含碘废液 25.00mL 置于 250mL 锥形瓶中,用 10mL 2mol·L⁻¹ HCl 酸化,加水 20mL,加热煮沸,稍冷,准确加入 10.00mL 0.200mol·L⁻¹ KIO_3,加热煮沸,除去 I_2,冷却后加入过量的 0.1mol·L⁻¹ KI 5mL,产生的 I_2,用 0.1000mol·L⁻¹ $Na_2S_2O_3$ 标准溶液滴定至浅黄色,加入淀粉后溶液为深蓝色,继续用 $Na_2S_2O_3$ 溶液滴定至蓝色恰好褪去,即为终点。

2. 单质碘的提取

据废液中 I^- 的含量，计算出处理 500mL 含碘废液使 I^- 沉淀为 CuI 所需 Na_2SO_3 和 $CuSO_4 \cdot 5H_2O$ 的理论量。先将 $Na_2SO_3(s)$ 溶解于含碘废液中，再将 $CuSO_4$ 配成饱和溶液，在不断搅拌下滴入含碘废液中，加热至 60～70℃，静置沉降，在澄清液中检验 I^- 是否已完全转化为 CuI 沉淀（如何检验?），然后弃去上层清液，使沉淀体积保持在 20mL 左右，转移到 100mL 烧杯中，盖上表面皿，在不断搅拌下加入计算量的浓 HNO_3，待析出碘沉降后，用倾泻法弃去上层清液，并用少量水洗涤碘。

3. 碘的升华

将洗净的碘置于没有凸嘴的烧坏中，在烧杯上放上一个装有冷水的圆底烧瓶，将烧杯置于水浴上加热，升华 I_2 冷凝在圆底烧瓶底部，收集后称量。

4. KI 的制备

将精制的 I_2 置于 150mL 烧杯中，加入 20mL 水和铁粉（比理论值多 20%），不断搅拌，缓缓加热使 I_2 完全溶解，将黄绿色溶液倾入另一个 150mL 烧杯中，再用少量水洗涤铁粉，合并洗涤液。然后加入 K_2CO_3（是理论量的 110%）溶液，加热煮沸，使 Fe_3O_4 析出，抽滤，用少量水洗涤 Fe_3O_4，将滤液置于蒸发皿中，加热蒸发至出现晶膜，冷却，抽滤，称量。

5. 产品纯度检验与含量测定

（1）氧化性杂质与还原性杂质的鉴定：溶解 1g KI 产品于 20mL 水中，用 H_2SO_4 酸化后加入淀粉，5min 后不产生蓝色表示无氧化性离子存在。然后加入 1 滴 I_2 溶液，产生的蓝色不褪去，表示无还原性离子。

（2）KI 含量测定：自行设计测定方案。

6. 海带中提取碘及含量测定

取 10g 切细的干海带，于蒸发皿中，加热、灼烘、灰化，冷至室温倒入研钵研细，加适量蒸馏水，搅拌 5min，倾析过滤，滤渣用水再浸提 3 次，合并提取液，加 Na_2SO_3 和 $CuSO_4$ 溶液使之沉淀富集 CuI，经抽滤洗涤后用浓 HNO_3 氧化制取单质碘。

海带中 I^- 含量测定，同含碘废液中碘含量的测定。

（五）思考与讨论

含碘废液中 I^- 含量测定时，是否可用 $Na_2S_2O_3$ 溶液直接与过量的 KIO_3 反应进行测定?

实验 38　从碳酸氢铵和氯化钠制备碳酸钠

（一）实验目的

（1）通过实验了解联合制碱法的反应原理。

（2）学会利用各种盐类溶解度的差异并通过水溶液中离子反应来制备一种盐的方法。

（二）实验原理

由氯化钠和碳酸氢铵作用制备碳酸氢钠的反应如下式所示：

$$NaCl + NH_4HCO_3 = NaHCO_3 + NH_4Cl$$

溶液中同时存在着 $NaCl$、NH_4HCO_3、$NaHCO_3$、NH_4Cl 四种盐，它们在不同温度下的溶解度见表 4-5。

表 4-5　四种盐在不同温度时的溶解度　　　单位：$g \cdot (100g\ H_2O)^{-1}$

盐	0℃	10℃	20℃	30℃	40℃	50℃	60℃	70℃
NaCl	35.7	35.8	36.0	36.3	36.6	37.0	37.3	37.8
NH_4HCO_3	11.9	15.8	21.0	27.0	—	—	—	—
$NaHCO_3$	6.9	8.2	9.6	11.1	12.7	14.5	16.4	—
NH_4Cl	29.4	33.3	37.2	41.4	45.8	50.4	55.2	60.2

从表中溶解度的数据可知，在 30～35℃ 温度范围内，$NaHCO_3$ 的溶解度在四种盐中是最低的。反应温度若低于 30℃，会影响 NH_4HCO_3 的溶解度，高于 35℃，NH_4HCO_3 要分解。本实验就是利用各种盐类在不同温度下溶解度的差异，控制反应温度在 30～35℃ 范围内，将研细的 NH_4HCO_3 固体粉末，溶于浓的 NaCl 溶液中，在充分搅拌下制取 $NaHCO_3$ 晶体。再加热分解 $NaHCO_3$ 晶体可制得纯碱。

（三）器材与药品

1. 器材

滴定管、分析天平、台秤、水浴、温度计、烧杯。

2. 药品

NaOH（$3mol \cdot L^{-1}$）、Na_2CO_3（$3mol \cdot L^{-1}$）、HCl（$0.1000mol \cdot L^{-1}$）、粗食盐、碳酸氢铵（s）、酚酞指示剂、甲基橙指示剂。

（四）实验步骤

1. 化盐与精制

在 150mL 烧杯中加入 50mL 24％～25％ 的粗的食盐水溶液，用 $3mol \cdot L^{-1}$ NaOH 和 $3mol \cdot L^{-1}$ Na_2CO_3 组成 1∶1（体积比）的混合溶液调至 pH＝11 左右，得到大量胶状沉淀〔$Mg_2(OH)_2CO_3 \cdot CaCO_3$〕，加热至沸，抽滤，分离沉淀。将滤液用 $6mol \cdot L^{-1}$ HCl 调节 pH＝7。

2. 转化

将盛有滤液的烧杯放在水浴上加热，控制溶液温度在 30～35℃ 之间。在不断搅拌的情况下，分多次把 21g 研细的碳酸氢铵加入滤液中。加完料后，继续保温，搅拌半小时，使反应充分进行。静置，抽滤、得到 $NaHCO_3$ 晶体，用少量水洗涤两次（除去黏附的铵盐），再抽干，称湿重。母液回收，留作取 NH_4Cl 之用。

3. 制纯碱

将抽干的 $NaHCO_3$ 放入蒸发皿中，灼烧 2h 即得到纯碱。冷却到室温，称重。

4. 产品检验

在分析天平上准确称取二份纯碱（产品）mg（准确到 0.0001g），m 一般为 0.25g 左右，将其中一份放入锥形瓶中用 100mL 蒸馏水溶解，加酚酞指示剂两滴，用已知准确浓度的盐酸溶液滴定至使溶液由红到近无色，记下所用盐酸的体积 V_1，再加两滴甲基橙指示剂，这时溶液为黄色，继续用上述盐酸滴定，使溶液由黄至橙，加热煮沸 1～2min，冷却后，溶液又为黄色，再用盐酸溶液滴定至橙色，半分钟不褪色为止。记下所用去的盐酸的总体积 V_2（V_2 包括 V_1）。

按下式计算碳酸钠的百分含量：

$$w_{Na_2CO_3} = \frac{c_1(HCl) \times 2V_1 \times \frac{M_{Na_2CO_3}}{2000}}{m} \times 100\%$$

式中，$M_{Na_2CO_3}$ 为 Na_2CO_3 的摩尔质量。

提示：第一步滴定以酚酞为指示剂，其滴定终点反应为：

$$CO_3^{2-} + H^+ \Longrightarrow HCO_3^-$$

所以中和样品中全部 Na_2CO_3 所消耗的盐酸体积为 V_1 的二倍（$2V_1$）。而中和样品中 $NaHCO_3$ 所消耗的盐酸体积则为 $V_2 - 2V_1$。

碳酸氢钠的百分含量计算如下：

$$w_{NaHCO_3} = \frac{c(HCl) \times (V_2 - 2V_1) \times \dfrac{M_{NaHCO_3}}{1000}}{m} \times 100\%$$

式中，M_{NaHCO_3} 为 $NaHCO_3$ 的摩尔质量。

5. 纯碱产率计算

（1）理论产量：由粗盐（按 90%）计算

$$产率 = \frac{实际产量}{理论产量} \times 100\%$$

（2）实际产量：产品质量 $\times Na_2CO_3$ 的百分含量。

另一份样品按上述实验步骤及计算方法重复一遍，将数据及结果汇总于下表中。

实验次数	样品质量/g	HCl 体积/mL		HCl 浓度 /mol·L^{-1}	$w_{Na_2CO_3}$ /%	w_{NaHCO_3} /%	Na_2CO_3 产率/%
		V_1	V_2				
1							
2							

（五）思考题

1. 为什么计算 Na_2CO_3 产率时要根据 $NaCl$ 的用量？影响 Na_2CO_3 产率的因素有哪些？

2. 氯化钠预先提纯对产品有何影响？为什么 $NaCl$ 中的硫酸根离子不要求预先除去？

实验 39　设计性实验（一）
（以铜为原料制备硫酸铜）

1. 提示

（1）$CuSO_4 \cdot 5H_2O$ 是 Cu 的重要化合物，易溶于水，其溶解度随温度的降低而下降。它可以利用 Cu、H_2SO_4 为原料来制备。

（2）用废 Cu 和工业 H_2SO_4 为原料制得的粗 $CuSO_4$ 中常含有可溶性杂质，如 $FeSO_4$、$Fe_2(SO_4)_3$ 等，所以为制得纯度较高的 $CuSO_4 \cdot 5H_2O$，要求对粗的 $CuSO_4 \cdot 5H_2O$ 进行提纯。

2. 要求

（1）以 Cu（Cu 粉或废 Cu 屑）和工业 H_2SO_4 为原料，设计合理的制备方案，确定最佳的实验条件：

$$Cu(s) \longrightarrow CuO(s) \longrightarrow CuSO_4 溶液（粗） \longrightarrow CuSO_4 \cdot 5H_2O（纯）$$

（2）制备 $CuSO_4 \cdot 5H_2O$ 10~12g（理论量）。

（3）根据制备方案，选择仪器并计算出主要原料的用量。

实验 40　设计性实验（二）
（磷酸氢二钠的制备）

1. 提示

（1）$Na_2HPO_4 \cdot 12H_2O$ 是重要的可溶性磷酸盐，易溶于水，难溶于乙醇；易风化，在 180℃时失去结晶水而成无水物，在 250℃时分解为焦磷酸钠，在高于 30℃的温度下，由水溶液中结晶出七水合物。广泛用作织物、木材和纸张的防水剂，并用于制备焙粉（发酵粉）和电铸等方面。

（2）$Na_2HPO_4 \cdot 12H_2O$ 一般可由 H_3PO_4 与 Na_2CO_3（或 NaOH）在控制 pH 值下作用而制得。

2. 要求

（1）以 H_3PO_4 与 Na_2CO_3 为原料，设计合理的制备方案，选择最佳实验条件。

（2）制备 $Na_2HPO_4 \cdot 12H_2O$ 15～20g（理论量）。

（3）根据制备方案，选择仪器并计算出主要原料的用量。

（4）性质检定。

a. pH 值测定：取自制产品配制 1.00×10^{-2} mol·L^{-1} 的 Na_2HPO_4 溶液 500mL，用 pH 计测定其 pH 值。

b. Fe^{3+} 含量的分析：用目视比色法测定产品中 Fe^{3+} 的含量。

实验 41　设计性实验（三）
（含铬废液的处理）

提示及要求

（1）含铬废液主要来自"实验 30 铬和锰"中铬的部分。试根据铬的实验内容分析废液中除含有 Cr（+6）和 Cr（+3）外，还含有哪些阳离子和阴离子？应如何除去？

（2）选择合适的还原剂及反应条件，使 Cr（+6）和 Cr（+3）转化为 $Cr(OH)_3$。

（3）把 $Cr(OH)_3$ 转化为一定浓度的 CrO_4^{2-} 或 Cr^{3+} 溶液，供实验室使用。

实验 42　设计性实验（四）

1. 设计一组实验，实现下列物质之间的转变：

$$Ag^+ \rightarrow Ag_2CrO_4 \downarrow \rightarrow AgCl \downarrow \rightarrow [Ag(NH_3)_2]^+ \rightarrow AgBr \downarrow \rightarrow [Ag(S_4O_3)_2]^{3-} \rightarrow$$

$$Ag（回收）$$

$$AgI \longrightarrow Ag \downarrow + I^- \Big\langle$$

$$I^- \longrightarrow I_2$$

指出上述反应中利用了无机化学中的哪些基本规律和原理。

2. 设计 4 组实验，实现下列变化：

(1) 改变介质条件，提高氧化剂的氧化能力（举出两种物质）。

(2) 利用配合物的形成，提高（或降低）氧化态（或还原态）物质的稳定性（各举一例说明）。

(3) 改变介质条件，提高还原态物质的还原能力。

(4) 改变介质条件，转变氧化还原反应进行的方向。

通过上述实验，可得出什么规律或结论?

3. 设计两组能除去下述试剂中杂质离子的方案。要求不引进二次杂质。

(1) $MnSO_4$ 溶液（含有少量 Fe^{2+} 和 Cu^{2+} 杂质）。

(2) $ZnSO_4$ 溶液（含有少量 Fe^{2+} 杂质）。

4. 利用平衡移动的规律和抑制盐类水解的规律，配制下列溶液（每个学生配制一种溶液）：

(1) 配制 $0.05mol \cdot L^{-1}$ I_2 水溶液 100mL。

(2) 配制 $0.1mol \cdot L^{-1}$ $Bi(NO_3)_3$ 溶液 50mL。

(3) 配制 $0.5mol \cdot L^{-1}$ Na_2S 溶液 50mL。

实验 43 设计性实验（五）

1. 鉴别下列两组物质：

现有两组失去标签的固体试剂和液体试剂，要求在不借用其他试剂的条件下（蒸馏水除外），这两组物质可能是：

(1) 固体试剂：$SnCl_2$、NH_4Cl、Na_2CO_3、NaI、$NaCl$；

(2) 液体试剂：稀 HCl、稀 H_2SO_4、$Bi(NO_3)_3$、$BaCl_2$、Na_2SO_4。

2. 试分离和鉴定下列两组阴离子混合液：

(1) NO_3^-、PO_4^{3-}、CO_3^{2-}、Cl^- 混合液；

(2) SO_3^{2-}、SO_4^{2-}、Br^-、I^- 混合液。

3. 定性确定下列矿石的主要组分：

(1) 白云石；

(2) 软锰矿。

4. 试分离下列各组离子：

(1) Cl^- 和 CrO_4^{2-}；

(2) Mg^{2+}、Zn^{2+} 和 Pb^{2+}；

(3) Fe^{2+} 和 Fe^{3+}。

实验 44 设计性实验（六）

1. 通过实验证明

(1) Pb_2O_3、Pb_3O_4 皆为两种氧化态的混合氧化物；

（2）黄铜的主要成分是铜和锌；

（3）马口铁是镀锡铁，白铁是镀锌铁。

2. 通过实验区别下列各对物质：

（1）CuO 和活性炭；

（2）MnO_2 和 PbO_2；

（3）$ZnSO_4$ 和 $Al_2(SO_4)_3$；

（4）NaBr 和 NaCl。

3. 分离并鉴定下列两组混合液：

（1）Fe^{3+}、Mn^{2+}、Cr^{3+}、Ni^{2+} 混合液；

（2）NH_4^+、Cu^{2+}、Zn^{2+}、Hg^{2+} 混合液。

4. 试用下列原料制取少量 $[Cu(NH_3)_4]SO_4$ 晶体：

Cu 粉、稀 H_2SO_4、$6mol \cdot L^{-1} NH_3 \cdot H_2O$、酒精。

实验 45　设计性实验（七）

实验内容

1. 处理并回收实验室中下列废液：

（1）从萃取 I_2、Br_2、Cl_2 后的 CCl_4 废液中回收 CCl_4；

（2）从烂板液中回收硫酸铜。

2. 设计一组实验，用以证明无机化学反应中的某一反应规律。

五　课外实验

本部分实验注重将理论与实际联系，注重对学生的实际能力进行培养，实验内容贴近生活、易于操作且具有趣味性，可为学生开展第二课堂活动提供参考。

实验 46　五彩缤纷的焰火

（一）实验原理

各种元素的原子具有不同的结构和电子排布。一旦受热或接受外部能量的作用，电子便可能获得能量，从原来的（基态）轨道跃迁到能量更高更远的轨道上去，这种过程叫电子的跃迁或激发。激发态是一种不稳定的状态。当处于激发态的电子跃迁回基态时，以光的形式释放出能量。各种金属盐的金属原子（离子）释放出的光波长不同，所以光的颜色也不同。

（二）器材和药品

1. 器材

瓷蒸发皿、量筒、研钵、台秤、瓷坩埚、移液管、药匙。

2. 药品

酒精、蔗糖、$LiNO_3$、$NaCl$、$NaNO_3$、KCl、KNO_3、$CaCl_2$、$SrCl_2$、$Sr(NO_3)_2$、$BaCl_2$、$Ba(NO_3)_2$、$KClO_3$、Mg、Sb_2S_3、木炭、H_2SO_4（浓）。

（三）实验内容

1. 简便的焰色反应

将 5～10mL 酒精倒入 100mL 瓷蒸发皿中，当酒精点燃后，迅速加入干燥的 $LiNO_3$、KCl、$NaCl$、$SrCl_2$、$CaCl_2$、$BaCl_2$ 粉末。这样，可观察到呈紫红色、黄色、玫瑰红色、砖红色、洋红色、绿色的火焰。

2. 蔗糖焰火

将一定量蔗糖和 $KClO_3$ 分别研细，混匀后，分为三份。在第一份中加入适量 $Sr(NO_3)_2$ 固体粉末；在第二份中加入适量镁粉；在第三份中添加适量 $Ba(NO_3)_2$ 固体粉末。混合均匀后，分别倒入 3 个瓷坩埚中，将一定量的浓硫酸分别滴入 3 个坩埚中，可观察到 3 个坩埚中依次喷射出红、白、绿 3 种焰火。

3. 五彩争辉

分别取下列 5 组药品，各种药品需事先用研钵研细。

① $KClO_3$(2.5g)、$Sr(NO_3)_2$(8.5g)、硫黄(2.5g)、木炭粉(1g)；

② $KClO_3$(3g)、$Ba(NO_3)_2$(6g)、硫黄(1.5g)、木炭粉(1g)；

③ KNO_3(15g)、$NaNO_3$(2.5g)、硫黄(6g)、木炭粉(1g)；

④ KNO_3(4.5g)、Sb_2S_3(1g)、硫黄(1g)；

⑤ KNO_3(6g)、镁粉(1g)、硫黄(1.5g)、木炭粉(1g)。

将各组药品混合均匀，分别装入一端封紧的纸筒内，在另一端插入一根引线，点燃后，可观察到红、绿、黄、蓝、白绚丽的五彩争辉。

（四）注意事项

（1）各固体药品要先研成粉末并保持干燥，以方便点燃。切不可混合研磨，以免发生爆炸。

（2）将盐加入到酒精火焰中的动作要快，以免灼伤手。

（3）焰火燃放时一定要在户外空地进行，注意安全。

实验 47　滴水生烟——水在反应中的催化作用

（一）实验原理

铝、镁、锌都是活泼金属，还原性很强，但在常温下它们与碘都很难进行反应，但只要有水存在，它们则可与碘发生剧烈反应，可见水对反应有强烈的催化作用。反应方程式为

$$2Al+3I_2 \xrightarrow{H_2O} 2AlI_3$$

$$Mg+I_2 \xrightarrow{H_2O} MgI_2$$

$$Zn+I_2 \xrightarrow{H_2O} ZnI_2$$

由于反应放热，不仅产生了燃烧现象，同时使未反应的碘发生剧烈的升华现象。

(二) 器材和药品

1. 器材

烧杯、蒸发皿、玻璃棒、长滴管、石棉网（新）、台秤、研钵、瓷坩埚。

2. 药品

碘（固体）、Zn(粉末)、镁（粉末）、Al(粉末)。

(三) 实验内容

把 2g 碘放在干燥的研钵中研细，注意研钵一定要干，然后再加入 0.2g 铝粉，把它们混合均匀。把碘和铝粉的混合物放在蒸发皿或瓷坩埚的中央，堆成小丘（也可以放在石棉网的中央）。然后用滴管往混合物上滴 1～2 滴水，碘和铝粉立即发生剧烈的反应，产生浓厚的烟雾，烟雾中还夹杂着美丽的紫色碘蒸气。也可用碘与锌、碘与镁做同样的实验。

(四) 注意事项

(1) 轻轻地将碘与金属混合，避免摩擦生热使反应发生。

(2) 加水所用的滴管要长一些（约 30cm），以免烫手。

(3) 所用的仪器和药品都必须是干燥的。

实验 48 水中花园

(一) 实验原理

金属盐与硅酸钠反应，生成不同颜色的金属硅酸盐胶体，在固体、液体的接触面形成半透膜，由于渗透压的关系，水不断渗入膜内，胀破半透膜使盐又与硅酸钠接触，生成新的胶状金属硅酸盐。反复渗透，硅酸盐生成芽状或树枝状。

(二) 器材和药品

1. 器材

大烧杯、表面皿、滴管、沙子。

2. 药品

Na_2SiO_3(20%)、$FeCl_3$(固体)、$CuCl_2$(固体)、$CoCl_2$(固体)、$MnCl_2$(固体)、$NiSO_4$(固体)、$FeSO_4$(固体)、$CaCl_2$(固体)。

(三) 实验过程

将用水清洗干净的沙子，铺在一只大烧杯的底部后，倒入占烧杯容积约 4/5 的 20% 水玻璃溶液，然后将少量的各种盐固体如 $FeCl_3$、$CoCl_2$、$CuCl_2$、$MnCl_2$、$NiSO_4$、$CaCl_2$、$FeSO_4$ 等投入烧杯内，让它们沉入烧杯底部沙子的不同位置上。由于各种晶体与 Na_2SiO_3 作用，过一段时间后，会有各种颜色的硅酸盐生成，就像美丽的海草从沙子中生长出来一样。这就是化学上的硅酸盐"花园"——"水中花园"。

(四) 注意事项

(1) 选用密度约为 $1.3g \cdot mL^{-1}$ 的水玻璃溶液。

(2) 将水玻璃溶液换成清水能较长时间保存硅酸盐"花园"，这样也使各种颜色的"海草"更清晰美丽。

实验 49 烛火自明

(一) 实验原理

白磷的燃点低,大约在 $34\sim45$℃。因此,干燥的空气中白磷很容易达到燃点,从而可在空气中自燃。根据"相似相溶"原理,白磷很容易溶于 CS_2。将白磷的 CS_2 溶液滴于烛芯,由于 CS_2 容易挥发,从而使烛芯上的白磷与空气接触,发生剧烈氧化反应并放热,可使蜡烛燃烧起来。反应方程式为

$$4P+5O_2 \longrightarrow 2P_2O_5$$

(二) 器材和药品

1. 器材

烧杯、镊子、表面皿、滴管、蜡烛、小刀。

2. 药品

CS_2、白磷。

(三) 实验过程

白磷的 CS_2 溶液配制:用镊子夹取约蚕豆大小的白磷放入含 5mL CS_2 的小烧杯中,轻轻摇动烧杯,使白磷溶解,盖上表面皿。

取蜡烛两支,先用小刀削去一部分蜡烛头,使烛芯露出约 1cm。再用滴管吸取 CS_2 滴于蜡烛芯上,将蜡烛芯清洗一下。

在每支蜡烛芯上滴几滴配制好的白磷 CS_2 溶液。过一段时间即可观察到蜡烛自行燃烧起来,并冒出丝丝白烟。

实验 50 玻璃棒点酒精灯

(一) 实验原理

浓硫酸和 $KMnO_4$ 都是强氧化剂,当它们的混合物与酒精灯灯芯上的酒精接触后,立即产生大量的热,使酒精达到着火点。从而使酒精灯被点着。

(二) 器材和药品

1. 器材

坩埚、酒精灯、玻璃棒、滴管。

2. 药品

$KMnO_4$、H_2SO_4(浓)。

(三) 实验过程

将 $1\sim2$g $KMnO_4$ 粉末置于坩埚中,滴入浓硫酸,边滴边用玻璃棒将混合物搅拌至浓稠状。然后用玻璃棒蘸取 $KMnO_4$ 与浓硫酸的混合物向酒精灯的灯芯上沾一沾。这时可观察到酒精灯立刻被点着。

实验 51　晴 雨 花

（一）实验原理

含六个结晶水的二氯化钴（$CoCl_2 \cdot 6H_2O$）是粉红色的，而无水 $CoCl_2$ 是蓝色的，一般干燥的空气中二氯化钴是含两个结晶水（$CoCl_2 \cdot 2H_2O$）。$CoCl_2$ 晶体中的结晶水可随环境的湿度和温度而变化。

$$CoCl_2 \cdot 6H_2O \underset{+4H_2O}{\overset{-4H_2O}{\rightleftharpoons}} CoCl_2 \cdot 2H_2O \underset{+H_2O}{\overset{-H_2O}{\rightleftharpoons}} CoCl_2 \cdot H_2O \underset{+H_2O}{\overset{-H_2O}{\rightleftharpoons}} CoCl_2$$

　（粉红色）　　　　　　（紫红色）　　　　　　（蓝紫色）　　　　　　（蓝色）

所以，从 $CoCl_2$ 溶液中取出的花及稍稍晾干后的花是粉红色，从干燥器中取出的花是浅蓝色的，用酒精灯烤干的花是蓝色的，喷水会使蓝花立即变为红花。

如果把烤干后的蓝花置于晴好天气里，花的颜色基本不变。这表明空气中水汽少，湿度小。当天气变得沉闷，空气中水汽较多，湿度变大，花吸收水分就变红了，预示着天将要下雨了。因此，人们把这样的花称为"晴雨花"。

（二）器材和药品

1. 器材

烧杯、滤纸、干燥器、酒精灯。

2. 药品

$CoCl_2$（$1mol \cdot L^{-1}$）。

（三）实验内容

将一朵滤纸做的花置于 $CoCl_2$ 溶液中浸透，晾干后，花呈粉红色。将花置于干燥器中，花慢慢变为紫红色或浅蓝色。将其用酒精灯轻轻烤一下，则花又可变为蓝色。若含一口水将花喷湿，花即刻呈粉红色。

实验 52　日常生活中的化学实验

在我们日常生活中，经常要与化学试验打交道，会碰到不少要通过化学试验来解决的问题。现举几例如下。

I. 指纹检查

（一）实验原理

碘在常温下即能升华。指纹是由手指上的油脂等分泌物组成。碘受热升华的碘蒸气能溶解在形成指纹的油脂等分泌物中，形成棕色的指纹印迹。

碘熏显现指纹适用于白纸、浅色纸、塑料、本色木板、白色墙壁、竹器等，因此而可于公安刑侦工作中。

（二）器材和药品

1. 器材

试管（短粗）、橡皮塞、酒精灯、剪刀、白纸。

2. 药品

碘。

（三）实验内容

将一张干净光滑的白纸，剪成约 4cm 宽的纸条。将手洗干净后在纸条上用力按几个手印。取芝麻粒大小的碘放入试管中，将纸条悬于试管中（不落入试管底部，按手印的一面不要贴在试管壁上），塞上橡皮塞。将试管在酒精灯上微热，产生碘蒸气后立即停止加热，等试管冷却后取出纸条，可观察到纸条上的指纹印迹。

（四）注意事项

（1）实验中加热不宜太猛，取碘不宜多，否则纸面上聚集的碘量太大，指纹显示不清。

（2）碘易挥发且有毒，使用时应杜绝接触皮肤，实验后及时清除掉剩余的碘。

Ⅱ. 饮酒测试

（一）实验原理

酒的主要成分是乙醇（俗称酒精），过量饮用可以麻醉神经。因此，交通管理部门严格规定，驾驶员饮酒后禁止开车，以防发生交通事故。

乙醇是一种具有还原性的物质，而在酸性介质中，$K_2Cr_2O_7$ 是一种很强的氧化剂。当饮酒者呼出的含有乙醇的气体在试管中与 $K_2Cr_2O_7$ 酸性溶液反应被氧化成乙醛，而橙色 $Cr_2O_7^{2-}$ 被还原成绿色的 Cr^{3+}，反应方程式如下

$$K_2Cr_2O_7 + 3C_2H_5OH + 4H_2SO_4 \longrightarrow Cr_2(SO_4)_3 + 3CH_3CHO + K_2SO_4 + 7H_2O$$

　（橙色）　　乙醇　　　　　　　　　（绿色）　　　乙醛

也可将 CrO_3 用胶水粘于白纸上（在干净的白纸上涂上一层薄薄的胶水，再用干毛刷将研细的 CrO_3 粉末均匀地洒在上面，再将白纸剪成小条），做成测试卡。试验者是否饮酒，只要对着"测试卡"吹气就可一目了然，反应方程式如下

$$2CrO_3 + 3C_2H_5OH \longrightarrow Cr_2O_3 + 3CH_3CHO + 3H_2O$$

　（棕红色）　　乙醇　　（暗绿色）　　乙醛

若"测试卡"由棕红色转变为暗绿色，就说明试验者刚饮过酒。

（二）器材和药品

1. 器材

塑料吸管、试管。

2. 药品

$H_2SO_4(3mol \cdot L^{-1})$、$K_2Cr_2O_7(0.1mol \cdot L^{-1})$。

（三）实验内容

将 2mL $3mol \cdot L^{-1} H_2SO_4$ 溶液和 3～5 滴 $0.1mol \cdot L^{-1} K_2Cr_2O_7$ 溶液加入试管中，摇匀。将吸管插入试管底部，令试验者徐徐吹气。若试验者刚饮过酒，可见试管内溶液由橙色变为绿色。饮酒量越多，变色越快。

（四）注意事项

注意吹气时不要将溶液吸入口中，否则酸性 $K_2Cr_2O_7$ 溶液会对口腔造成伤害。

Ⅲ. 吸烟测试

（一）实验原理

吸烟者的唾液中会含有少量硫氰酸盐，硫氰酸盐与 Fe^{3+} 反应生成血红色配合物，其反应方程为

$$Fe^{3+}+n\text{SCN}^- \longrightarrow [Fe(NCS)_n]^{3-n}(n=1\sim6)$$
$$(\text{血红色})$$

（二）器材和药品

1. 器材

烧杯。

2. 药品

纯净水、HCl(1mol·L^{-1})、$FeCl_3$(1mol·L^{-1})。

（三）实验内容

令试验者将约 20mL 纯净水含在口中，漱口后吐进烧杯中，然后往该烧杯中分别加入 1mL 1mol·L^{-1} HCl 溶液和 1mL 1mol·L^{-1} $FeCl_3$ 溶液，搅拌一段时间。若溶液变为浅红色，说明试验者刚吸过烟。

现在，人们的环保意识大大增强，很多公共场所都高悬"禁止吸烟"的标志，本实验可对违禁者作出检测。

Ⅳ. 食盐中含碘的确认

（一）实验原理

食盐加碘是国家关心广大人民身体健康的一项伟大工程，是为了预防和治疗一种常见的地方病——甲状腺瘤而设立的。

市售加碘食盐中含有 KIO_3，除此之外，一般不再含有其他氧化性物质。在酸性条件下 KIO_3 与 KI 反应产生 I_2，其反应的离子方程式为

$$IO_3^- + 5I^- + 6H^+ \longrightarrow 3I_2 + 3H_2O$$

反应生成的 I_2 遇淀粉变蓝。若食盐中不含碘则不会发生上述反应，溶液自然不会出现蓝色。

（二）器材和药品

1. 器材

试管。

2. 药品

KI(0.1mol·L^{-1})、H_2SO_4(2mol·L^{-1})、淀粉(0.2%)、市售加碘食盐。

（三）实验内容

在试管中加入少量食盐，加水溶解后，滴入 5～10 滴 2mol·L^{-1} H_2SO_4 溶液，再滴入 5 滴 0.2% 淀粉溶液和 5 滴 0.1mol·L^{-1} KI 溶液，振荡试管。此时溶液若出现蓝色则表示该样品食盐中含碘，若溶液不出现蓝色则说明该样品食盐中不含碘。

附　　　录

附录1　不同温度下水的饱和蒸气压

温度/℃	水蒸气压		温度/℃	水蒸气压	
	mmHg	Pa		mmHg	Pa
0	4.58	619	26	25.21	3360
1	4.93	657	27	26.74	3564
2	5.29	705	28	28.35	3779
3	5.69	758	29	30.04	4004
4	6.10	813	30	31.82	4242
5	6.54	872	31	33.70	4492
6	7.01	934	32	35.66	4753
7	7.51	1001	33	37.73	5029
8	8.05	1073	34	39.90	5319
9	8.61	1148	35	42.18	5623
10	9.21	1228	36	44.56	5940
11	9.84	1312	37	47.07	6274
12	10.52	1402	38	49.69	6624
13	11.23	1497	39	52.44	6960
14	11.29	1505	40	55.32	7374
15	12.97	1705	41	58.34	7777
16	13.63	1817	42	61.50	8198
17	14.53	1937	42	61.50	8198
18	15.48	2063	43	64.80	8638
19	16.48	2197	44	68.26	9099
20	17.54	2338	45	71.88	9582
21	18.66	2487	46	75.65	10084
22	19.83	2643	47	79.60	10611
23	21.07	2808	48	83.71	11158
24	22.38	2983	49	88.02	11733
25	23.76	3167	50	92.51	12332

附录2　普通有机溶剂的性质

溶　剂	分　子　式	沸点/℃	相对密度(20℃)
氯仿	$CHCl_3$	61.2	1.489
甲醇	CH_3OH	64.7	0.792
丙酮	CH_3COCH_3	56.2	0.791
四氯化碳	CCl_4	76.8	1.594
乙醇	C_2H_5OH	78.4	0.789
乙醚	$C_2H_5OC_2H_5$	34.6	0.708
苯	C_6H_6	80.1	0.897
二硫化碳	CS_2	46.3	1.263

附录3　实验室常用酸碱溶液的浓度

溶液名称	密度/g·mL^{-1}(20℃)	质量分数	物质的量浓度/mol·L^{-1}
浓 H_2SO_4	1.84	0.98	18
稀 H_2SO_4	1.18	0.25	3
	1.06	0.091	1
浓 HNO_3	1.42	0.68	16
稀 HNO_3	1.20	0.32	6
	1.07	0.12	2
浓 HCl	1.19	0.38	12
稀 HCl	1.10	0.20	6
	1.033	0.07	2
H_3PO_4	1.7	0.86	15
浓高氯酸($HClO_4$)	1.7~1.75	0.70~0.72	12
稀 $HClO_4$	1.12	0.19	2
冰醋酸(HAc)	1.05	0.99~1.00	17.5
稀 HAc	1.02	0.12	2
氢氟酸(HF)	1.13	0.40	23
氢溴酸(HBr)	1.38	0.40	7
氢碘酸(HI)	1.70	0.57	7.5
浓氨水($NH_3·H_2O$)	0.90	0.27	14
稀氨水	0.98	0.035	2
浓 NaOH	1.43	0.40	14
	1.33	0.30	13
稀 NaOH	1.09	0.08	2
$Ba(OH)_2$(饱和)	—	0.02	约0.1
$Ca(OH)_2$(饱和)	—	0.0015	—

附录4　常用酸碱指示剂（18~25℃）

指示剂名称	变色范围(pH值)	颜色变化	溶液配制方法
茜素黄R	1.9~3.3	红→黄	0.1%水溶液
甲基橙	3.1~4.4	红→橙黄	0.1%水溶液
溴酚蓝	3.0~4.6	黄→蓝	0.1g指示剂溶于100mL 20%乙醇中
刚果红	3.0~5.2	蓝紫→红	0.1%水溶液
茜素红S	3.7~5.2	黄→紫	0.1%水溶液
溴甲酚绿	3.8~5.4	黄→蓝	0.1g指示剂溶于100mL 20%乙醇中
甲基红	4.4~6.2	红→黄	0.1g指示剂溶于100mL 60%乙醇中
溴百里酚蓝	6.0~7.6	黄→蓝	0.05g指示剂溶于100mL 20%乙醇中
酚红	6.8~8.0	黄→红	0.1g指示剂溶于100mL 20%乙醇中
甲酚红	7.2~8.8	亮黄→紫红	0.1g指示剂溶于100 mL 50%乙醇中
百里酚蓝(麝香草酚蓝)	第一次变色1.2~2.8 第二次变色8.0~9.6	红→黄 黄→蓝	0.1g指示剂溶于100 mL 20%乙醇中
酚酞	8.2~10.0	无→红	0.1g指示剂溶于100mL 60%乙醇中
麝香草酚酞	9.4~10.6	无→蓝	0.1g指示剂溶于100mL 90%乙醇中

附录 5　常用缓冲溶液的 pH 范围

缓冲溶液	pK_a	pH 有效范围
盐酸-邻苯二甲酸氢钾[HCl-$C_6H_4(COO)_2HK$]	3.1	2.2～4.0
柠檬酸-氢氧化钠[$C_3H_5(COOH)_3$-NaOH]	2.9,4.1,5.8	2.2～6.5
甲酸-氢氧化钠[HCOOH-NaOH]	3.8	2.8～4.6
醋酸-醋酸钠[CH_3COOH-CH_3COONa]	4.8	3.6～5.6
邻苯二甲酸氢钾-氢氧化钾[$C_6H_4(COO)_2HK$-KOH]	5.4	4.0～6.2
琥珀酸氢钠-琥珀酸钠[$HOOCCH_2CH_2COONa$-$NaOOCCH_2CH_2COONa$]	5.5	4.8～6.3
柠檬酸氢二钠-氢氧化钠[$C_3H_4(COO)_3HNa_2$-NaOH]	5.8	5.0～6.3
磷酸二氢钾-氢氧化钠[KH_2PO_4-NaOH]	7.2	5.8～8.0
磷酸二氢钾-硼砂[KH_2PO_4-$Na_2B_4O_7$]	7.2	5.8～9.2
磷酸二氢钾-磷酸氢二钾[KH_2PO_4-K_2HPO_4]	7.2	5.9～8.0
硼酸-硼砂[H_3BO_3-$Na_2B_4O_7$]	9.2	7.2～9.2
硼酸-氢氧化钠[H_3BO_3-NaOH]	9.2	8.0～10.0
氯化铵-氨水[NH_4Cl-$NH_3 \cdot H_2O$]	9.3	8.3～10.3
碳酸氢钠-碳酸钠[$NaHCO_3$-Na_2CO_3]	10.3	9.2～11.0
磷酸氢二钠-氢氧化钠[Na_2HPO_4-NaOH]	12.4	11.0～12.0

附录 6　实验室某些试剂的配制

试剂名称	浓度/mol·L^{-1}	配制方法
硫化钠 Na_2S	1	称取 240g $Na_2S \cdot 9H_2O$、40g NaOH 溶于适量水中,稀释至 1L,混匀
硫化铵 $(NH_4)_2S$	3	通 H_2S 于 200mL 浓 $NH_3 \cdot H_2O$ 中直至饱和,然后再加 200mL 浓 $NH_3 \cdot H_2O$,最后加水稀释至 1L,混匀
氯化亚锡 $SnCl_2$	0.25	称取 56.4g $SnCl_2 \cdot 2H_2O$ 溶于 100mL 浓 HCl 中,加水稀释至 1L,在溶液中放几颗纯锡粒(或溶解于一定量的浓 HCl 中而配制)
氯化铁 $FeCl_3$	0.5	称取 135.2g $FeCl_3 \cdot 6H_2O$ 溶于 100mL 6mol·L^{-1} HCl 中,加水稀释至 1L
三氯化铬 $CrCl_3$	0.1	称取 26.7g $CrCl_3 \cdot 6H_2O$ 溶于 30mL 6mol·L^{-1}HCl 中,加水稀释至 1L
硝酸亚汞 $Hg_2(NO_3)_2$	0.1	称取 56g $Hg_2(NO_3)_2 \cdot 2H_2O$ 溶于 250mL 6mol·L^{-1} HNO$_3$ 中,加水稀释至 1L
硝酸铅 $Pb(NO_3)_2$	0.25	称取 83g $Pb(NO_3)_2$ 溶于少量水中,加入 15mL 6mol·L^{-1}HNO$_3$,用水稀释至 1L
硝酸铋 $Bi(NO_3)_3$	0.1	称取 48.5g $Bi(NO_3)_3 \cdot 5H_2O$ 溶于 250mL 1mol·L^{-1} HNO$_3$ 中,加水稀释至 1L
硫酸亚铁 $FeSO_4$	0.25	称取 69.5g $FeSO_4 \cdot 7H_2O$ 溶于适量水中,加入 5mL 18mol·L^{-1} H_2SO_4,再加水稀释至 1L,并置入小铁钉数枚
Cl_2 水	Cl_2 的饱和水溶液	将 Cl_2 通入水中至饱和为止(用时临时配制)
Br_2 水	Br_2 的饱和水溶液	在带有良好的磨口塞的玻璃瓶内,将市售的 Br_2 约 50g(16mL)注入 1L 水中,在 2h 内经常剧烈振荡,每次振荡之后微开塞子,使积聚的 Br_2 蒸气放出,在贮存瓶底总有过量的溴。将 Br_2 水倒入试剂瓶时,剩余的 Br_2 应留于贮存瓶中,而不倒入试剂瓶(倾倒 Br_2 或 Br_2 水时,应在通风橱中进行,应将凡士林涂在手上或带上橡皮手套操作,以防 Br_2 蒸气灼伤)

续表

试 剂 名 称	浓度/mol·L^{-1}	配 制 方 法
I$_2$ 水	0.005	将 1.3g I$_2$ 和 5g KI 溶解在尽可能少量的水中,待 I$_2$ 完全溶解后(充分搅动)再加水稀释至 1L
淀粉溶液	0.5%	称取易溶淀粉 1g 和 HgCl$_2$ 25mg(作防腐剂)置于研钵中,加水少许调成薄浆,然后倾入 200mL 沸水中
亚硝酰铁氰化钠	3	称取 3g Na$_2$[Fe(CN)$_5$NO]·2H$_2$O 溶于 100mL 水中
奈斯勒试剂		称取 115g HgI$_2$ 和 80g KI 溶于足够的水中,稀释至 500mL,然后加入 500mL 6mol·L^{-1} NaOH 溶液,静置后,取其清液,保存于棕色瓶中
对氨基苯磺酸	0.34	0.5g 氨基苯磺酸溶于 150mL 2mol·L^{-1} HAc 溶液中
α-萘胺	0.12	0.3g α-萘胺加入 20mL 水,加热煮沸,在所得溶液中再加入 150mL 2mol·L^{-1} HAc
钼酸铵		5g 钼酸铵溶于 100mL 水中,加入 35mL HNO$_3$(相对密度 1.2g/mL)
硫代乙酰胺	5	5g 硫代乙酰胺溶于 100mL 水中
钙指试剂	0.2	0.2g 钙指示剂溶于 100mL 水中
镁试剂	0.007	0.001g 对硝基偶氮间苯二酚溶于 100mL 2mol·L^{-1} NaOH 中
铝试剂	1	1g 铝试剂溶于 1L 水中
二苯硫腙	0.01	10mg 二苯硫腙溶于 100mL CCl$_4$ 中
丁二酮肟	1	1g 丁二酮肟溶于 100mL 95% 乙醇中
醋酸铀酰锌		(1)10g UO$_2$(Ac)$_2$·2H$_2$O 和 6mL 6mol·L^{-1} HAc 溶于 50mL 水中 (2)30g Zn(Ac)$_2$·2H$_2$O 和 3mL 6mol·L^{-1} HCl 溶于 50mL 水中 将(1)、(2)两种溶液混合 24h 后取其清液使用
二苯碳酰二肼(二苯偕肼)	0.04	0.04g 二苯碳酰二肼溶于 20mL 95% 乙醇中,边搅拌,边加入 80mL(1∶9) H$_2$SO$_4$(存于冰箱中可用一个月)
六亚硝酸合钴(Ⅲ)钠盐		Na$_3$[Co(NO$_2$)$_6$]和 NaAc 各 20g,溶解于 20mL 冰醋酸和 80mL 水的混合溶液中,贮于棕色瓶中备用(久置溶液,颜色由棕变红则失效)
氨水-氯化铵缓冲溶液	pH=10.0	称取 20.00g NH$_4$Cl(s)溶于适量水中,加入 100.00mL 浓氨水混合后稀释至 1L,即为 pH=10.0 的缓冲溶液
邻苯二甲酸氢钾-氢氧化钠缓冲溶液	pH=4.00	量取 0.200mol·L^{-1} 邻苯二甲酸氢钾溶液 250.00mL、0.100mol·L^{-1} 氢氧化钠溶液 4.00mL,混合后,稀释至 1L,即为 pH=4.00 的缓冲溶液

附录7 几种常用试纸的制备

名称及颜色	制 备 方 法	用 途
淀粉-碘化钾试纸(无色)	将 3g 淀粉与 25mL 水搅匀,倾入 225mL 沸水中,再加 1g KI 及 1g 结晶 Na$_2$CO$_3$,用水稀释至 500mL,将滤纸浸入,取出后晾干	用以检出氧化剂(特别是游离卤素),作用时变蓝
刚果红试纸(红色)	将 0.5g 刚果红染料溶解于 1L 水中,加 5 滴醋酸,滤纸在温热溶液中浸渍后取出晾干	与无机酸作用变蓝
石蕊试纸(红及蓝)	用热的乙醇处理市售石蕊,以除去夹杂的红色素。残渣 1 份与 6 份水浸煮并不断摇荡。滤去溶物。将滤液分成两份,一份加稀 H$_3$PO$_4$ 或 H$_2$SO$_4$ 至变红,另一份加 NaOH 至变蓝,然后以这样的溶液浸湿滤纸条,并在蔽光的、没有酸碱蒸气的房间中晾干	红—在碱性溶液中变蓝 蓝—在酸性溶液中变红
酚酞试纸(无色)	溶解 1g 酚酞与 100mL 95% 酒精中,摇荡溶液,同时加入 100mL 水,将滤纸放入浸渍后,取出置于无氨蒸气处晾干	在碱性溶液中变成深红色
铅盐试纸(白色)	将滤纸置于 3% 醋酸铅溶液中,取出在无 H$_2$S 的房间中晾干	用以检出痕迹的 H$_2$S,作用时变黑
姜黄试纸(黄色)	取 5g 姜黄,在暗处与 40mL 乙醇浸煮,并不住摇荡。倾出溶液,用 120mL 乙醇与 100mL 水的混合液稀释之。保存于黑暗处的密闭器皿中。将滤纸放入浸渍后,取出置黑暗处晾干	与碱作用变成棕色(硼酸对它有同样的作用)

附录8　酸碱在水溶液中的离解常数（25℃）

化合物名称	分子式	K_1	K_2	K_3
铝酸	H_3AlO_3	6.3×10^{-12}		
亚砷酸	H_3AsO_3	6×10^{-10}		
砷酸	H_3AsO_4	6.03×10^{-3}	1.05×10^{-7}	3.15×10^{-12}
硼酸	H_3BO_3	5.8×10^{-10}		
次氯酸	HClO	3.2×10^{-8}		
甲酸	HCOOH	1.8×10^{-4}		
醋酸	CH_3COOH	1.8×10^{-5}		
碳酸	H_2CO_3	4.2×10^{-7}	5.6×10^{-11}	
铬酸	H_2CrO_4	1.04×10^{-1}	3.2×10^{-7}	
磷酸	H_3PO_4	7.6×10^{-3}	6.3×10^{-8}	4.8×10^{-13}
亚硫酸	H_2SO_3	1.3×10^{-2}	6.2×10^{-8}	
硫酸	H_2SO_4		1.20×10^{-2}	
氢硫酸	H_2S	1.3×10^{-7}	1.1×10^{-13}	
硅酸	H_2SiO_3	1.7×10^{-10}	1.6×10^{-15}	
草酸	$H_2C_2O_4$	5.4×10^{-2}	5.4×10^{-5}	
氨水	$NH_3\cdot H_2O$	1.8×10^{-5}		

附录9　溶度积常数（25℃）

化合物	溶度积	化合物	溶度积	化合物	溶度积
AgCl	1.8×10^{-10}	$Ca_3(PO_4)_2$	2×10^{-29}	$MnS(\alpha)$	2.5×10^{-10}
AgBr	4.9×10^{-13}	CdS	$3.6\times10^{-2}(18℃)$	$Mn(OH)_2$	1.9×10^{-13}
AgI	8.3×10^{-17}	CuI	1.1×10^{-12}	$MnCO_3$	1.8×10^{-11}
$AgClO_4$	41.1×10^{-12}	$Cu(IO_3)_2$	7.4×10^{-8}	$Ni(OH)_2$	2×10^{-15}
Ag_2S	6.3×10^{-50}	CuS	6.3×10^{-35}	$NiS(\beta)$	1.4×10^{-24}
AgAc	2.0×10^{-3}	Cu_2S	2.5×10^{-48}	$PbCrO_4$	2.8×10^{-13}
Ag_2CO_3	8.1×10^{-12}	Cu_2Cl_2	1.2×10^{-8}	PbI_2	27.1×10^{-9}
$Ag_2C_2O_4$	3.4×10^{-11}	$Cu(OH)_2$	2.2×10^{-20}	PbS	8.0×10^{-28}
Ag_3PO_4	1.41×10^{-18}	$Co(OH)_3$	1.6×10^{-44}	$PbSO_4$	1.60×10^{-8}
Ag_2SO_4	1.5×10^{-5}	$Co(OH)_2$	1.6×10^{-15}	PbC_2O_4	4.8×10^{-12}
$BaCO_3$	5.1×10^{-9}	$CoS(\alpha)$	4×10^{-21}	$PbCl_2$	1.6×10^{-5}
$BaCrO_4$	1.6×10^{-15}	$CoS(\beta)$	2×10^{-25}	$PbCO_3$	7.4×10^{-14}
$BaSO_4$	1.08×10^{-10}	$Fe(OH)_3$	4×10^{-38}	$Pb(OH)_2$	1.2×10^{-15}
BaC_2O_4	1.6×10^{-7}	$Fe(OH)_2$	8×10^{-15}	SnS	10^{-25}
Bi_2S_3	10^{-97}	FeS	6.3×10^{-18}	$SrCrO_4$	2.2×10^{-5}
$Bi(OH)_3$	4×10^{-31}	$Hg(OH)_2$	2×10^{-24}	SrC_2O_4	5.6×10^{-8}
$CaCO_3$	4.8×10^{-8}	Hg_2Cl_2	2×10^{-15}	$SrCO_3$	1.1×10^{-10}
CaF_2	2.7×10^{-11}	HgS	4×10^{-38}，2×10^{-52} （红）　　（黑）	$SrSO_4$	3.2×10^{-7}
$CaSO_4$	9.1×10^{-5}	$MgCO_3$	3.5×10^{-5}	$Zn(OH)_2$	1.2×10^{-17}
CaC_2O_4	4×10^{-9}	$MgNH_4PO_4$	2.5×10^{-13}	$ZnS(\alpha)$	1.6×10^{-24}
$CaHPO_4$	1×10^{-7}	$Mg(OH)_2$	1.8×10^{-11}	$ZnS(\beta)$	2.5×10^{-22}

附录 10　标准电极电势

物 质 名 称	电极反应(在酸性溶液中)	$E_A^{\ominus}/V$
	$AgI+e\Longrightarrow Ag+I^-$	-0.1519
	$Ag(S_2O_3)_2^{3-}+e\Longrightarrow Ag+2S_2O_3^{2-}$	$+0.01$
Ag	$AgBr+e\Longrightarrow Ag+Br^-$	$+0.713$
	$AgCl+e\Longrightarrow Ag+Cl^-$	$+0.2223$
	$Ag_2CrO_4+2e\Longrightarrow 2Ag+CrO_4^{2-}$	$+0.4463$
	$Ag^++e\Longrightarrow Ag$	$+0.7996$
Al	$Al^{3+}+3e\Longrightarrow Al$	-1.66
As	$HAsO_2+3H^++3e\Longrightarrow As+2H_2O$	$+0.2475$
	$H_3AsO_4+2H^++2e\Longrightarrow HAsO_2+2H_2O$	$+0.559$
Ba	$Ba^{2+}+2e\Longrightarrow Ba$	-2.90
Be	$Be^{2+}+2e\Longrightarrow Be$	-1.85
	$Bi_2O_5+6H^++4e\Longrightarrow 2BiO^++3H_2O$	$+1.6$
Bi	$BiOCl+2H^++3e\Longrightarrow Bi+Cl^-+H_2O$	$+0.1583$
	$BiO^++2H^++3e\Longrightarrow Bi+H_2O$	$+0.32$
Br$_2$	$Br_2(液)+2e\Longrightarrow 2Br^-$	$+1.065$
	$BrO_3^-+6H^++5e\Longrightarrow 1/2Br_2+3H_2O$	$+1.52$
Ca	$Ca^{2+}+2e\Longrightarrow Ca$	-2.76
Cd	$Cd^{2+}+2e\Longrightarrow Cd$	-0.403
	$ClO_4^-+2H^++2e\Longrightarrow ClO_3^-+H_2O$	$+1.19$
	$Cl_2+2e\Longrightarrow 2Cl^-$	$+1.3583$
	$HClO+H^++e\Longrightarrow 1/2Cl_2+H_2O$	$+1.63$
Cl	$ClO_2^-+3H^++2e\Longrightarrow HClO_2+H_2O$	$+1.21$
	$ClO_2+H^++e\Longrightarrow HClO_2$	$+1.275$
	$HClO_2+2H^++2e\Longrightarrow HClO+H_2O$	$+1.64$
Co	$Co^{2+}+2e\Longrightarrow Co$	-0.29
Cr	$Cr^{3+}+3e\Longrightarrow Cr$	-0.74
	$Cr_2O_7^{2-}+14H^++6e\Longrightarrow 2Cr^{3+}+7H_2O$	$+1.33$
	$CuI+e\Longrightarrow Cu+I^-$	-0.185
	$CuBr+e\Longrightarrow Cu+Br^-$	$+0.033$
	$CuCl+e\Longrightarrow Cu+Cl^-$	$+0.137$
	$Cu^{2+}+e\Longrightarrow Cu^+$	$+0.158$
Cu	$Cu^{2+}+2e\Longrightarrow Cu$	$+0.3402$
	$Cu^++e\Longrightarrow Cu$	$+0.522$
	$Cu^{2+}+Cl^-+e\Longrightarrow CuCl$	$+0.538$
	$Cu^{2+}+I^-+e\Longrightarrow CuI$	$+0.86$
F	$F_2+2e\Longrightarrow 2F^-$	$+2.87$

物 质 名 称	电极反应（在酸性溶液中）	$E_A^{\ominus}/V$
Fe	$Fe^{2+}+2e=\!=\!=Fe$	-0.409
	$Fe(CN)_6^{3-}+e=\!=\!=Fe(CN)_6^{4-}$	$+0.136$
	$Fe^{3+}+e=\!=\!=Fe^{2+}$	$+0.7$
H	$2H^++2e=\!=\!=H_2(气)$	0.00
Hg	$Hg_2Cl_2+2e=\!=\!=2Hg+2Cl^-$	$+0.2415$
	$Hg_2^{2+}+2e=\!=\!=2Hg$	$+0.7961$
	$Hg^{2+}+2e=\!=\!=Hg$	$+0.851$
	$2Hg^{2+}+2e=\!=\!=Hg_2^{2+}$	$+0.920$
I	$I_2+2e=\!=\!=2I^-$	$+0.5355$
	$I_3^-+2e=\!=\!=3I^-$	$+0.536$
	$IO_3^-+6H^++5e=\!=\!=1/2I_2+3H_2O$	$+1.19$
	$HIO+H^++e=\!=\!=1/2I_2+H_2O$	$+1.45$
K	$K^++e=\!=\!=K$	-2.924
Mg	$Mg^{2+}+2e=\!=\!=Mg$	-2.375
Mn	$Mn^{2+}+2e=\!=\!=Mn$	-1.029
	$MnO_4^-+e=\!=\!=MnO_4^{2-}$	$+0.564$
	$MnO_2+4H^++2e=\!=\!=Mn^{2+}+2H_2O$	$+1.208$
	$MnO_4^-+8H^++5e=\!=\!=Mn^{2+}+4H_2O$	$+1.491$
	$MnO_4^-+4H^++3e=\!=\!=MnO_2+2H_2O$	$+1.679$
Na	$Na^++e=\!=\!=Na$	-2.71
N	$NO_3^-+4H^++3e=\!=\!=NO+2H_2O$	$+0.96$
	$2NO_3^-+4H^++2e=\!=\!=N_2O_4+2H_2O$	$+0.81$
	$HNO_2+H^++e=\!=\!=NO+H_2O$	$+0.99$
	$N_2O_4+4H^++4e=\!=\!=2NO+2H_2O$	$+1.03$
	$NO_3^-+3H^++2e=\!=\!=HNO_2+H_2O$	$+0.94$
	$N_2O_4+2H^++2e=\!=\!=2HNO_2$	$+1.07$
O	$O_2+2H^++2e=\!=\!=H_2O_2$	$+0.682$
	$H_2O_2+2H^++2e=\!=\!=2H_2O$	$+1.776$
	$O_2+4H^++4e=\!=\!=2H_2O$	$+1.229$
P	$H_3PO_3+2H^++2e=\!=\!=H_3PO_2+H_2O$	-0.276
Pb	$PbI_2+2e=\!=\!=Pb+2I^-$	-0.364
	$PbSO_4+2e=\!=\!=Pb+SO_4^{2-}$	-0.356
	$PbCl_2+2e=\!=\!=Pb+2Cl^-$	-0.266
	$Pb^{2+}+2e=\!=\!=Pb$	-0.126
	$PbO_2+4H^++2e=\!=\!=Pb^{2+}+2H_2O$	$+1.46$
	$PbO_2+SO_4^{2-}+4H^++2e=\!=\!=PbSO_4+2H_2O$	$+1.685$

物 质 名 称	电极反应（在酸性溶液中）	$E_A^{\ominus}/V$
	$H_2SO_3+4H^++4e\Longrightarrow S+3H_2O$	$+0.45$
	$S+2H^++2e\Longrightarrow H_2S$	$+0.141$
	$SO_4^{2-}+4H^++2e\Longrightarrow H_2SO_3+H_2O$	$+0.20$
S	$S_4O_6^{2-}+2e\Longrightarrow 2S_2O_3^{2-}$	$+0.08$
	$2H_2SO_3+2H^++4e\Longrightarrow S_2O_3^{2-}+3H_2O$	$+0.40$
	$4H_2SO_3+4H^++6e\Longrightarrow S_4O_6^{2-}+6H_2O$	$+0.51$
	$S_2O_8^{2-}+2e\Longrightarrow 2SO_4^{2-}$	$+2.01$
Sb	$Sb_2O_3+6H^++6e\Longrightarrow 2Sb+3H_2O$	$+0.152$
	$Sb_2O_5+6H^++4e\Longrightarrow 2SbO^++3H_2O$	$+0.581$
Sn	$Sn^{4+}+2e\Longrightarrow Sn^{2+}$	$+0.15$
Ti	$TiO^{2+}+2H^++4e\Longrightarrow Ti+H_2O$	-0.89
	$TiO^{2+}+2H^++3e\Longrightarrow Ti^{3+}+H_2O$	$+0.1$
	$V(OH)_4^++4H^++5e\Longrightarrow V+4H_2O$	-0.253
V	$VO^{2+}+2H^++e\Longrightarrow V^{3+}+H_2O$	$+0.361$
	$V(OH)_4^++2H^++e\Longrightarrow VO^{2+}+3H_2O$	$+1.00$
Zn	$Zn^{2+}+2e\Longrightarrow Zn$	-0.763

物 质 名 称	电极反应（在碱性溶液中）	$E_B^{\ominus}/V$
	$Ag_2S+2e\Longrightarrow 2Ag+S^{2-}$	-0.69
Ag	$Ag_2O+H_2O+2e\Longrightarrow 2Ag+2OH^-$	$+0.344$
	$Ag(NH_3)_2^++e\Longrightarrow Ag+2NH_3$	$+0.373$
Al	$H_2AlO_3^-+H_2O+3e\Longrightarrow Al+4OH^-$	-2.35
As	$AsO_2^-+2H_2O+3e\Longrightarrow As+4OH^-$	-0.68
	$AsO_4^{3-}+2H_2O+2e\Longrightarrow AsO_2^-+4OH^-$	-0.67
Br	$BrO_3^-+3H_2O+6e\Longrightarrow Br^-+6OH^-$	$+0.61$
	$BrO^-+H_2O+2e\Longrightarrow Br^-+2OH^-$	$+0.76$
	$ClO_3^-+H_2O+2e\Longrightarrow ClO_2^-+2OH^-$	$+0.33$
Cl	$ClO_4^-+H_2O+2e\Longrightarrow ClO_3^-+2OH^-$	$+0.36$
	$ClO_2^-+H_2O+2e\Longrightarrow ClO^-+2OH^-$	$+0.66$
	$ClO^-+H_2O+2e\Longrightarrow Cl^-+2OH^-$	$+0.89$
	$Co(OH)_2+2e\Longrightarrow Co+2OH^-$	-0.73
Co	$Co(NH_3)_6^{3+}+e\Longrightarrow Co(NH_3)_6^{2+}$	$+0.1$
	$Co(OH)_3+3e\Longrightarrow Co(OH)_2+OH^-$	$+0.17$
	$Cr(OH)_3+3e\Longrightarrow Cr+3OH^-$	-1.3
Cr	$CrO_2^-+2H_2O+3e\Longrightarrow Cr+4OH^-$	-1.2
	$CrO_4^{2-}+4H_2O+3e\Longrightarrow Cr(OH)_3+5OH^-$	-0.13
Cu	$Cu_2O+H_2O+2e\Longrightarrow 2Cu+2OH^-$	-0.358
	$Cu(NH_3)_2^++e\Longrightarrow Cu+2NH_3$	-0.12

物 质 名 称	电极反应(在碱性溶液中)	$E_B^{\ominus}/V$
Fe	$Fe(OH)_2 + 2e \rightleftharpoons Fe + 2OH^-$	-0.877
	$Fe(OH)_3 + e \rightleftharpoons Fe(OH)_2 + OH^-$	-0.56
H	$2H_2O + 2e \rightleftharpoons H_2 + 2OH^-$	-0.828
Hg	$HgO + H_2O + 2e \rightleftharpoons Hg + 2OH^-$	$+0.098$
I	$IO_3^- + 3H_2O + 6e \rightleftharpoons I + 6OH^-$	$+0.29$
	$IO^- + H_2O + 2e \rightleftharpoons I^- + 2OH^-$	$+0.49$
Mg	$Mg(OH)_2 + 2e \rightleftharpoons Mg + 2OH^-$	-2.69
Mn	$Mn(OH)_2 + 2e \rightleftharpoons Mn + 2OH^-$	-1.55
	$MnO_2 + 2H_2O + 2e \rightleftharpoons Mn(OH)_2 + 2OH^-$	-0.05
	$MnO_4^- + 2H_2O + 3e \rightleftharpoons MnO_2 + 4OH^-$	$+0.58$
	$MnO_4^{2-} + 2H_2O + 2e \rightleftharpoons MnO_2 + 4OH^-$	$+0.60$
N	$NO_3^- + H_2O + 2e \rightleftharpoons NO_2^- + 2OH^-$	$+0.01$
O	$O_2 + 2H_2O + 4e \rightleftharpoons 4OH^-$	$+0.401$
S	$S + 2e \rightleftharpoons S^{2-}$	-0.48
	$SO_4^{2-} + H_2O + 2e \rightleftharpoons SO_3^{2-} + 2OH^-$	-0.98
	$2SO_3^{2-} + 3H_2O + 4e \rightleftharpoons S_2O_3^{2-} + 6OH^-$	-0.58
	$S_4O_6^{2-} + 2e \rightleftharpoons 2S_2O_3^{2-}$	$+0.08$
Sb	$SbO_2^- + 2H_2O + 2e \rightleftharpoons Sb + 4OH^-$	-0.66
	$H_3SbO_6^{4-} + H_2O + 2e \rightleftharpoons SbO_2^- + 5OH^-$	-0.40
Sn	$Sn(OH)_6^{2-} + 2e \rightleftharpoons HSnO_2^- + H_2O + 3OH^-$	-0.93
	$HSnO_2^- + H_2O + 2e \rightleftharpoons Sn + 3OH^-$	-0.91

附录 11　常见配离子的稳定常数

络 离 子	稳 定 常 数	络 离 子	稳 定 常 数
$[AgCl_2^-]^-$	1.1×10^5	$[Co(NH_3)_6]^{3+}$	1.6×10^{35}
$[Ag(NH_3)_2]^+$	1.1×10^7	$[Fe(CN)_6]^{4-}$	1.0×10^{35}
$[Ag(SO_3)_2]^{3-}$	2.9×10^{13}	$[Fe(CN)_6]^{3-}$	1.0×10^{42}
$[Ag(CN)_4]^{3-}$	1.6×10^{21}	$[Ni(NH_3)_4]^{2+}$	9.1×10^7
$[CuCl_2]^-$	3.1×10^9	$[Hg(NH_3)_4]^{2+}$	1.9×10^{19}
$[Cu(NH_3)_2]^+$	7.2×10^{10}	$[PbCl_4]^{2-}$	3.9×10^1
$[Cu(NH_3)_4]^{2+}$	2.1×10^{13}	$[FeF_3]$	$K_1 = 1.9 \times 10^5$
$[Ni(CN)_4]^{2-}$	2.1×10^{31}		$K_2 = 1.05 \times 10^4$
$[Zn(NH_3)_4]^{2+}$	2.9×10^9		$K_3 = 5.75 \times 10^2$
$[Zn(OH)_4]^{2-}$	4.3×10^{17}		$K_1 K_2 K_3 = 1.15 \times 10^{12}$
$[Zn(CN)_4]^{2-}$	5.0×10^{15}	$[HgI_4]^{2-}$	6.75×10^{29}
$[Co(NH_3)_6]^{2+}$	3.5×10^5		

附录12　常见离子鉴定方法

(一) 常见正离子的鉴定

1. NH_4^+

NH_4^+ 与 Nessler 试剂（$K_2[HgI_4]$ ＋KOH）反应生成红棕色的沉淀：

$$NH_4^+ + 2[HgI_4]^{2-} + 4OH^- \Longrightarrow HgO \cdot HgNH_2I \downarrow + 7I^- + 3H_2O$$

Nessler 试剂是 $K_2[HgI_4]$ 的碱性溶液，如果溶液中有 Fe^{3+}、Cr^{3+}、Co^{2+} 和 Ni^{2+} 等离子，能与 KOH 反应生成深色的氢氧化物沉淀，因而干扰 NH_4^+ 的鉴定，为此可改用下述方法：在原试液中加入 NaOH 溶液，并微热，用滴加 Nessler 试剂的滤纸条检验逸出的氨气，由于 $NH_3(g)$ 与 Nessler 试剂作用，使滤纸上出现红棕色斑点：

$$NH_3 + 2[HgI_4]^{2-} + 3OH^- \Longrightarrow HgO \cdot HgNH_2I \downarrow + 7I^- + 2H_2O$$

鉴定步骤：

(1) 取 10 滴试液于试管中，加入 NaOH 溶液（$2.0mol \cdot L^{-1}$）使呈碱性，微热，并用滴加 Nessler 试剂的滤纸检验逸出的气体。如有红棕色斑点出现，表示有 NH_4^+ 存在。

(2) 取 10 滴试液于试管中，加入 NaOH 溶液（$2.0mol \cdot L^{-1}$）碱化，微热，并用湿润的红色石蕊试纸（或用 pH 试纸）检验逸出的气体，如试纸显蓝色，则表示有 NH_4^+ 存在。

2. K^+

K^+ 与 $Na_3[Co(NO_2)_6]$（俗称钴亚硝酸钠）在中性或稀醋酸介质中反应，生成亮黄色 $K_2Na[Co(NO_2)_6]$ 沉淀：

$$2K^+ + Na^+ + [Co(NO_2)_6]^{3-} \Longrightarrow K_2Na[Co(NO_2)_6] \downarrow$$

强酸与强碱均能使试剂分解，妨碍鉴定，因此，在鉴定时必须将溶液调节至中性或微酸性。NH_4^+ 也能与试剂反应生成橙色 $(NH_4)_3[Co(NO_2)_6]$ 沉淀，故干扰 K^+ 的鉴定。为此，可在水浴中加热 2min，以使橙色沉淀完全分解。

$$NO_2^- + NH_4^+ \Longrightarrow N_2 \uparrow + 2H_2O$$

加热时，黄色的 $K_2Na[Co(NO_2)_6]$ 无变化，从而消除了 NH_4^+ 的干扰。

Cu^{2+}、Fe^{3+}、Co^{2+} 和 Ni^{2+} 等有色离子对鉴定也有干扰。

鉴定步骤：取 3～4 滴试液于试管中，加入 4～5 滴 Na_2CO_3 溶液（$0.5mol \cdot L^{-1}$），加热，使有色离子变为碳酸盐沉淀。离心分离，在所得清液中加入 HAc（$6.0mol \cdot L^{-1}$）溶液，再加入 2 滴 $Na_3[Co(NO_2)_6]$ 溶液，最后将试管放入沸水浴中加热 2min，若试管中有黄色沉淀，表示有 K^+ 存在。

3. Na^+

Na^+ 与 $Zn(Ac)_2 \cdot UO_2(Ac)_2$（醋酸铀酰锌）在中性或醋酸酸性介质中反应，生成淡黄色结晶状醋酸铀酰锌钠沉淀：

$$Na^+ + Zn^{2+} + 3UO_2^{2+} + 8Ac^- + HAc + 9H_2O$$
$$\Longrightarrow NaAc \cdot Zn(Ac)_2 \cdot 3UO_2(Ac)_2 \cdot 9H_2O \downarrow + H^+$$

在碱性溶液中，$3UO_2(Ac)_2$ 沉淀；在强酸性溶液中，醋酸铀酰锌钠沉淀的溶解度增加，因此，鉴定反应必须在中性或微酸性溶液中进行。

其他金属离子有干扰，可加 EDTA 配位掩蔽。

鉴定步骤：取 3 滴试液于试管中，加氨水（$6.0mol \cdot L^{-1}$）中和至碱性，再加 HAc 溶液

（6.0mol·L^{-1}）酸化，然后加 3 滴 EDTA 溶液（饱和）和 6～8 滴醋酸铀酰锌，充分摇荡，放置片刻，其中有淡黄色晶状沉淀生成，表示有 Na$^+$ 存在。

4. Mg^{2+}

Mg^{2+} 与镁试剂 I（对硝基苯偶氮间苯二酚）在碱性介质中反应，生成蓝色螯合物沉淀：

镁试剂　I

蓝色沉淀

有些能生成深色氢氧化物沉淀的金属离子对鉴定有干扰，可用 EDTA 配位掩蔽。

鉴定步骤：取 1 滴试液于点滴板上，加 2 滴 EDTA 溶液（饱和）搅拌后，加 1 滴镁试剂 I，1 滴 NaOH 溶液（6.0mol·L^{-1}），如有蓝色沉淀生成，表示有 Mg^{2+} 存在。

5. Ca^{2+}

Ca^{2+} 与乙二醛双缩［2-羟基苯胺］（简称 GBHA）在 pH＝12～12.6 反应生成螯合物沉淀：

GBHA　　　　　　　　　　　　　　　　　　红色溶液

沉淀能溶于 CHCl$_3$ 中，Ba^{2+}、Sr^{2+}、Ni^{2+}、Co^{2+}、Cu^{2+} 等与 GBHA 反应生成有色沉淀，但不溶于 CHCl$_3$，故它们对 Ca^{2+} 鉴定无干扰，而 Cd^{2+} 干扰。

鉴定步骤：取 1 滴试液于试管中，加入 10 滴 CHCl$_3$，加入 4 滴 GBHA(0.2%)、2 滴 NaOH 溶液(6.0mol·L^{-1})、2 滴 Na$_2$CO$_3$ 溶液(1.5mol·L^{-1})，摇荡试管，如果 CHCl$_3$ 层显红色，表示有 Ca^{2+} 存在。

6. Sr^{2+}

由于易挥发的锶盐如 SrCl$_2$ 置于煤气灯氧化焰中灼烧，能产生猩红色火焰，故利用焰色反应鉴定 Sr^{2+}。若试样是不易挥发的 SrSO$_4$，应采用 Na$_2$CO$_3$ 使它转变为碳酸锶，再加 HCl 使 SrCO$_3$ 转化为 SrCl$_2$。

鉴定步骤：取 4 滴试样于试管中，加入 4 滴 Na$_2$CO$_3$ 溶液(0.5mol·L^{-1})，在水浴中加热得 SrCO$_3$ 沉淀，离心分离。在沉淀中加入 2 滴 HCl 溶液（6.0mol·L^{-1}），使其溶解为 SrCl$_2$，然后用清洁的镍铬丝或铂丝蘸取 SrCl$_2$ 置于煤气灯的氧化焰中灼烧，如有猩红色火焰，表示有 Sr^{2+} 存在。

注意，在作焰色反应前，应将镍铬丝或铂丝蘸取浓 HCl 在煤气灯的氧化焰中灼烧，反复数次，直至火焰无色。

7. Ba^{2+}

在弱酸性介质中，Ba^{2+} 与 K$_2$CrO$_4$ 反应生成黄色 BaCrO$_4$ 沉淀：

$$Ba^{2+}+CrO_4^{2-}=\!\!=\!\!=BaCrO_4(s)$$

沉淀不溶于醋酸，但可溶于强酸，因此鉴定反应必须在弱酸中进行。Pb^{2+}、Hg^{2+}、Ag^+等离子也能与K_2CrO_4反应生成不溶于醋酸的有色沉淀，为此，可预先用金属锌使Pb^{2+}、Hg^{2+}、Ag^+等还原成金属单质而除去。

鉴定步骤：取4滴试样于试管中，加$NH_3 \cdot H_2O$（浓）使呈碱性，再加锌粉少许，在沸水浴中加热$1\sim2min$，并不断搅拌，离心分离。在溶液中加醋酸酸化，加入$3\sim4$滴K_2CrO_4溶液，摇荡，在沸水中加热，如有黄色沉淀，表示有Ba^{2+}存在。

8. Al^{3+}

Al^{3+}与铝试剂（金黄色素三羧）在$pH=6\sim7$介质中反应，生成红色絮状螯合物沉淀：

Cu^{2+}、Bi^{3+}、Fe^{3+}、Cr^{3+}、Ca^{2+}等干扰反应，Fe^{3+}、Bi^{3+}可预先加$NaOH$使之生成$Fe(OH)_3$、$Bi(OH)_3$而除去。Cr^{3+}、Cu^{2+}与铝试剂螯合物能被$NH_3 \cdot H_2O$分解。Ca^{2+}与铝试剂的螯合物能被$(NH_4)_2CO_3$转化为$CaCO_3$。

鉴定步骤：取4滴试液于试管中，加$NaOH$溶液（$6.0mol \cdot L^{-1}$）碱化，并过量2滴，加入2滴H_2O_2（3%），加热$2min$，离心分离。用HAc溶液（$6.0mol \cdot L^{-1}$）将溶液酸化，调pH值为$6\sim7$，加3滴铝试剂，摇荡后，放置片刻，加$NH_3 \cdot H_2O$（$6.0mol \cdot L^{-1}$）碱化，置于水浴上加热，如有橙红色（有CrO_4^{2-}存在）物质生成，可离心分离。用去离子水洗沉淀。如沉淀为红色，表示有Al^{3+}存在。

9. Sn^{2+}

（1）与$HgCl_2$反应：$SnCl_2$溶液中$Sn(Ⅱ)$主要以$SnCl_4^{2-}$形式存在。$SnCl_4^{2-}$与适量$HgCl_2$反应生成白色Hg_2Cl_2沉淀：

$$SnCl_4^{2-}+2HgCl_2=\!\!=\!\!=SnCl_6^{2-}+Hg_2Cl_2 \downarrow$$

如果$SnCl_4^{2-}$过量，则沉淀先变为灰色，即Hg_2Cl_2与Hg的混合物，最后变为黑色的Hg：

$$SnCl_4^{2-}+Hg_2Cl_2(s)=\!\!=\!\!=SnCl_6^{2-}+2Hg \downarrow$$

加入铁粉，可使许多电极电位大的电对的离子还原为金属原子，预先分离，从而消除干扰。

鉴定步骤：取2滴试液于试管中，加2滴HCl溶液（$6.0mol \cdot L^{-1}$），加少许铁粉，在水浴中加热至作用完全，气泡不再发生为止。吸取清液于另一干净试管中，加入2滴$HgCl_2$，如有白色沉淀生成，表示Sn^{2+}存在。

（2）与甲基橙反应：$SnCl_4^{2-}$与甲基橙在浓HCl介质中加热进行反应，甲基橙被还原为氢化甲基橙而褪色：

甲基橙

$$H_3C \underset{H_3C}{\overset{}{>}} N \underbrace{}_{} N \overset{|}{\underset{H}{N}} - \overset{|}{\underset{H}{N}} \underbrace{}_{} SO_3Na \quad 氢化甲基橙$$

鉴定步骤：取 2 滴试液于试管中，加入 2 滴 HCl（浓）及 1 滴甲基橙（0.01%），加热，如甲基橙褪色，表示有 Sn^{2+} 存在。

10. Pb^{2+}

Pb^{2+} 与 K_2CrO_4 在稀 HAc 溶液中反应生成难溶的 $PbCrO_4$ 黄色沉淀：

$$Pb^{2+} + CrO_4^{2-} =\!=\!= PbCrO_4 \downarrow$$

沉淀溶于 NaOH 溶液及浓 HNO_3：

$$PbCrO_4(s) + 3OH^- =\!=\!= Pb(OH)_3^- + CrO_4^{2-}$$

$$2PbCrO_4(s) + 2H^+ =\!=\!= 2Pb^{2+} + Cr_2O_7^{2-} + H_2O$$

沉淀难溶于稀 HAc、稀 HNO_3 及 $NH_3 \cdot H_2O$。

Ba^{2+}、Bi^{3+}、Hg^{2+} 和 Ag^+ 等离子在 HAc 溶液中也能与 CrO_4^{2-} 作用生成有色沉淀，所以，这些离子的存在对 Pb^{2+} 的鉴定有干扰。可先加入 H_2SO_4 溶液，使 Pb^{2+} 生成 $PbSO_4$ 沉淀，再用 NaOH 溶液溶解 $PbSO_4$，使 Pb^{2+} 与其他难溶硫酸盐如 $BaSO_4$、$SrSO_4$ 等分开。

鉴定步骤：取 4 滴试液于试管中，加入 2 滴 H_2SO_4 溶液（6.0mol·L^{-1}），加热，摇荡，使 Pb^{2+} 沉淀完全，离心分离。在沉淀中加入过量 NaOH 溶液（6.0mol·L^{-1}），并加热 1min，使 $PbSO_4$ 转化为 $Pb(OH)_3^-$，离心分离。在清液中加 HAc 溶液（6.0mol·L^{-1}），再加入 2 滴 K_2CrO_4 溶液（0.1mol·L^{-1}），如有黄色沉淀，表示有 Pb^{2+} 存在。

11. Bi^{3+}

Bi(Ⅲ) 在碱性溶液中能被 Sn(Ⅱ) 还原为黑色 Bi：

$$2Bi(OH)_3 + 3[Sn(OH)_4]^{2-} =\!=\!= 2Bi \downarrow + 3[Sn(OH)_6]^{2-}$$

鉴定步骤：取 3 滴试液于试管中，加入 $NH_3 \cdot H_2O$（浓），Bi(Ⅲ) 变为 $Bi(OH)_3$ 沉淀，离心分离。洗涤沉淀，以除去可能共存的 Cu(Ⅱ) 和 Cd(Ⅱ)。在沉淀中加入少量新配制的 $Na_2[Sn(OH)_4]$ 溶液，如沉淀变黑，表示有 Bi(Ⅲ) 存在。

$Na_2[Sn(OH)_4]$ 溶液的配制方法：取几滴 $SnCl_2$ 溶液于试管中，加入 NaOH 溶液至生成的 $Sn(OH)_2$ 白色沉淀恰好溶解，便得到澄清的 $Na_2[Sn(OH)_4]$ 溶液。

12. Sb^{3+}

Sb(Ⅲ) 在酸性溶液中能被金属锡还原为金属锑：

$$2SbCl_6^{3-} + 3Sn =\!=\!= 2Sb \downarrow + 3SnCl_4^{2-}$$

当砷离子存在时，也能在锡箔上生成黑色斑（As），但 As 与 Sb 不同，当用水洗去锡箔上的酸后加新配制的 NaBrO 溶液则溶解。注意一定要将 HCl 洗净，否则在酸性条件下，NaBrO 也能使 Sb 的黑色斑点溶解。

Hg_2^{2+}、Bi^{3+} 等离子也干扰 Sb^{3+} 的鉴定，可用 $(NH_4)_2S$ 预先分离。

鉴定步骤：取 6 滴试液于试管中，加 $NH_3 \cdot H_2O$ 溶液（6.0mol·L^{-1}）碱化，加 5 滴 $(NH_4)_2S$ 溶液（0.5mol·L^{-1}），并充分摇荡，于水浴上加热 5min 左右，离心分离。在溶液中加 HCl 溶液（6.0mol·L^{-1}）酸化，使呈微酸性，并加热 3～5min，离心分离。沉淀中加入 3 滴 HCl（浓），再加热使 Sb_2S_3 溶解。取此溶液滴在锡箔上，片刻锡箔上出现黑斑。用水洗去酸，再用 1 滴新配制的 NaBrO 溶液处理，黑斑不消失，表示有 Sb(Ⅲ) 存在。

13. As(Ⅲ)、As(Ⅴ)

砷常以 AsO_3^{3-}、AsO_4^{3-} 形式存在。

AsO_3^{3-} 在碱性溶液中能被金属锌还原为 AsH_3 气体：

$$AsO_3^{3-}+3OH^-+3Zn+6H_2O = 3Zn(OH)_4^{2-}+AsH_3\uparrow$$

AsH_3 气体能与 $AgNO_3$ 作用，生成的产物由黄色逐渐变为黑色：

$$6AgNO_3+AsH_3 = Ag_3As\cdot3AgNO_3\downarrow（黄）+3HNO_3$$

$$Ag_3As\cdot3AgNO_3+3H_2O = H_3AsO_3+3HNO_3+6Ag\downarrow（黑色）$$

这是鉴定 AsO_3^{3-} 的特效反应。若是 AsO_4^{3-} 应预先用亚硫酸还原。

鉴定步骤：取 3 滴试液于试管中，加 NaOH 溶液（6.0mol·L^{-1}）碱化，再加少许 Zn 粒，立刻用一小团脱脂棉塞在试管上部，再用 5% $AgNO_3$ 溶液浸过的滤纸盖在试管口上，置于水浴中加热，如滤纸上 $AgNO_3$ 斑点渐渐变黑，表示有 AsO_3^{3-} 存在。

14. Ti^{4+}

Ti^{4+} 能与 H_2O_2 反应生成橙色的过钛酸溶液：

$$Ti^{4+}+4Cl^-+H_2O_2=\left[\begin{matrix}O\\ \mid\\ O\\ \mid\\ O\end{matrix}TiCl_4\right]^{2-}+2H^+$$

Fe^{3+}、CrO_4^{2-}、MnO_4^- 等有色离子都干扰 Ti^{4+} 的鉴定，但可用 $NH_3\cdot H_2O$ 和 NH_4Cl 沉淀 Ti^{4+}，从而与其他离子分离。Fe^{3+} 可加 H_3PO_4 配位掩蔽。

鉴定步骤：取 4 滴试液于试管中，加入 7 滴氨水（浓）和 5 滴 NH_4Cl 溶液（1.0mol·L^{-1}），摇荡，离心分离。在沉淀中加 2~3 滴 HCl（浓）和 4 滴 H_3PO_4（浓），使沉淀溶解，再加入 4 滴 H_2O_2 溶液（3%），摇荡，如溶液呈橙色，表示有 Ti^{4+} 存在。

15. Cr^{3+}

生成过氧化铬 $CrO(O_2)_2$ 的反应：

Cr^{3+} 在碱性介质中可被 H_2O_2 或 Na_2O_2 氧化为 CrO_4^{2-}，即

$$2[Cr(OH)_4]^-+3H_2O_2+2OH^- \rightleftharpoons 2CrO_4^{2-}+8H_2O$$

加 HNO_3 酸化，溶液由黄色变为橙色：

$$2CrO_4^{2-}+2H^+ \rightleftharpoons Cr_2O_7^{2-}+H_2O$$

在含有 $Cr_2O_7^{2-}$ 的酸性溶液中，加戊醇（或乙醚）和少量 H_2O_2，摇荡后，戊醇层呈蓝色：

$$Cr_2O_7^{2-}+4H_2O_2+2H^+ = 2CrO(O_2)_2+5H_2O$$

蓝色的 $CrO(O_2)_2$ 在水溶液中不稳定，在戊醇中较稳定。溶液 pH 值应控制在 2~3，当酸度过大时(pH<1)，则

$$4CrO(O_2)_2+12H^+ = 4Cr^{3+}+7O_2\uparrow（g）+6H_2O$$

溶液变蓝绿色（Cr^{3+} 颜色）。

鉴定步骤：取 2 滴试液于试管中，加 NaOH 溶液（2.0mol·L^{-1}）至生成沉淀又溶解，再多加 2 滴。加 H_2O_2 溶液（3%），微热，溶液呈黄色。冷却后再加 5 滴 H_2O_2 溶液（3%），加 1mL 戊醇（或乙醚），最后慢慢滴加 HNO_3 溶液（6.0mol·L^{-1}）（注意，每加 1 滴 HNO_3 都必须充分摇荡）。如戊醇层呈蓝色，表示有 Cr^{3+} 存在。

16. Mn^{2+}

Mn^{2+} 在稀 HNO_3 或稀 H_2SO_4 介质中可被 $NaBiO_3$ 氧化为紫红色 MnO_4^-：

$$2Mn^{2+}+5NaBiO_3(s)+14H^+ == 2MnO_4^-+5Bi^{3+}+5Na^++7H_2O$$

过量的 Mn^{2+} 会将生成的 MnO_4^- 还原为 $MnO(OH)_2(s)$。Cl^- 及其他还原剂存在，对 Mn^{2+} 的鉴定有干扰，因此不能在 HCl 溶液中鉴定 Mn^{2+}。

鉴定步骤：取 2 滴试液于试管中，加 HNO_3 溶液（6.0mol·L^{-1}）酸化，加少量 $NaBiO_3$ 固体，摇荡后，静置片刻，如溶液呈紫红色，表示有 Mn^{2+} 存在。

17. Fe^{2+}

Fe^{2+} 与 $K_3[Fe(CN)_6]$ 溶液在 pH<7 溶液中反应，生成深蓝色沉淀（腾氏蓝）：

$$xFe^{2+}+xK^++x[Fe(CN)_6]^{3-} == [KFe(Ⅲ)(CN)_6Fe(Ⅱ)]_x(s)$$

$[KFe(CN)_6Fe]_x$ 沉淀能被强碱分解，生成红棕色 $Fe(OH)_3$ 沉淀。

鉴定步骤：取 1 滴试液于点滴板上，加入 1 滴 HCl 溶液（2.0mol·L^{-1}）酸化，加入 1 滴 $K_3[Fe(CN)_6]$ 溶液（0.1mol·L^{-1}），如出现蓝色沉淀，表示有 Fe^{2+} 存在。

18. Fe^{3+}

(1) 与 KSCN 或 NH_4SCN 反应：Fe^{3+} 与 SCN^- 在稀酸介质中反应，生成可溶于水的深红色 $[Fe(NCS)_n]^{3-n}$ 离子：

$$Fe^{3+}+nSCN^- == [Fe(NCS)_n]^{3-n}(n=1\sim6)$$

$[Fe(NCS)_n]^{3-n}$ 能被碱分解，生成红棕色 $Fe(OH)_3$ 沉淀。浓 H_2SO_4 及浓 HNO_3 能使试剂分解：

$$SCN^-+H_2SO_4+H_2O == NH_4^++COS\uparrow+SO_4^{2-}$$
$$3SCN^-+13NO_3^-+10H^+ == 3CO_2\uparrow+3SO_4^{2-}+16NO\uparrow+5H_2O$$

鉴定步骤：取 1 滴试液于点滴板上，加入 1 滴 HCl（2.0mol·L^{-1}）酸化，加入 1 滴 KNCS 溶液（0.1mol·L^{-1}），如溶液显红色，表示有 Fe^{3+} 存在。

(2) 与 $K_4[Fe(CN)_6]$ 反应：Fe^{3+} 与 $K_4[Fe(CN)_6]$ 反应生成蓝色沉淀（普鲁士蓝）：

$$xFe^{3+}+xK^++x[Fe(CN)_6]^{4-} == [KFe(Ⅲ)(CN)_6Fe(Ⅱ)]_x(s)$$

沉淀不溶于稀酸，但能被浓 HCl 分解，也能被 NaOH 溶液转化为红棕色的 $Fe(OH)_3$ 沉淀。

鉴定步骤：取 1 滴试液于点滴板上，分别加入 1 滴 HCl 溶液（2.0mol·L^{-1}）及 1 滴 $K_4[Fe(CN)_6]$，如立即生成蓝色沉淀，表示有 Fe^{3+} 存在。

19. Co^{2+}

Co^{2+} 在中性或微酸性溶液中与 KSCN 反应生成蓝色的 $[Co(NCS)_4]^{2-}$：

$$Co^{2+}+4SCN^- == [Co(NCS)_4]^{2-}$$

该配离子在水溶液中不稳定，但在丙酮或戊醇溶液中较稳定。Fe^{3+} 的干扰可加 NaF 来掩蔽。大量 Ni^{2+} 存在，溶液呈浅蓝色干扰反应。

鉴定步骤：取 5 滴试液于试管中，加入数滴丙酮戊醇，再加少量 KSCN 或 NH_4SCN 晶体，充分摇荡，若溶液呈鲜艳的蓝色，表示有 Co^{2+} 存在。

20. Ni^{2+}

Ni^{2+} 与丁二肟在弱碱性溶液中反应，生成鲜红色螯合物沉淀。

大量的 Co^{2+}、Fe^{2+}、Fe^{3+}、Cu^{2+} 等离子因为与试剂反应生成有色的沉淀，故干扰

Ni^{2+} 的鉴定。可预先分离这些离子。

鉴定步骤：取 5 滴试液于试管中，加入 5 滴氨水（$2.0mol \cdot L^{-1}$）碱化，加丁二肟溶液（1%），若出现鲜红色沉淀，表示有 Ni^{2+} 存在。

21. Cu^{2+}

Cu^{2+} 与 $K_4[Fe(CN)_6]$ 在中性或弱酸性介质中反应，生成红棕色 $Cu_2[Fe(CN)_6]$ 沉淀：

$$2Cu^{2+} + [Fe(CN)_6]^{4-} = Cu_2[Fe(CN)_6](s)$$

沉淀难溶于稀 HCl、HAc 及稀 $NH_3 \cdot H_2O$，但易溶于浓 $NH_3 \cdot H_2O$：

$$Cu_2[Fe(CN)_6](s) + 8NH_3 = 2[Cu(NH_3)_4]^{2+} + [Fe(CN)_6]^{4-}$$

沉淀易被 NaOH 溶液转化为 $Cu(OH)_2$：

$$Cu_2[Fe(CN)_6](s) + 4OH^- = 2Cu(OH)_2(s) + [Fe(CN)_6]^{4-}$$

Fe^{3+} 干扰 Cu^{2+} 的鉴定，可加 NaF 掩蔽 Fe^{3+}，或加 $NH_3 \cdot H_2O$（$6.0mol \cdot L^{-1}$）及 NH_4Cl（$1.0mol \cdot L^{-1}$）使 Fe^{3+} 生成 $Fe(OH)_3$ 沉淀，将 $Fe(OH)_3$ 完全分离出去，而 Cu^{2+} 生成 $[Cu(NH_3)_4]^{2+}$ 留在溶液中。用 HCl 溶液酸化后，再加 $K_4[Fe(CN)_6]$ 检查 Cu^{2+}。

鉴定步骤：取 1 试液于点滴板上，加入 2 滴 $K_4[Fe(CN)_6]$ 溶液（$0.1mol \cdot L^{-1}$），若生成红棕色沉淀，表示有 Cu^{2+} 存在。

22. Zn^{2+}

Zn^{2+} 在强碱性溶液中与二苯硫腙反应生成粉红色螯合物：

生成的螯合物在水溶液中难溶，显粉红色，在 CCl_4 中易溶，显棕色。

鉴定步骤：取 2 滴试液于试管中，加入 5 滴 $NaOH$（$6.0mol \cdot L^{-1}$）溶液、10 滴 CCl_4、2 滴二苯硫腙溶液，摇荡，如果水层中显粉红色，CCl_4 层由绿色变为棕色，表示有 Zn^{2+} 存在。

23. Ag^+

Ag^+ 与稀 HCl 反应生成白色 AgCl 沉淀。AgCl 沉淀能溶于浓 HCl 形成 $[AgCl_2]^-$、$[AgCl_3]^{2-}$。AgCl 沉淀也能溶于稀 $NH_3 \cdot H_2O$ 形成 $[Ag(NH_3)_2]^+$：

$$AgCl(s) + 2NH_3 = [Ag(NH_3)_2]^+ + Cl^-$$

利用此反应与其他阳离子氯化物沉淀分离。在溶液中加 HNO_3 溶液，重新得到 AgCl 沉淀：

$$[Ag(NH_3)_2]^+ + Cl^- + 2H^+ = AgCl \downarrow + 2NH_4^+$$

或者在溶液中加入 KI 溶液，得到黄色 AgI 沉淀。

鉴定步骤：取 5 滴试液于试管中，加入 5 滴 HCl 溶液（$2.0mol \cdot L^{-1}$），置于水浴中温热，使沉淀聚集，离心分离。沉淀用热的去离子水洗一次，然后加入过量 $NH_3 \cdot H_2O$（$6.0mol \cdot L^{-1}$），摇荡，如有不溶沉淀物存在，离心分离。取一部分溶液于一试管中，加入 HNO_3 溶液（$2.0mol \cdot L^{-1}$），如有白色沉淀，表示有 Ag^+ 存在。或取一部分溶液于一试管中，加入 KI 溶液（$0.1mol \cdot L^{-1}$），如有黄色沉淀生成，表示有 Ag^+ 存在。

24. Cd^{2+}

Cd^{2+} 与 S^{2-} 反应生成黄色 CdS 沉淀。沉淀溶于 HCl 溶液（$6.0mol \cdot L^{-1}$）和稀 HNO_3，但不溶于 Na_2S、$(NH_4)_2S$、NaOH、KCN 和 HAc。

可用控制溶液酸度的方法与其他离子分离并鉴定。

鉴定步骤：取 3 滴试液于试管中，加入 10 滴 HCl（$2.0mol \cdot L^{-1}$）溶液、3 滴 Na_2S（$0.1mol \cdot L^{-1}$）溶液，可使 Cu^{2+} 沉淀，Co^{2+}、Ni^{2+} 和 Cd^{2+} 均无反应，离心分离。在清液中加 NH_4Ac 溶液（30%），使酸度降低，若有黄色沉淀析出，表示有 Cd^{2+} 存在。在该酸度下，Co^{2+}、Ni^{2+} 不会生成硫化物沉淀。

25. Hg^{2+}、Hg_2^{2+}

（1）Hg_2^{2+} 能被 Sn^{2+} 逐步还原，最后还原为金属汞，沉淀由白色（Hg_2Cl_2）变为灰色或黑色（Hg）：

$$2HgCl_2 + SnCl_4^{2-} \Longrightarrow Hg_2Cl_2 \downarrow + SnCl_6^{2-}$$
$$Hg_2Cl_2 + SnCl_4^{2-} \Longrightarrow 2Hg \downarrow + SnCl_6^{2-}$$

鉴定步骤：取 2 滴试液，加入 2～3 滴 $SnCl_2$ 溶液（$0.1mol \cdot L^{-1}$），若生成白色沉淀，并逐渐转变为灰色或黑色，表示有 Hg_2^{2+} 存在。

（2）Hg^{2+} 能与 KI、$CuSO_4$ 溶液反应生成橙红色 $Cu_2[HgI_4]$ 沉淀：

$$Hg^{2+} + 4I^- \Longrightarrow [HgI_4]^{2-}$$
$$2Cu^{2+} + 4I^- \Longrightarrow 2CuI(s) + I_2 \downarrow$$
$$2CuI(s) + [HgI_4]^{2-} \Longrightarrow Cu[HgI_4] \downarrow + 2I^-$$

为了除去黄色的 I_2，可用 Na_2SO_3 还原 I_2：

$$SO_3^{2-} + I_2 + H_2O \Longrightarrow SO_4^{2-} + 2H^+ + 2I^-$$

鉴定步骤：取 2 滴试液，加入 2 滴 KI 溶液（4%）和 2 滴 $CuSO_4$ 溶液，加少量 Na_2SO_3 固体，如生成橙红色 $Cu_2[HgI_4]$ 沉淀，表示有 Hg^{2+} 存在。

（3）Hg_2^{2+}：可将 Hg_2^{2+} 氧化为 Hg^{2+}，再鉴定 Hg^{2+}。Hg_2^{2+} 从混合正离子中分离出来，常常加稀 HCl 使 Hg_2^{2+} 生成 Hg_2Cl_2 沉淀。在常见正离子中还有 Ag^+、Pb^{2+} 的氯化物难溶于水。由于 $PbCl_2$ 溶解度较大，可溶于热水，可与 Hg_2Cl_2、AgCl 分离。在 Hg_2Cl_2、AgCl 沉淀中加 HNO_3 和稀 HCl 溶液，AgCl 不溶解，Hg_2Cl_2 溶解，同时被氧化为 $HgCl_2$，从而使 Hg^{2+} 与 Ag^+ 分离：

$$3Hg_2Cl_2(s) + 2HNO_3 + 6HCl \Longrightarrow 6HgCl_2 + 2NO \uparrow + 4H_2O$$

鉴定步骤：取 3 滴试液于试管中，加入 3 滴 HCl 溶液（$2.0mol \cdot L^{-1}$），充分摇荡，置水浴中加热 1min，趁热分离。沉淀用热 HCl 水［1mL 水加入 1 滴 HCl 溶液（$2.0mol \cdot L^{-1}$）配成］洗两次。于沉淀中加入 2 滴 HNO_3（浓）及 1 滴 HCl 溶液（$2.0mol \cdot L^{-1}$），摇荡，并加热 1min，则 Hg_2Cl_2 溶解，而 AgCl 沉淀不溶解，离心分离。于溶液中加 2 滴 KI(4%)、2

滴 $CuSO_4$ 溶液（2%）及少量 Na_2SO_3 固体。如生成橙红色 $Cu_2[HgI_4]$ 沉淀，表示有 Hg_2^{2+} 存在。

（二）常见负离子鉴定

1. CO_3^{2-}

将试液酸化后产生的 CO_2 气体导入 $Ba(OH)_2$ 溶液，能使 $Ba(OH)_2$ 溶液变浑浊。SO_3^{2-} 对 CO_3^{2-} 的检出有干扰，可在酸化前加入 H_2O_2 溶液，使 SO_3^{2-}、S^{2-} 氧化为 SO_4^{2-}：

$$SO_3^{2-} + H_2O_2 = SO_4^{2-} + H_2O$$
$$S^{2-} + 4H_2O_2 = SO_4^{2-} + 4H_2O$$

鉴定步骤：取 10 滴试液于试管中，加入 10 滴 H_2O_2 溶液（3%），置于水浴中加热 3min，如果检验溶液中无 SO_3^{2-}、S^{2-} 存在时，可向溶液中一次加入半滴管 HCl 溶液（$6.0mol·L^{-1}$），并立即插入吸有 $Ba(OH)_2$ 溶液（饱和）的带塞滴管，使滴管口悬挂 1 滴溶液，观察溶液是否变浑浊。或者向试管中插入蘸有 $Ba(OH)_2$ 溶液的带塞的镍铬丝小圈，若镍铬小圈上的液膜变浑浊，表示有 CO_3^{2-} 存在。

2. NO_3^-

NO_3^- 与 $FeSO_4$ 溶液在浓 H_2SO_4 介质中反应生成棕色 $[Fe(NO)]SO_4$：

$$6FeSO_4 + 2NaNO_3 + 4H_2SO_4 = 3Fe_2(SO_4)_3 + 2NO\uparrow + Na_2SO_4 + 4H_2O$$
$$FeSO_4 + NO = [Fe(NO)]SO_4$$

$[Fe(NO)]^{2+}$ 在浓 H_2SO_4 与试液层界面处生成，呈棕色环状，故称"棕色环"法。Br^-、I^- 及 NO_2^- 等干扰 NO_3^- 的鉴定。加稀 H_2SO_4 及 Ag_2SO_4 溶液，使 Br^-、I^- 生成沉淀后分离出去。在溶液中加入尿素，并微热，可除去 NO_2^-：

$$2NO_2^- + CO(NH_2)_2 + 2H^+ = 2N_2\uparrow + CO_2\uparrow + 3H_2O$$

鉴定步骤：取 10 滴试液于试管中，加入 5 H_2SO_4（$2.0mol·L^{-1}$）溶液、1mL Ag_2SO_4（$0.02mol·L^{-1}$）溶液，离心分离。在清液中加入少量尿素固体，并微热。在溶液中加放少量 $FeSO_4$ 固体，摇荡溶解后，将试管斜持，慢慢沿试管壁滴入 1mL H_2SO_4（浓）。若 H_2SO_4 层与水溶液层的界面处有"棕色环"出现，则表示有 NO_3^- 存在。

3. NO_2^-

（1）NO_2^- 与 $FeSO_4$ 在 HAc 介质中反应，生成棕色 $[Fe(NO)]SO_4$：

$$Fe^{2+} + NO_2^- + 2HAc = Fe^{3+} + NO\uparrow + H_2O + 2Ac^-$$
$$Fe^{2+} + NO = [Fe(NO)]^{2+}$$

鉴定步骤：取 5 滴试液于试管中，加入 10 滴 Ag_2SO_4 溶液（$0.02mol·L^{-1}$），若有沉淀生成，离心分离。在清液中加少量 $FeSO_4$ 固体，摇荡溶解后，加入 10 滴 HAc 溶液（$2.0mol·L^{-1}$），若溶液呈棕色，表示有 NO_2^- 存在。

（2）NO_2^- 与硫脲在稀 HAc 介质中反应生成 N_2 和 SCN^-：

$$CS(NH_2)_2 + HNO_2 = N_2\uparrow + H^+ + SCN^- + 2H_2O$$

生成的 SCN^- 在稀 HCl 介质中与 $FeCl_3$ 反应生成红色 $[Fe(NCS)_n]^{3-n}$。I^- 干扰 NO_2^- 的鉴定，可预先加 Ag_2SO_4 溶液使 I^- 生成 AgI 而分离出去。

鉴定步骤：取 5 滴试液于试管中，加入 10 滴 Ag_2SO_4 溶液（$0.02mol·L^{-1}$），离心分离。在清液中，加入 3~5 滴 HAc 溶液（$6.0mol·L^{-1}$）和 10 滴硫脲溶液（8%），摇荡，再

加入 5～6 滴 HCl 溶液（2.0mol·L^{-1}）及 1 滴 FeCl$_3$ 溶液（0.1mol·L^{-1}），若溶液显红色，表示有 NO$_2^-$ 存在。

4. PO$_4^{3-}$

PO$_4^{3-}$ 与（NH$_4$）$_2$MoO$_4$ 溶液在酸性介质中反应，生成黄色的磷钼酸铵沉淀：

$$PO_4^{3-}+3NH_4^++12MoO_4^{2-}+24H^+ =\!=\!= (NH_4)_3PO_4·12MoO_3·6H_2O\downarrow+6H_2O$$

S^{2-}、S$_2$O$_3^{2-}$、SO$_3^{2-}$ 等还原性离子存在时，能使 Mo（Ⅵ）还原成低氧化态化合物。因此，预先加 HNO$_3$，并于水浴中加热，以除去这些干扰离子：

$$SO_3^{2-}+2NO_3^-+2H^+ =\!=\!= SO_4^{2-}+2NO_2\uparrow+H_2O$$

$$3S^{2-}+2NO_3^-+8H^+ =\!=\!= 3S\downarrow+2NO\uparrow+4H_2O$$

$$3S_2O_3^{2-}+8NO_3^-+2H^+ =\!=\!= 6SO_4^{2-}+8NO\uparrow+H_2O$$

鉴定步骤：取 5 滴试液于试管中，加入 10 滴 HNO$_3$（浓），并置于沸水中加热 1～2min。稍冷后，加入 10 滴（NH$_4$）$_2$MoO$_4$ 溶液，并在水浴中加热至 40～50℃，若有黄色沉淀产生，表示有 PO$_4^{3-}$ 存在。

5. S^{2-}

S^{2-} 与 Na$_2$[Fe(CN)$_5$NO] 在碱性介质中反应生成紫色的 [Fe(CN)$_5$NOS]$^{4-}$：

$$S^{2-}+[Fe(CN)_5NO]^{2-} =\!=\!= [Fe(CN)_5NOS]^{4-}$$

鉴定步骤：取 1 滴试液于点滴板上，加入 1 滴 Na$_2$[Fe(CN)$_5$NO] 溶液（1%）。若溶液呈紫色，表示有 S^{2-} 存在。

6. SO$_3^{2-}$

在中性介质中，SO$_3^{2-}$ 与 Na$_2$[Fe(CN)$_5$NO]、ZnSO$_4$、K$_4$[Fe(CN)$_6$] 三种溶液反应生成红色沉淀，其组成尚不清楚。在酸性溶液中，红色沉淀消失，因此，如溶液为酸性必须用氨水中和。S^{2-} 干扰 SO$_3^{2-}$ 的鉴定，可加入 PbCO$_3$ 使 S^{2-} 生成 PbS 沉淀：

$$PbCO_3(s)+S^{2-} =\!=\!= PbS\downarrow+CO_3^{2-}$$

鉴定步骤：取 10 滴试液于试管中，加入少量 PbCO$_3$(s)，摇荡，若沉淀由白色变为黑色，再加入少量 PbCO$_3$(s)，直到沉淀呈灰色为止。离心分离。保留清液。在点滴板上，加 ZnSO$_4$ 溶液（饱和）、K$_4$[Fe(CN)$_6$] 溶液（0.1mol·L^{-1}）及 Na$_2$[Fe(CN)$_5$NO] 溶液（1%）各 1 滴，再加入 1 滴 NH$_3$·H$_2$O 溶液（2.0mol·L^{-1}），将溶液调至中性，最后加入 1 滴除去 S^{2-} 的试液。若出现红色沉淀，表示有 SO$_3^{2-}$ 存在。

7. S$_2$O$_3^{2-}$

S$_2$O$_3^{2-}$ 与 Ag$^+$ 反应生成白色 Ag$_2$S$_2$O$_3$ 淀，但 Ag$_2$S$_2$O$_3$ 能迅速分解为 Ag$_2$S 和 H$_2$SO$_4$，颜色由白色变为黄色、棕色，最后变为黑色：

$$2Ag^++S_2O_3^{2-} =\!=\!= Ag_2S_2O_3\downarrow$$

$$Ag_2S_2O_3+H_2O =\!=\!= H_2SO_4+Ag_2S\downarrow$$

$$\text{（黑色）}$$

S^{2-} 干扰 S$_2$O$_3^{2-}$ 的鉴定，必须预先除去。

鉴定步骤：取 1 滴除去 S^{2-} 的试液于点滴板上，加 2 滴 AgNO$_3$ 溶液（0.1mol·L^{-1}），若见到白色沉淀生成，并很快变为黄色、棕色，最后变为黑色，表示有 S$_2$O$_3^{2-}$ 存在。

8. SO$_4^{2-}$

SO_4^{2-} 与 Ba^{2+} 反应生成 $BaSO_4$ 白色沉淀。

CO_3^{2-}、SO_3^{2-} 等干扰 SO_4^{2-} 的鉴定，可先酸化，以除去这些离子。

鉴定步骤：取 5 滴试液于试管中，加 HCl 溶液（$6.0mol \cdot L^{-1}$）至无气泡产生时，再加入 1～2 滴 $BaCl_2$ 溶液（$1.0mol \cdot L^{-1}$），若生成白色沉淀，表示有 SO_4^{2-} 存在。

9. Cl^-

Cl^- 与 Ag^+ 反应生成白色 AgCl 沉淀。

SCN^- 也能与 Ag^+ 生成白色的 AgSCN 沉淀，因此，SCN^- 存在时干扰 Cl^- 的鉴定。在 $NH_3 \cdot H_2O$ 溶液（$2.0mol \cdot L^{-1}$）中，AgSCN 难溶，AgCl 易溶，并生成 $[Ag(NH_3)_2]^+$，由此，可将 SCN^- 分离出去。在清液中加入 HNO_3 溶液，可降低 NH_3 的浓度，使 AgCl 再次析出。

鉴定步骤：取 10 滴试液于试管中，加入 5 滴 HNO_3 溶液（$6.0mol \cdot L^{-1}$）和 15 滴 $AgNO_3$ 溶液（$0.1mol \cdot L^{-1}$），在水浴中加热 2min，离心分离。将沉淀用 2mL 去离子水去洗涤 2 次，使溶液 pH 值接近中性。加入 10 滴 $(NH_4)_2CO_3$ 溶液（12%），并在水浴中加热 1min，离心分离。在清液中加入 1～2 滴 HNO_3 溶液（$2.0mol \cdot L^{-1}$），若有白色沉淀生成，表示有 Cl^- 存在。

10. Br^-、I^-

Br^- 与适量 Cl_2 水反应游离出 Br_2，溶液显橙红色，再加 CCl_4 或 $CHCl_3$，有机相显红棕色，水层无色。再加过量 Cl_2 水，由于生成 BrCl 变为淡黄色：

$$2Br^- + Cl_2 \!=\!=\! Br_2 + 2Cl^-$$
$$Br_2 + Cl_2 \!=\!=\! 2BrCl$$

I^- 在酸性介质中能被 Cl_2 水氧化为 I_2，I_2 在 CCl_4 或 $CHCl_3$ 中显紫红色。加过量 Cl_2 水，则由于 I_2 继续氧化为 IO_3^- 使颜色消失：

$$2I^- + Cl_2 \!=\!=\! I_2 \downarrow + 2Cl^-$$
$$I_2 + 5Cl_2 + 6H_2O \!=\!=\! 2HIO_3 + 10HCl$$

若向含有 Br^-、I^- 混合溶液中逐渐加入 Cl_2 水，由于 I^- 的还原性比 Br^- 强，所以 I^- 首先被氧化；I_2 在 CCl_4 层中显紫红色。如果继续加 Cl_2 水，Br^- 被氧化为 Br_2，I_2 被进一步氧化为 IO_3^-。这时 CCl_4 层紫红色消失，而呈红棕色。如 Cl_2 水过量，则 Br_2 被进一步氧化为淡黄色的 BrCl。

鉴定步骤：取 5 滴试液于试管中，加入 1 滴 H_2SO_4（$2.0mol \cdot L^{-1}$）溶液酸化，再加入 1mL CCl_4、1 滴 Cl_2 水，充分摇荡，若 CCl_4 层呈紫红色，表示有 I^- 存在。继续加入 Cl_2 水，并摇荡，若 CCl_4 层紫红色褪去，又呈现出棕黄色或黄色，则表示 Br^- 存在。

参 考 文 献

[1] 〔日〕日本化学会编. 无机化合物合成手册. 安家驹等译. 北京：化学工业出版社，1986.

[2] 〔苏〕O. B. 卡尔雄金，и. и. 安捷洛夫著. 无机化学试剂手册. 北京：化学工业出版社，1959.

[3] 〔英〕G. 帕斯，H. 萨克列夫著. 实验无机化学. 郑汝骊译. 北京：科学出版社，1980.

[4] 北京大学编. 无机化学实验. 北京：北京大学出版社，1982.

[5] 华东化工学院无机化学研究室编. 无机化学实验. 第 2 版. 北京：人民教育出版社，1982.

[6] 余孟杰编. 无机化合物制备. 北京：商务印书馆，1954.

[7] 戴树桂. 环境化学. 北京：高等教育出版社，1987.

[8] 大连理工大学. 无机化学（下册）. 北京：高等教育出版社，1983.

[9] 王致勇，董松琦，张庆芳. 简明无机化学教程. 北京：高等教育出版社，1988.

[10] 林俊杰. 无机化学实验. 北京：化学工业出版社，2007.

[11] 丁杰. 无机化学实验. 北京：化学工业出版社，2010.

[12] 郑文杰. 无机化学实验. 广州：暨南大学出版社，2010.

[13] 史苏华. 无机化学实验. 武汉：华中科技大学出版社，2010.